SHUKONG CHEXIAO JIAGONG

数控车削加工

主　编　崔豫军

副主编　武珍平　谌　玮

西北工业大学出版社

【内容简介】 本书是根据中等职业学校教学实际情况,参考教育部最新颁布的中等职业学校数控专业教学大纲和国家职业技能鉴定标准,基于工作过程、任务驱动的思路编写而成。

全书包括5个模块(13个任务):简单轴类零件的加工、简单套类零件的加工、复杂轴类零件的加工、复杂套类零件的加工和盘类零件的加工。编写时依据企业生产的典型零件为载体,以培养学生的数控车削加工综合职业能力为目标,有机地融入理论知识与操作技能,形成了按照行动导向、任务驱动的教学做一体化课程。

本书可作为中等职业学校数控技术应用专业和模具制造技术专业教学用书,也可作为各类数控专业技术人员的岗位培训用书。

图书在版编目(CIP)数据

数控车削加工/崔豫军主编. —西安:西北工业大学出版社,2015.7
ISBN 978 - 7 - 5612 - 4508 - 8

Ⅰ.①数… Ⅱ.①崔… Ⅲ.①数控机床—车床—车削—加工工艺—中等专业学校—教材 Ⅳ.①TG519.1

中国版本图书馆 CIP 数据核字(2015)第 185520 号

出版发行:西北工业大学出版社
通信地址:西安市友谊西路 127 号   邮编:710072
电   话:(029)88493844 88491757
网   址:http://www.nwpup.com
印 刷 者:兴平市博闻印务有限公司
开   本:787 mm×1 092 mm   1/16
印   张:17
字   数:412 千字
版   次:2015 年 9 月第 1 版   2015 年 9 月第 1 次印刷
定   价:39.00 元

编审委员会

前　言

随着社会发展和职业教育改革步伐的加大,企业对员工岗位的工作能力要求越来越高,要使学生满足企业需求,并形成较强的岗位工作能力,必须加强对学生专业基础理论知识和关键技能的培养,因此数控技术应用专业的教学要求、内容和教学模式、方法需要进一步改革创新。为适应这一要求,本书以国家职业标准《数控车工》(中级)规定的理论知识和技能要求为目标,以企业岗位需求为导向,以企业的典型工作任务来重新设计学习内容及任务。

本书的编写理念主要包括如下几点:

(1)注重充分调动学生的学习兴趣。

(2)以任务为载体,整合了相关理论知识。

(3)根据认知学习规律,设计不同的学习内容。

(4)注重循序渐进自主学习模式的构建。

(5)注重关键能力培养方法的创新与设计。

(6)注重教学做一体化教学组织的可操作性和可复制性。

(7)注重培养学生的职业规范和综合职业素养。

通过采取过程评价与结果评价相结合的教学评价,按照过程控制、持续改进的原则重点评价学生的综合职业能力。目标是使学生能独立操作数控车床,按照零件图加工出合格的产品,并达到数控车工中级职业资格能力要求。

在本书的编写过程中,得到了高等职业技术院校和相关企业的大力支持,在此表示衷心的感谢!

由于时间仓促及水平有限,书中遗漏和不足之处在所难免,恳请读者批评指正,提出宝贵的意见和建议。

编　者
2015 年 6 月

目　　录

模块一　简单轴类零件的加工

模块介绍

本模块主要任务是能够完成简单轴类零件的加工。通过本模块的学习,能够按照数控车床操作规程的要求,基本掌握数控车床操作面板各按键的功能组合;正确进行工件定位装夹;外轮廓加工刀具的选择、刃磨和装夹;熟悉量具的功能和测量方法;掌握数控车床的基本操作要领;能够完成简单外轮廓(外圆、阶台、沟槽、圆锥、圆弧、三角形外螺纹)的工艺分析、程序编制、零件加工和质量检测等工作。

任务一　圆柱销的加工

任务介绍

如图 1-1 所示,该零件为某机械加工企业生产的圆柱销,订单数量为 20 件,工件毛坯尺寸为 $\phi40\times82$,材料为 45♯中碳钢,要求 3 天交货并保证质量。

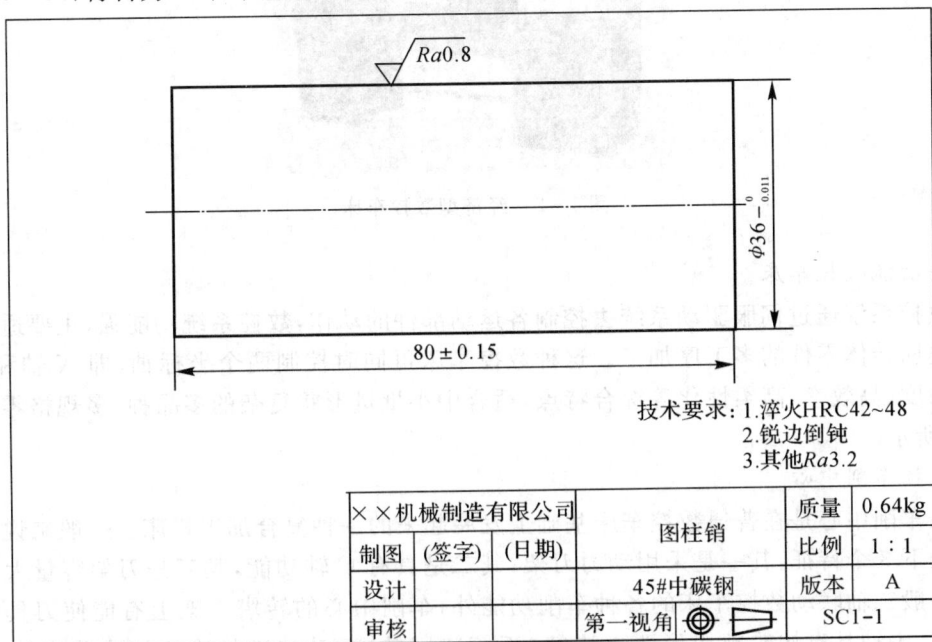

技术要求:1.淬火HRC42~48
2.锐边倒钝
3.其他Ra3.2

××机械制造有限公司			图柱销	质量	0.64kg
制图	(签字)	(日期)		比例	1:1
设计			45#中碳钢	版本	A
审核			第一视角 ⊕ ▷		SC1-1

图 1-1　圆柱销零件图

✦ 学习目标

(1)熟悉车间管理及数控车床安全操作规程;

(2)了解数控车床的相关知识、坐标系知识和车刀的几何形状;

(3)熟悉数控车床的操作面板;

(4)了解华中数控车削系统基本指令;

(5)能正确进行数控车床的开机、回零、关机以及手动、增量和手摇操作;

(6)能按照工艺规程的要求,手动完成圆柱销的半精加工。

子任务一 认识数控车床,能够识别机床不同结构功能

一、数控车床分类

(一)按数控系统的功能分类

1.经济型数控车床

经济型数控车床是用普通车床进行改装的,功能简单、价格低廉,加工精度略高于普通车床。如图 1-2 所示。

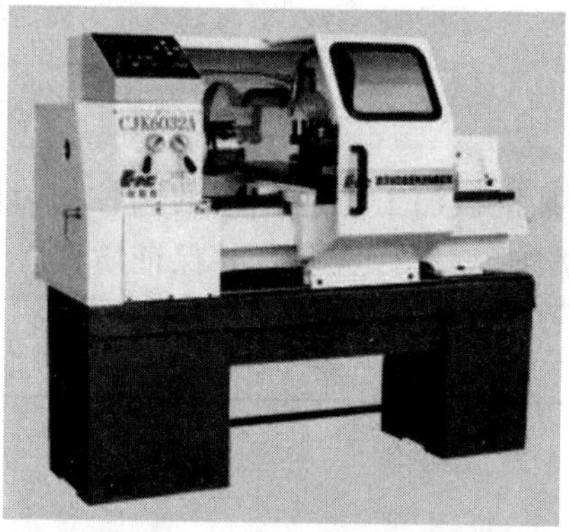

图 1-2 经济型数控车床

2.全功能数控车床

由数控系统通过伺服驱动系统去控制各运动部件的动作,数控系统功能强,主要适用于轴类和盘类回转体零件的多工序加工。这种数控车床可同时控制两个坐标轴,即 X 轴和 Z 轴。具有高精度、高效率、高柔性化等综合特点,适合中小批量形状复杂的多品种、多规格零件。如图 1-3 所示。

3.数控车削中心

数控车削中心是在普通数控车床基础上发展起来的一种复合加工机床。一般来说车削中心具有以下 3 个特征:其一是采用动力刀架,其二是具有 C 轴功能,其三是刀架容量大。即除了具有一般二轴联动数控车床的各种车削功能外,车削中心的转塔刀架上有能使刀具旋转的动力刀座,主轴具有按轮廓成形要求连续(不等速回转)运动和进行连续精确分度的 C 轴功能,并能与 X 轴或 Z 轴联动,控制轴除 X,Z,C 轴之外,还可具有 Y 轴。可进行径向和轴向钻

削、铣削、曲面铣削、中心线不在零件回转中心的孔和径向孔的钻削和攻螺纹等加工。在具有插补功能的条件下，为了实现各种曲面铣削加工，还可以增加 C 轴和动力头刀架。更高级的机床还带有刀库，可控制 X,Z 和 A,C 多个坐标轴。如图 1-4 所示。

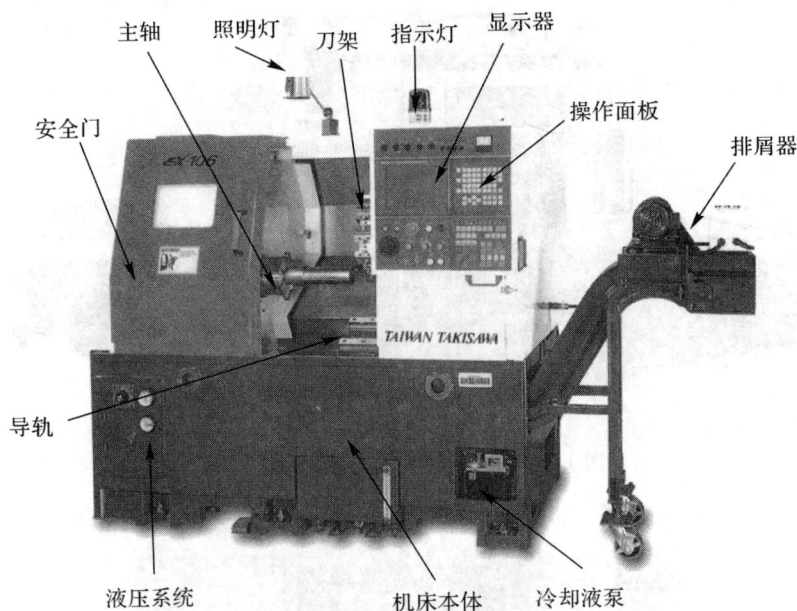

图 1-3　单刀架单主轴全功能卧式数控车床

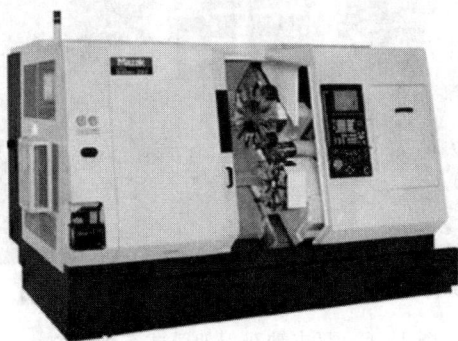

图 1-4　双刀架卧式车削中心

(二)按数控车床主轴位置分类

1.立式数控车床

立式数控车床用于回转直径较大的盘类零件的车削加工。装载了 ATC 装置的 CNC 立式车床，可以对工件尺寸最大为 $\phi1\,000\times1\,000$ 的大型零部件，或使用卧轴 CNC 车床不可能抓住的异型巨大零部件进行高效率的加工。通常有专用于车削和可以进行铣削、研磨等复合加工性能的两种机型，如图 1-5 所示。

2.卧式数控车床

卧式数控车床用于轴向尺寸较长或小型盘类零件的车削加工。相对于立式数控车床来说,卧式数控车床的结构形式较多、加工功能丰富、使用面广。随着数控技术的发展,数控车床的工艺和工序将更加复合化和集中化。即把各种工序(如车、铣、钻等)都集中在一台数控车床上来完成。目前国际上出现的双主轴结构就是这种构思的体现。如图 1-3、图 1-6 所示。

图 1-5　单刀架单主轴立式数控车床

图 1-6　双主轴双刀架卧式车削中心

3. 单刀架数控车床

单刀架数控车床如图 1-3 所示。

4. 双刀架数控车床

双刀架数控车床如图 1-4、图 1-6 所示。

二、数控车床的结构特点

与普通车床相比,数控车床结构特点包括下面几个方面:

(1)刚性高,采用高性能的主轴部件,传递功率大、抗振性好及热变形小。

(2)传动链短,结构简单,传动精度高,一般采用滚珠丝杠副、直线滚动导轨副等。进给伺服传动采用了高性能传动件。

（3）有较完善的刀具自动交换和管理系统。工件在车床上一次安装后，能自动地完成或接近完成工件各面的加工工序。

三、数控机床的组成结构

现代数控机床一般由输入/输出设备、控制介质、计算机数控装置（CNC）、伺服系统、可编程控制器（PLC）、电气控制装置、检测反馈系统和机床本体等部分组成。

1．输入/输出设备

输入装置的作用是将程序载体上的数控代码变成相应的电脉冲信号，传送并存入计算机数控装置内。数控机床的输入装置有键盘、磁盘驱动器、RS232 串行通信口 MDI 等。

输出装置的作用是使数控系统通过显示器为操作人员提供必要的信息。最直观的输出装置是显示器，有 CRT 显示器或彩色液晶显示器两种。如图 1－7 所示。

图 1－7　输入/输出设备

2．控制介质

控制介质即信息载体。要对数控机床进行控制，就必须在人和机床之间建立某种联系，这种联系的中间媒介物就是控制介质。

常用的控制介质有穿孔纸带、穿孔卡、磁盘、磁带、存储卡等等。

3．计算机数控装置

计算机数控装置是数控机床的核心，它接受输入装置送来的数字化信息，经过控制软件和逻辑电路进行译码、运算和逻辑处理后，将各种指令信息输出给伺服系统，向伺服系统发出相应的脉冲信号，并通过伺服系统控制机床运动部件按加工程序指令运动。

4．伺服系统

伺服系统包括伺服单元、伺服驱动装置（或执行机构）等，是数控系统的执行部分。其作用是把来自数控装置的脉冲信号转换成机床移动部件的运动。如图 1－8 所示。

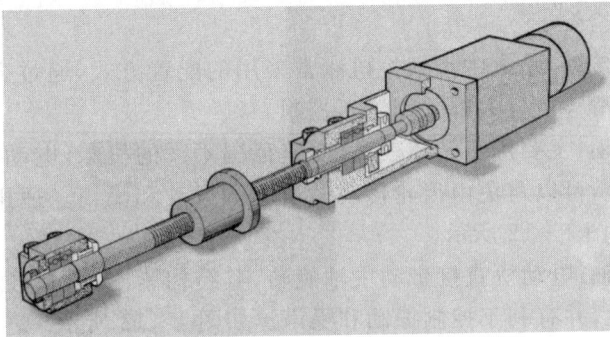

图 1－8　伺服系统

5.可编程控制器及电气控制装置

可编程控制器与电气控制装置协调配合来共同完成数控机床的控制,其中计算机数控装置主要完成数字运算和管理等有关功能,如零件程序的编辑、插补运算、译码、位置伺服控制等。可编程控制器的作用是接收计算机数控装置的控制代码 M(辅助功能)、S(主轴转速)、T(选刀、换刀)等顺序动作信息,对顺序动作信息进行译码,转换成对应的控制信号,控制辅助动作。

用于数控机床的可编程控制器一般分为两类:一类是内装型可编程控制器,另一类是独立型可编程控制器。如图 1-9 所示。

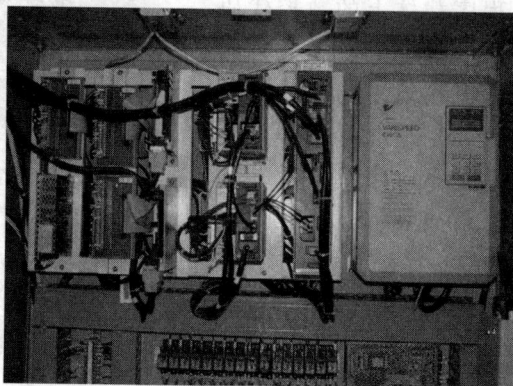

图 1-9　可编程控制器及电气控制装置

6.检测反馈系统

检测反馈系统的作用是对机床的实际运动速度、方向、位移量以及加工状态加以检测,把检测结果转化为电信号反馈给数控装置,通过比较,计算出实际位置与指令位置之间的偏差,并发出纠正误差指令。位置检测主要使用感应同步器、磁栅、光栅、激光测距仪等。

7.机床本体

机床本体是加工运动的实际机械部件,主要包括主运动部件、进给运动部件(如工作台、刀架)和支承部件(如床身、立柱等),还有冷却、润滑、转位部件(如夹紧、换刀机械手)等辅助装置。如图 1-10 所示。

8.机床部件结构简介

(1)主轴驱动形式:

1)齿轮变速的主传动:是大中型数控机床常采用的配置方式,通过少数几对齿轮传动,扩大变速范围。齿轮的滑移位置大都采用液压控制。

2)带传动的主传动:主要用于转速较高、变速范围不大的机床,电动机本身的调整就能满足要求,不用齿轮变速,可以避免由齿轮传动时引起的振动和噪声。适用于高速、低转矩特性的主轴。如图 1-11、图 1-12 所示。

3)内装电动机主轴:电动机直接带动主轴旋转,其结构紧凑,质量轻,转动惯量小,可提高启动、停止的响应特性,并有利于控制振动和噪声。如图 1-13 所示。

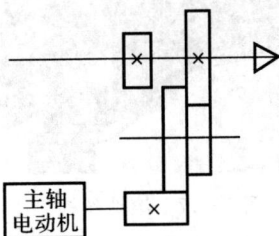

图 1-10　数控车床的机械结构

图 1-11　齿轮变速的主传动　　　　图 1-12　带传动的主传动

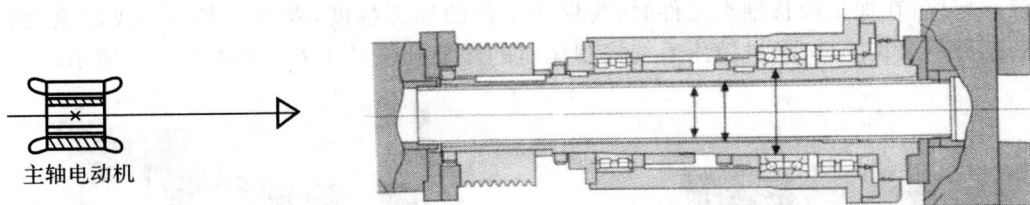

图 1-13　内装电主轴

(2)运动部件：

1)转塔刀架：具有多种结构形式，可以装夹多把刀具，使用方便，换刀时间较短，刀具存储较多且安全可靠。如图 1-14 所示。

2)排刀架：刀具布置和机床调整较方便；如使用快换台板可以实现机外对刀预调；可以安

装不同用途的动力刀具来完成简单的钻、铣、攻螺纹;结构简单,成本低。一般用于小型数控车床。如图 1-15 所示。

图 1-14　转塔刀架

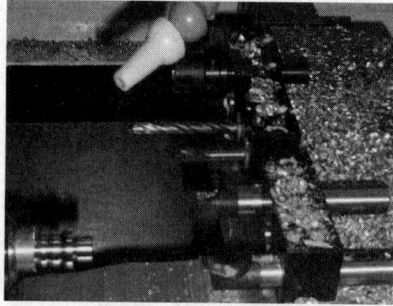

图 1-15　排刀架

3)电动四方刀架:是在普通车床四方刀架的基础上发展起来的一种自动换刀装置,有 4 个刀位,能装夹 4 把不同功能的刀具。一般用于经济型数控车床。如图 1-16 所示。

4)滚珠丝杠:能提高传动精度和刚度,消除传动间隙,减小摩擦阻力。如图 1-17 所示。

图 1-16　电动四方刀架

图 1-17　滚珠丝杠

5)液压中心架:在加工细长轴类工件时,起到辅助支撑的作用,以提高轴类加工的刚性,从而保证工件的加工精度。如图 1-18 所示。

6)液压尾座:在加工较长轴类工件时,为保证工件的加工精度,采用一夹一顶或两顶尖装夹以提高工件的装夹刚性,通过液压系统控制尾座的伸缩及顶紧压力。如图 1-19 所示。

图 1-18　液压中心架

图 1-19　液压尾座

7)其他附件。

①自动送料机:在生产单一产品且批量大时,为了提高生产效率和降低操作人员的劳动强度,可以采用自动送料机。如图1-20所示。

②自动传送系统:在单一产品批量生产,或单件小批量多品种加工时,为了提高生产效率和降低操作人员的劳动强度,可以采用自动传送系统。如图1-21所示。

图1-20 自动送料机

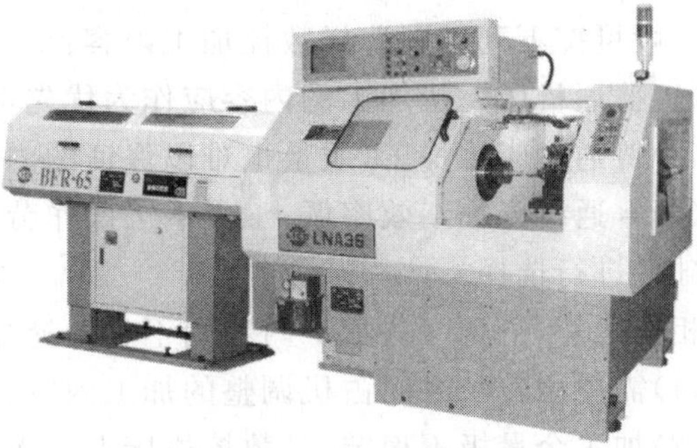

图1-21 自动传送系统

③工件装卸机器人:为了提高生产效率和降低操作人员的劳动强度,可以使用工件装卸机器人。如图1-22所示。

四、数控车床的主要加工对象

1.精度要求高的回转类零件

由于数控车床刚性好,制造和对刀精度高,以及能方便和精确地进行人工补偿和自动补偿,所以能加工尺寸精度要求高的零件。

2.表面形状复杂的回转体零件

由于数控车床具有直线和圆弧插补功能,所以可以车削由任意直线和圆弧组成的形状复杂的回转体零件。

图1-22 工件装卸机器人

3.带特殊螺纹的回转体零件

由于数控车床的进给运动是由程序控制的,所以可以车削任意导程的直、锥和端面螺纹,还能车削变导程以及要求等导程和变导程光滑过渡的螺纹。车削效率高,螺纹精度高,表面粗糙度小。

4.表面粗糙度要求高的回转体零件

在材质、精车余量和刀具已选定的情况下,表面粗糙度取决于进给量和切削速度。数控车床具有恒线速度切削功能,能加工出表面粗糙度值小而均匀的零件,可以根据表面粗糙度的要求选用不同的进给量和切削速度。

五、数控车床加工工艺的主要内容

工艺规程是工人在加工时的技术指导文件。数控车床受控于程序指令,加工的全过程都是按程序指令自动进行的。数控加工程序根据数控加工工艺规程编制,因此,数控车床加工程序与普通车床工艺规程有较大差别,涉及的内容也较广。数控车床加工规程不仅要包括零件的车削工艺过程,而且还包括切削用量、走刀路线、刀具尺寸以及车床的运动过程。因此,要求编程人员应熟悉数控车床的性能、特点、运动方式、刀具系统、切削规范以及工件的装夹方法等。工艺方案的好坏不仅影响车床效率的发挥,而且将直接影响到零件的加工质量。

1. 数控加工内容的选择

一般可按下列原则选择数控加工内容:

(1)普通机床无法加工的内容应作为优先选择内容。

(2)普通机床难加工,质量也难以保证的内容应作为重点选择内容。

(3)普通机床加工效率低,工人手工操作劳动强度大的内容,可在数控机床尚有加工能力的基础上进行选择。

相比之下,下列一些加工内容则不宜选择数控加工:

(1)需要用较长时间占机调整的加工内容。

(2)加工余量极不稳定,且数控机床上又无法自动调整零件坐标位置的加工内容。

(3)不能在一次安装中加工完成的零星分散部位,采用数控加工很不方便,效果不明显,可以安排普通机床补充加工。

此外,在选择数控加工内容时,还要考虑生产批量、生产周期、工序间周转情况等因素,要尽量合理使用数控机床,达到产品质量、生产率及综合经济效益等指标都明显提高的目的,要防止将数控机床降格为普通机床使用。

2. 数控车床加工工艺

(1)选择适合在数控车床上加工的零件,确定工序内容。

(2)分析被加工零件的图纸,明确加工内容及技术要求。

(3)确定零件的加工方案,制定数控加工工艺路线,如划分工序、安排加工顺序、处理非数控加工工序的衔接等。

(4)加工工序的设计,如选取零件的定位基准、装夹方案的确定、工步划分、刀具选择和确定切削用量等。

(5)对零件图纸的数学处理,如计算基点坐标、节点坐标、辅助坐标等。

(6)编写加工程序单,以及数控加工程序的调整,如选取对刀点和换刀点、进退刀位置,确定刀具补偿参数及制定加工路线等。

(7)程序的编写、校验与修改,检查程序、参数的正误。

(8)首件试切加工与现场问题处理。

(9)数控加工工艺文件的定型与归档。

3. 数控加工工艺编程过程

一般来说,首先根据零件图的要求进行图样分析,明确零件的尺寸精度、形状位置精度、表面粗糙度以及技术要求等;分析确定毛坯,采用何种设备进行加工,夹具的选择、刀具的选择、工序的安排;将图样尺寸、进退刀位置等通过数字计算,转换为编程加工的参数;再按照程序编制的规则,编写程序;然后输入数控系统,制备控制介质,方便后续操作;最后通过程序校验、调整、修改,进行零件试切加工,检测无误后即可正式生产。

基本步骤如图 1-23 所示。

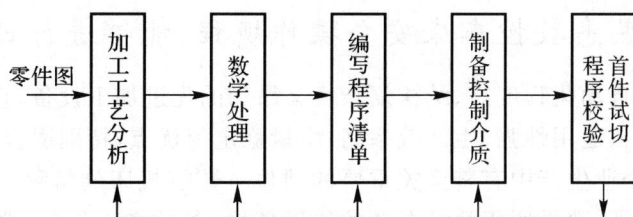

图 1-23　数控加工工艺编程过程

📝 **课内练习**

1.参观企业或学校的数控车间,分组记录 3 种数控车床的规格参数、机床各部件结构,见表 1-1。

表 1-1　数控机床的结构及参数表

序号	机床相关信息		参数	参数	参数
1	机床型号				
2	使用何种数控系统				
3	主轴控制系统	动力源			
4		主轴锥孔规格			
5		主轴变速方式			
6		主轴变速范围			
7	进给控制系统	动力源			
8		进给速度范围			
9		快速移动速度			
10		定位精度			
11		重复定位精度			
12		工作台规格($X/Y/Z$ 行程)			
13	液压系统	额定压力			
14		液压控制工作内容			
15	气压系统	额定压力			
16		气压控制工作内容			
17	其他结构	刀架(刀库)			
18		其他附件			

2.分小组使用多媒体做报告,现场讲解一台数控车床的结构、功能,小组互评,教师点评及总结。

子任务二　熟悉数控车床安全操作规程,能够进行日常维护保养

数控车床是一种自动化程度高、结构复杂且又昂贵的先进加工设备,它与普通车床相比有加工精度高、加工灵活、通用性强、生产效率高、质量稳定等优点,特别适合加工多品种、小批量形状复杂的零件,在企业生产中有着至关重要的地位。数控机床的编程、操作和维修人员,必须经过专门的技术培训,熟悉所用数控车床的使用环境、条件和工作等,严格按机床和系统的使用说明书要求正确、合理地操作机床。

对于数控车床操作人员来说,除了应掌握好数控车床的性能、精心操作外,还要管好、用好和维护好数控车床,养成文明生产的良好工作习惯和严谨的工作作风,具有良好的职业素质、责任心,做到安全文明生产,当机床发生事故,操作人员要注意保留现场,并向维修人员如实说明事故发生前后的情况,以利于分析问题,查找事故原因。每天要认真填写数控机床的工作日志,做好交接工作,消除事故隐患。不得随意更改数控系统内部制造厂设定的参数,并及时做好备份。

操作人员应严格遵守以下数控车床基本安全操作规程:

一、一般操作要求

(1)操作员应穿戴工作服、工作帽、防护眼镜等,不能穿戴有危险性的服饰。

(2)保持机床工作区域照明良好,干燥、整洁。

(3)车床和控制部分经常保持清洁,不得取下罩盖或安全门而开动机床。

(4)经常检查紧固螺钉,不得有松动。

(5)确认机床进给及主轴旋转停止后,方可手动换取刀具或测量工件尺寸。

(6)禁止把工具、夹具或工件放在机床床身上,应在工具柜上分类定置摆放。

二、机床启动时的注意事项

(1)开机步骤:开启车间总电源,再开启机床电源,再开启系统电源,最后释放急停按钮,机床准备完成。机床通电后,CNC装置尚未出现位置显示或报警画面前,不要碰MDI面板上的任何键,MDI上的有些键专门用于维护和特殊操作,在开机的同时按下这些键,可能使机床数据丢失。

(2)开机后,检查各部件工作正常,则启动主轴低速运转15min。

(3)在操作机床前,仔细检查输入的数据,以免引起误操作。

(4)不得承担超出机床加工能力的零件加工工作,一般可以通过试车的办法来检查是否能够加工。

(5)采用合适的刀具,避免使用钝化或损坏的刀具。刀具在换刀过程中,不得与其他部件碰撞。

(6)程序的编制必须使用标准格式,程序调试过程中,不准使用快进,只准使用单行运行模式,并检查程序刀具调用与实际装刀位置是否一致。

(7)检查工件的装夹是否牢固。

(8)程序调试完后,要再次进行检查,确认无误后,方可开始加工,为保证加工质量,必须适时进行检测。

三、机床运转中的注意事项

(1)机床在自动执行程序时,操作人员不得离开岗位,要密切注意机床、刀具的工作状况,根据实际加工情况调整加工参数。一旦发现意外情况,应立即停止机床动作。

(2)确认冷却液输出通畅,流量充足。

(3)车床运转时,不得调整刀具和测量工件尺寸,也不得打开安全门。

(4)对加工后的工件进行不定期的尺寸检查,如有出入,作相应的补偿。

(5)如果发生不正常的屏幕显示或噪声、烟雾或振动,不得操作设备,应向主管或设备管理员报告现象或不正常情况及损坏情况。

(6)当手动操作机床时,要确定刀具和工件的当前位置并保证正确指定了运动轴、方向和进给速度。

(7)在手轮进给时,一定要选择正确的手轮进给倍率,过大的手轮进给倍率容易导致刀具或机床的损坏。

四、关机时的注意事项

(1)确认工件已加工完毕。

(2)确认机床的全部运动均已完成。

(3)检查工作台位置是否距离行程开关 50mm 以上。

(4)检查刀具是否已取下,主轴锥孔内是否已清洁并涂上油脂。

(5)检查工作台面是否已清洁。

(6)关机时要求先按下急停按键,再关系统电源,最后关机床电源。

五、数控车床的维护保养

1. 日常检查操作要点

(1)清除工作台等处冷却液和切屑,用轻油清洁裸露部位的污物和灰尘。

(2)检查各防护装置,机床保护罩是否齐全有效,确保操作面板上所有指示灯为正常显示。

(3)检查主轴端面、刀夹及其配件是否有毛刺、破裂或损坏现象,并将主轴周围清理干净。

(4)检查压缩空气气源压力、气动控制系统压力是否在正常范围之内。

(5)检查机床液压系统,油箱泵有无异常噪声,工作油面是否合适,压力表指示是否正常,管路及各接头有无泄露,若有问题,应予修理。

(6)检查冷却液软管及液面,清理管内及冷却液槽内是否有切屑等脏物。

(7)检查电气柜各散热通风装置,各电气柜中冷却风扇是否工作正常,风道过滤网有无堵塞。

(8)清理、检查所有限位开关、接近开关及其周围表面。

2. 月检查操作要点

(1)清理电气控制箱内部,使其保持干净。

(2)校准工作台及车床身基准的水平,必要时调整垫铁,拧紧螺母。

(3)清洗空气过滤器网,必要时予以更换,不要用稀释剂清洗滤网。

(4)检查液压系统,确保接头无松动,清洗油滤器。

(5)检查各电磁阀、行程开关、接近开关等电器元件,确保其能正确工作。

(7)检查各电缆及接线端子是否接触良好。

3.半年检查操作要点

(1)清理电气控制箱内部,使其保持干净(维修人员)。

(2)更换液压装置内的液压油,清洗油滤及油箱内部。

(3)检查各电机轴承是否有噪声,必要时予以更换(维修人员)。

(4)检查车床的各有关部件精度(维修人员)。

(5)直观检查所有电气部件及继电器是否可靠工作(维修人员)。

(6)测量各进给轴的反向间隙,必要时予以调整或补偿(维修人员)。

(7)检查一个试验程序的完整运转情况(维修人员)。

(8)各轴导轨上镶条压紧滚轮,按说明书要求调整松紧状态。

4.一年检查操作要点

(1)液压油路,清洗溢流阀、减压阀、滤油器、油箱,更换过滤液压油。

(2)清洗主轴润滑恒温油箱内的过滤器、油箱,更换润滑油。

(3)清洗冷却液压泵过滤器、冷却液池,更换过滤器。

(4)清洗滚珠丝杠上旧的润滑脂,涂上新油脂。

详见表1-2。

表1-2 数控车床的日常保养

序号	检查周期	检查部位	检查要求
1	每天	导轨润滑油	检查油量,及时添加润滑油,润滑液压泵是否定时启动打油及停止
2	每天	机床液压系统	液压泵有无异常噪声,工作油面是否合适,压力表指示是否正常,管路及各接头有无泄露
3	每天	压缩空气气源压力	气动控制系统压力,是否在正常范围之内
4	每天	X,Y,Z轴导轨面	清除切屑及油污,检查导轨有无划伤损坏,润滑油是否充足
5	每天	各防护装置	机床保护罩是否齐全有效
6	每天	电器柜各散热通风装置	各电器柜中冷却风扇是否工作正常,风道过滤网有无堵塞,及时清洗过滤网
7	每周	各电器柜过滤网	清洗黏附的尘土、油污
8	不定期	冷却液箱	随时检查液面高度,及时添加冷却液,太脏应及时清洗、更换
9	不定期	排屑器	经常清理切屑,检查有无卡住现象

课内练习

1.填空题

(1)操作人员应穿戴_____、_____、_____等。

(2)数控车床运转时,为了安全,必须_____安全防护门。

(3)工具、夹具、量具应在工具柜上_____摆放。

2.判断题(对的打√,错的打×)

(1)一般开机步骤为:先开启车间总电源,再开启机床电源,再开启系统电源,最后释放急停按钮,机床准备完成。　　　　　　　　　　　　　　　　　　　　　　　　　（　　）

(2)下班数控车床停止运转后,工作台可以随便停在任意位置。　　　　　　（　　）

(3)正常开机后,先启动主轴低速运转5min后,再开始加工。　　　　　　（　　）

3.选择题

(1)_____清除工作台等处润滑油、冷却液和切屑。

A.每天下班　　　　B.每周末　　　　C.每月末　　　　D.每半年

(2)_____检查冷却液箱液面高度,及时添加,太脏应及时清洗、更换。

A.每天下班　　　　B.每周末　　　　C.每月末　　　　D.随时

(3)_____清洗空气过滤网,必要时予以更换,且不要用稀释剂清洗。

A.每天　　　　　　B.每周　　　　　C.每月　　　　　D.随时

(4)_____检查润滑油泵的油量,及时添加润滑油,保证能定时启动打油及停止。

A.每天　　　　　　B.每周　　　　　C.每月　　　　　D.随时

4.分组练习

按照操作人员维护保养数控车床的内容,实施设备保养,并派代表讲解操作的内容及步骤,小组互评及教师讲评。

(1)机床清洗、清洁部位有哪些?

(2)机床开关机时要注意的主要项目有哪几个?

(3)润滑油泵如何调整和加油?

(4)空气过滤网的装拆及清洗方法是什么?

子任务三　认识车刀的几何形状,能够正确刃磨及装夹

一、车刀的几何形状及功能

(一)车刀的结构组成

车刀是由两部分组成的,即用来把刀具固定在机床刀架上的夹持部分(刀柄)和作为切削部分的刀头。车刀的切削部分由如下几个部分组成,如图1-24所示。

(1)前刀面:切削时,切屑沿着它流出的那个表面。

(2)主后刀面:切削时,刀具上与工件过渡表面相对的那个表面。

(3)副后刀面:切削时,刀具上与工件已加工表面相对的那个表面。

(4)主切削刃:前刀面与主后刀面的交线。主切削刃担负着主要的切削工作。

(5)副切削刃:前刀面与副后刀面的交线。副切削刃也参加切削工作。

(6)刀尖:主切削刃与副切削刃的相交点称为刀尖,它通常是一小段过渡圆弧。

(二)测量刀具角度的3个辅助平面

要了解刀具的切削性能,应对刀具的几何尺寸进行量化处理,因此需要假想3个辅助平面作为基准,如图1-25所示。

切削平面(P_s):通过切削刃上某一选定点,切于工件加工表面的平面。

基面(P_r):通过切削刃上某一选定点,垂直于该点的切削速度方向的平面(切削平面始终与基面相互垂直)。

正交平面(P_o):过切削刃上某一选定点,且同时垂直于基面和切削平面的平面。

图 1-24　外圆车刀结构

图 1-25　刀具的三个辅助平面

(三)刀具的 6 个基本角度

车刀在这 3 个辅助平面内,可测量出 6 个独立的基本角度:前角、主后角、副后角、主偏角、副偏角、刃倾角,另外还有两个派生角度:楔角、刀尖角,如图 1-26 所示。

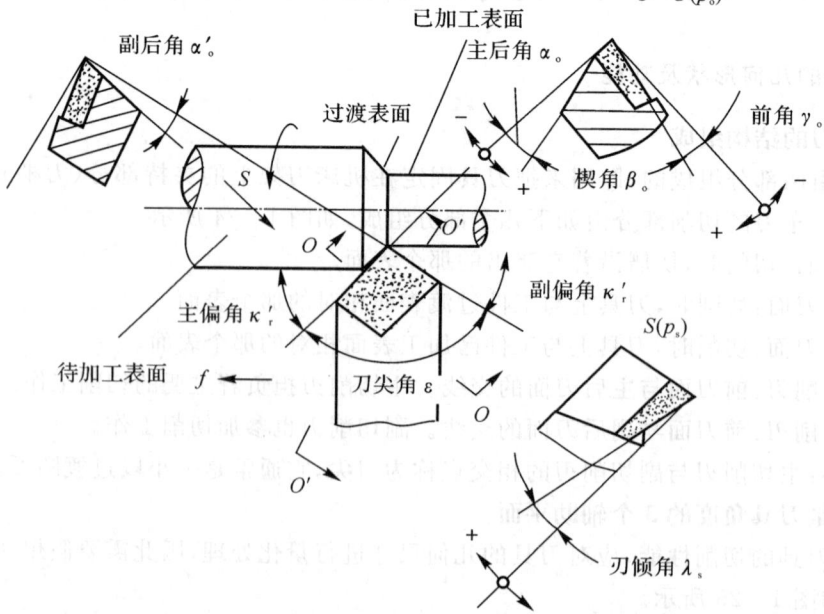

图 1-26　刀具的 6 个基本角度

1.正交平面内测量的角度

(1)前角(γ_o)：前刀面与基面的夹角。前角影响刀具刃口的锋利、强度、切削变形、切削力。因此前角的大小与工件材料、加工性质和刀具材料有关，一般根据下面几个原则选择：

车削塑性金属时可取较大的前角，车削脆性金属时应取较小的前角。

工件材料软，可选较大的前角；工件材料硬，可选较小的前角。

粗加工，尤其是车削有硬皮的铸、锻件时，为保证刀刃有足够的强度，应取较小的前角。精加工时，为了保证得到较小的表面粗糙度，一般应取较大的前角。

车刀材料的强度、韧性较差，前角应取小一些；反之，前角可取大一些。

对于机夹可转位的硬质合金刀片，对于上述加工情况主要是通过不同的刃口钝化处理（ER处理），来获得较锋利或较耐冲击的刃口，除非是加工不同的工件材料而进行专门设计的断屑槽，前角的变化一般不大。

(2)主后角(α_o)：主后刀面与切削平面之间的夹角。在主正交平面内测量的是主后角，后角的主要作用是减少后刀面与工件之间的摩擦。后角太大，会降低车刀强度；后角太小，会增加后刀面与工件的摩擦。选择后角主要根据下面几个原则：

对于焊接车刀粗加工时，应取较小的后角（硬质合金车刀：5°～7°；高速钢车刀：6°～8°）；精加工时，应取较大的后角（硬质合金车刀：8°～10°；高速钢车刀：8°～12°）。

工件材料较硬，后角应取小些；工件材料较软，后角应取大些。

对于机夹可转位的硬质合金刀片，一般工作后角固化为几种固定角度，在刀具选用时根据加工情况选用。

(3)副后角(α_o')：在副正交平面内测量的是副后角，一般与后角相等。

(4)楔角(β_o)：在主正交平面内前刀面与主后刀面之间的夹角。它影响刀头的强度。

2.基面投影上测量的角度

(1)主偏角(κ_r)：主刀刃在基面上的投影与进给方向之间的夹角。主偏角的主要作用是可以改变主刀刃和刀头的受力情况和散热条件。小的主偏角可使主刀刃参加切削的长度加大，单位长度上受力减小，且散热情况好。但这样刀具作用在工件上的径向力加大，当加工细长杆工件时易产生变形和振动。另外加工台阶轴类工件时，主偏角必须大于或等于90°，避免因干涉而影响加工。

(2)副偏角(κ_r')：副刀刃在基面上的投影与背离进给方向之间的夹角。副偏角的主要作用是避免副刀刃与工件已加工表面之间的干涉。但是副偏角太大时，刀尖角就小，影响刀具强度。减小副偏角，可提高工件表面粗糙度。

(3)刀尖角(ε_r)：主刀刃和副刀刃在基面上的投影之间的夹角。它影响刀尖强度和散热条件。

3.在切削平面内测量的角度

刃倾角λ_s：主刀刃与基面之间的夹角。刃倾角的主要作用是可以控制切屑的排出方向及影响刀头强度。在数控精加工曲面时，由于切削点在刀尖圆弧上变化，刃倾角应取0°，否则各切削点不在同一中心高上，将导致曲面误差。

二、外圆车刀的刃磨与装夹

(一)车刀的刃磨

1. 刃磨车刀的姿势及方法

(1)人站立在砂轮机的侧面,以防砂轮碎裂时,碎片飞出伤人。

(2)两手握刀的距离放开,两肘夹紧腰部,以减小磨刀时的抖动。

(3)磨刀时,车刀要放在砂轮的水平中心,刀尖略向上翘约$3° \sim 8°$,车刀接触砂轮后应作左右方向水平移动。当车刀离开砂轮时,车刀需向上抬起,以防磨好的刀刃被砂轮碰伤。

(4)磨后刀面时,刀杆尾部向左偏过一个主偏角的角度;磨副后刀面时,刀杆尾部向右偏过一个副偏角的角度。

(5)修磨刀尖圆弧时,通常以左手握车刀前端为支点,用右手转动车刀的尾部。

2. 磨刀安全知识

(1)刃磨刀具前,应首先检查砂轮有无裂纹,砂轮轴螺母是否拧紧,并经试转 1min 后再使用,以免砂轮碎裂或飞出伤人。

(2)刃磨刀具不能用力过大,否则可能使手打滑而造成工伤事故。

(3)磨刀时应戴防护眼镜,以免砂砾和铁屑飞入眼中。

(4)磨刀时不要正对砂轮的旋转方向站立,以防意外。

(5)磨小刀头时,必须把小刀头装入刀杆上。

(6)砂轮支架与砂轮的间隙不得大于 3mm,如发现过大,应调整适当。

3. 外圆车刀几何角度

车刀前角 $\gamma_o = 0°$,主后角 $\alpha_o = 6° \sim 8°$,副后角 $\alpha'_o = 6° \sim 8°$,主偏角 $\kappa_r = 90°$,副偏角 $\kappa'_r = 6°$,刃倾角 $\lambda_s = 0°$,如图 1-27 所示。

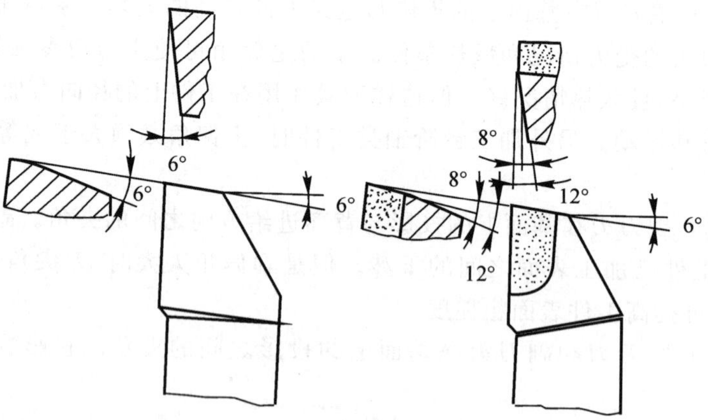

图 1-27 外圆车刀角度

4. 刃磨方法

刃磨方法如图 1-28 所示。

(1)刃磨主后刀面。前刀面向上,主切削刃与砂轮平行,在略高于砂轮中心水平尾座处,将车刀上翘 6°,刃磨主后刀面,同时磨出主偏角和主后角。

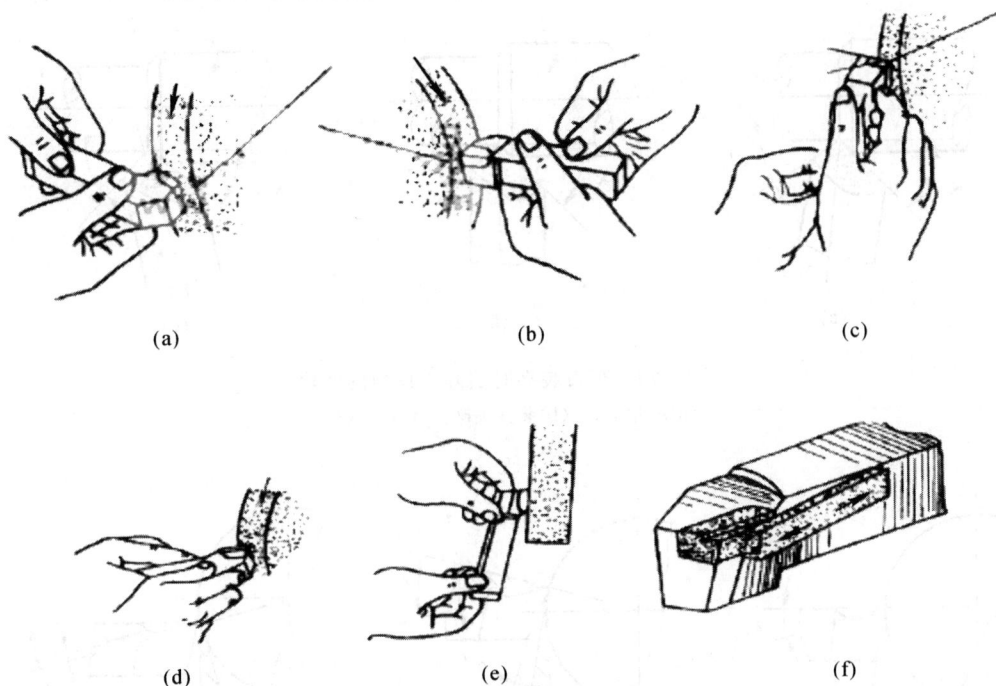

图 1-28 外圆车刀的刃磨
(a)磨主后刀面; (b)磨副后刀面; (c)磨前刀面和断屑槽;
(d)磨过渡刃; (e)磨负倒棱; (f)研磨刀面

(2)刃磨副后刀面。前刀面向上,刀柄右偏6°,在略高于砂轮中心水平位置处,将车刀上翘6°,刃磨副后刀面,同时磨出副偏角和副后角。

(3)刃磨前刀面和断屑槽。主切削刃向上,刀柄与砂轮平行,刃磨前刀面,修磨砂轮棱边,刀头向上或向下靠棱边刃磨断屑槽。

(4)刃磨过渡刃。刀柄与砂轮成45°夹角,以左手握刀头为支点,用右手转动柄尾刃磨。

(5)刃磨负倒棱。主切削刃向上与砂轮平行,刀柄上偏5°,刃磨负倒棱。

(6)研磨刀面。车刀放于平板上,使用油石顺着切削刃的方向研磨刀面,使之光滑、刃口锋利。

(二)车刀的装夹

车刀装夹得正确与否,直接影响车削的顺利进行和工件的质量。所以在装夹车刀时要满足以下要求:

(1)车刀伸出刀架的部分应尽量短,以增大车刀的刚性。伸出长度约为刀柄厚度的1.5倍。

(2)车刀装正,保证车刀的实际主偏角符合要求,车刀刀杆中心线应与进给方向垂直,否则会使主偏角和副偏角的数值发生变化,如图1-29所示。

(3)至少用两个螺钉逐个轮流压紧车刀,以防振动,垫片数量尽量少(1~2片),并与刀架边缘对齐。

(4)调整垫片厚度,使车刀刀尖与工件轴心线等高。如果刀尖高于中心,则实际前角增大,

— 19 —

实际后角减小;反之如果刀尖低于中心,则实际前角减小,实际后角增大,如图 1－30 所示。

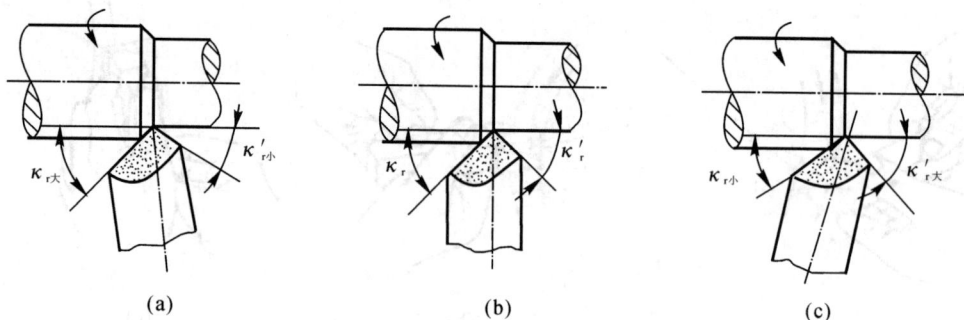

图 1－29 车刀装夹时实际主偏角的变化
(a)κ_r 增大； (b)装夹正确； (c)κ_r 减小

图 1－30 装刀高低对前后角的影响
(a)正确； (b)太高； (c)太低

在车端面时,车刀的刀尖要对准工件的中心,如图 1－31 所示。刀尖高于中心,则车削后工件端面中心处留有凸头,不易加工。使用硬质合金车刀时,如不注意这一点,刀尖低于中心,车削到中心处会使刀尖崩碎。

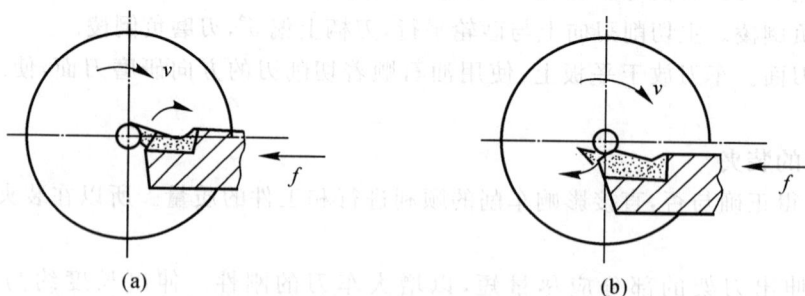

图 1－31 车端面时装刀高低对车刀刀尖的影响
(a)工件中心留有凸头； (b)刀尖崩碎

机夹刀具安装和转换刀片应注意的问题:
(1)转位和更换刀片时应清理刀片、刀垫和刀杆各接触面,应保证接触面平整。
(2)转换刀片时应使其稳当地靠向定位面,夹紧时用力适当,不宜过大。

(3)夹紧时,有些结构的车刀需用手按住刀片,使刀片贴紧底面。

(4)夹紧的刀片、刀垫和刀杆三者的接触面应贴合无缝隙,不得漏光松动。

知识拓展

一、砂轮的选用

砂轮的特性由磨料、粒度、硬度、结合剂和组织 5 个因素决定。

1.磨料

常用的磨料有氧化物系、碳化物系和高硬磨料系 3 种。常用的是氧化铝砂轮和碳化硅砂轮。氧化铝砂轮磨粒硬度低(HV2000～2400)、韧性大,其中白色的叫做白刚玉,灰褐色的叫做棕刚玉。碳化硅砂轮的磨粒硬度比氧化铝砂轮的磨粒高(HV2800 以上),性脆而锋利,并且具有良好的导热性和导电性,其中常用的是黑色和绿色的碳化硅砂轮。

2.粒度

粒度表示磨粒大小的程度。以磨粒能通过每英寸长度上多少个孔眼的数字作为表示符号。例如 60 粒度是指磨粒刚可通过每英寸长度上有 60 个孔眼的筛网。因此,数字越大则表示磨粒越细。粗磨车刀应选磨粒号数小的砂轮,精磨车刀应选号数大(即磨粒细)的砂轮。船上常用粒度为 46～60 号的中软或中硬的砂轮。

3.硬度

砂轮的硬度是反映磨粒在磨削力作用下,从砂轮表面上脱落的难易程度。砂轮硬,即表面磨粒难以脱落;砂轮软,表示磨粒容易脱落。砂轮的软硬和磨粒的软硬是两个不同的概念,必须区分清楚。刃磨高速钢车刀和硬质合金车刀时应选软或中软的砂轮。

另外,在选择砂轮时还应考虑砂轮的结合剂和组织。一般选用陶瓷结合剂(代号 A)和中等组织的砂轮。

刃磨车刀的砂轮一般采用平形砂轮,粗磨车刀应选用粗砂轮,精磨车刀应选用细砂轮。综上所述,应根据刀具材料正确选用砂轮。刃磨高速钢车刀时,应选用粒度为 46～60 号的软或中软的氧化铝砂轮。刃磨硬质合金车刀时,应选用粒度为 60～80 号的软或中软的碳化硅砂轮,两者不能搞错。

二、砂轮机安全操作规程

(1)安装前应检查砂轮片是否有裂纹,亦可用线把砂轮吊起,再用木头轻轻敲击,静听其声(金属声则优,哑声则劣)。

(2)安装砂轮时,螺母不能拧得过松、过紧,在使用前应检查螺母是否松动。

(3)砂轮安装好后,一定要空转试验 2～3 min,看其运转是否平衡,保护装置是否妥善可靠,如有异常,应立即切断电源,以防发生事故。

(4)砂轮机必须有牢固合适的砂轮罩,否则不得使用。

(5)使用砂轮机时,必须戴防护眼镜。

(6)开动砂轮时必须 40～60 s 转速稳定后方可磨削,磨削刀具时应站在砂轮的侧面,不可正对砂轮,以防砂轮片破碎飞出伤人。

（7）砂轮机未经许可,不许乱用,严禁两人同时使用一片砂轮。

（8）刃磨时,刀具应略高于砂轮中心位置,不得用力过猛,以防滑脱伤手。

（9）使用完毕应随手关闭砂轮机电源。

（10）下班时砂轮机应清扫干净。

🖊 课内练习

1.在图1-32中标注出车刀的组成。

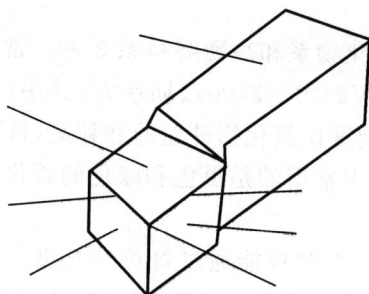

图 1-32

2.在图1-33中用规定符号标注出车刀的6个基本角度。

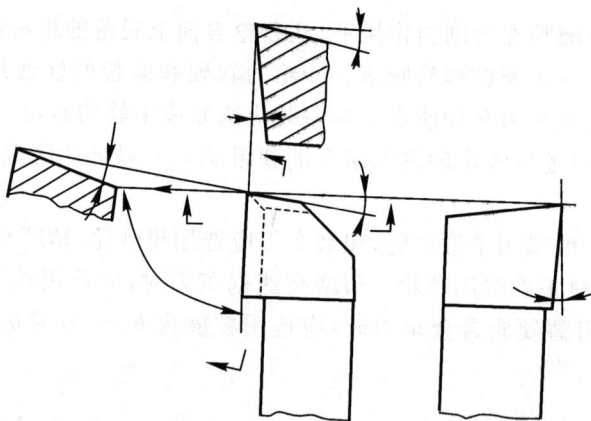

图 1-33

3.按照上题外圆车刀的角度,正确刃磨一把车刀并正确装夹,小组互评,教师点评并总结。

子任务四 认识华中世纪星 HNC-21T 数控系统的界面,能够进行基本操作

一、华中世纪星 HNC-21T 数控系统的界面

以某数控车床为例,该数控车床配置华中世纪星 HNC-21T 系统。数控车床的操作主要通过操作面板来实现。操作面板由三部分组成:一部分为机床 MDI 操作面板,一部分为显示

器,另一部分为控制系统的操作面板。如图 1-34 所示。

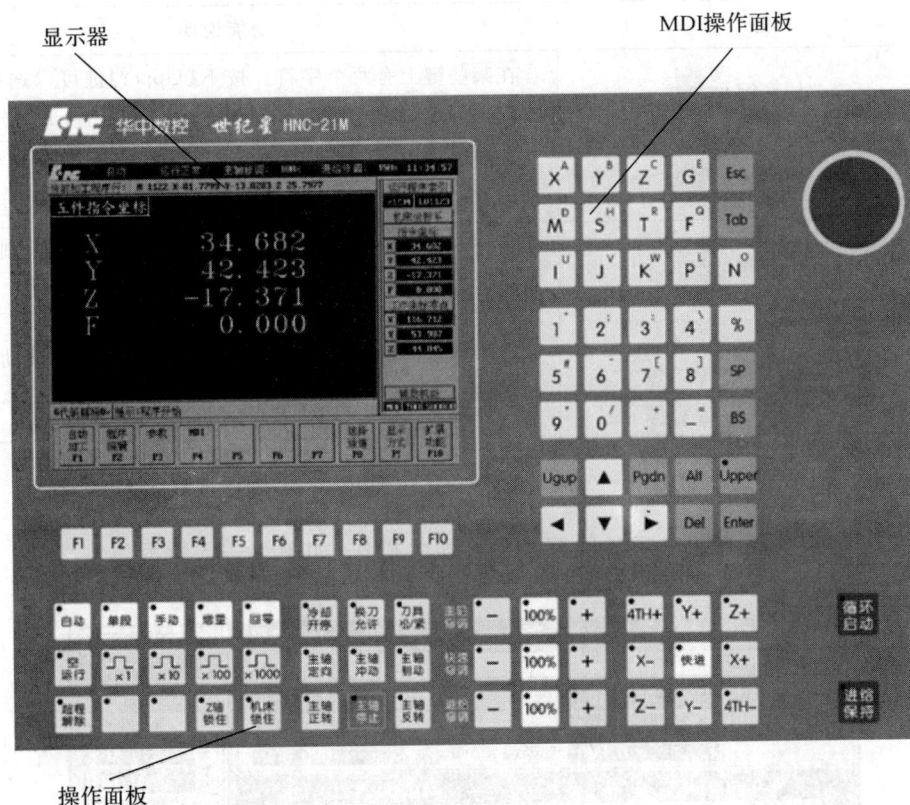

图 1-34 华中数控车床操作面板

(一)MDI 面板操作

MDI 键盘按键名称及功能见表 1-3。

表 1-3　MDI 键盘按键功能表

序号	键　名	功能说明
1	地址数字键 X 1	按下这些键可以输入字母,数字或者其他字符
2	退出键 Esc	退出操作、编辑等工作
3	跳格键 Tab	在编辑输入程序或参数时,按下【Tab】键输入 4 个空格
4	空格键 SP	在编辑输入程序或参数时,按下【SP】键输入空格
5	退格键 BS	在编辑输入程序或参数时,按下【BS】键退回一个字符,光标向前移动一个字符
6	翻页键 PgUp PgDn	有两个翻页键,用于将屏幕显示的页面往【上翻页】或往【下翻页】

续 表

序号	键 名	功能说明
7	切换键 Upper	在某些键上有两个字符。按下【Upper】键可以选择键右上角的字符进行输入
8	删除键 Del	删除光标后的一个字符,光标位置不变,余下的字符左移一个字符位置
9	输入键 Enter	当按下一个字母键或者数字键时,数据被输入到屏幕上。当一行程序段输入好以后,按下【Enter】键换行操作
10	光标移动键	有 4 种不同的光标移动键,用于将光标向右移动,向左移动,向上移动,向下移动

(二)功能软键说明

功能软键用来选择将要显示的屏幕画面及相关操作,如图 1 - 35 所示。

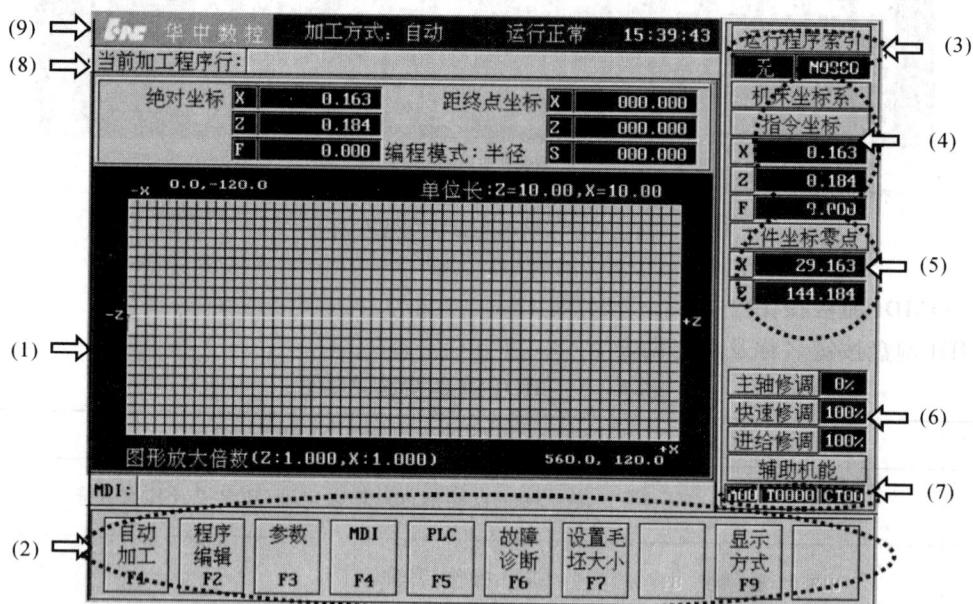

图 1 - 35　功能软键屏幕

一般操作如下(实际显示过程千变万化,详细情况请参考说明书):

(1)图形显示窗口:可以根据需要用功能键 F9 设置窗口的显示内容。

(2)菜单命令条:通过菜单命令条中的功能键 F1～F10 来完成系统功能的操作。

(3)运行程序索引:显示自动加工中的程序名和当前程序段行号。

(4)选定坐标系下的坐标值:坐标系可在机床坐标系/工件坐标系/相对坐标系之间切换。显示内容可在指令位置、实际位置、剩余进给、跟踪误差、负载电流、补偿值之间切换。

(5)工件坐标零点显示:显示工件坐标系零点在机床坐标系下的坐标。

（6）倍率修调显示：显示当前主轴修调倍率、进给修调倍率、快速进给修调倍率。

（7）辅助机能显示：显示自动加工中的 M,S,T 代码。

（8）当前加工程序行显示：显示当前正在或将要加工的程序段。

（9）当前加工方式、系统运行状态及当前时间显示。

工作方式：系统工作方式，根据机床控制面板上相应按键的状态，可在自动运行、单段运行、手动运行、增量运行、回零、急停、复位等之间切换。

运行状态：系统工作状态在"运行正常"和"出错"间切换。

系统时钟：当前系统时间。

操作界面中最重要的一块是菜单命令条。系统功能的操作，主要通过菜单命令条中的功能键 F1～F10 来完成。

由于每个功能包括不同的操作菜单，采用层次结构即在主菜单下选择一个菜单项后，数控装置会显示该功能下的子菜单，用户可根据该子菜单的内容，选择所需的操作，如下所示。

第一级：主菜单

程序 F1	运行 控制 F2	MDI F3	刀具 补偿 F4	设置 F5	故障 诊断 F6	DNC 通信 F7		显示 切换 F9	扩展菜单 F10

第二级：子菜单

程序（F1）

选择 程序 F1	编辑 程序 F2	新建 程序 F3	保存 程序 F4	程序 校验 F5	停止 运行 F6	重新 运行 F7		显示 切换 F9	返回 F10

运行控制（F2）

指定行 运行 F1			保存 断点 F5	恢复 断点 F6				显示 切换 F9	返回 F10

MDI（F3）

MDI 停止 F1	MDI 清除 F2		回程序 起点 F4			返回 断点 F7	重新 对刀 F8		返回 F10

刀具补偿（F4）

刀偏表 F1	刀补表 F2							显示切换 F9	返回 F10

设置(F5)

坐标系 设定 F1	毛坯 尺寸 F2	设置 显示 F3		网络 F5	串口 参数 F6			显示 切换 F9	返回 F10

故障诊断(F6)

	运行 统计 F2	预设 统计值 F3			报警 显示 F6	错误 历史 F7		显示 切换 F9	返回 F10

DNC 通信(F7)——与计算机联网操作使用的信息。

显示切换(F9)——画面切换。

扩展功能(F10)——功能切换。

PLC F1	蓝图 编程 F2	参数 F3	版本 信息 F4		注册 F6	帮助 信息 F7	后台 编辑 F8	显示 切换 F9	主菜单 F10

第三级:子菜单

刀偏表(F4－F1)

X轴 置零 F1	Z轴 置零 F2			刀架 平移 F5					返回 F10

标准坐标系设定(F5－F1)

G54 坐标系 F1	G55 坐标系 F2	G56 坐标系 F3	G57 坐标系 F4	G58 坐标系 F5	G59 坐标系 F6	工件 坐标系 F7	相对值 零点 F8		返回 F10

PLC(F10－F1)

装入 PLC F1	编辑 PLC F2	输入 输出 F3	状态 显示 F4			备份 PLC F7		显示 切换 F9	返回 F10

参数(F10－F3)

参数 索引 F1	修改 口令 F2	输入 口令 F3		置出 厂值 F5	恢复 前值 F6	备份 参数 F7	装入 参数 F8		返回 F10

后台编辑(F10－F8)

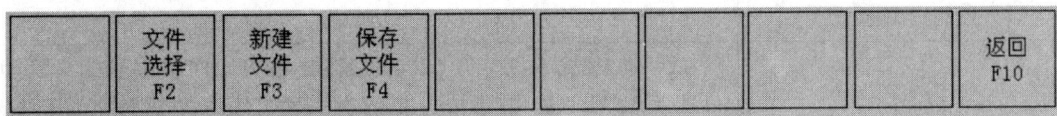

	文件 选择 F2	新建 文件 F3	保存 文件 F4						返回 F10

注意:约定用 F4－F1 格式表示在主菜单下按 F4 然后在子菜单下按 F1,子菜单当要返回主菜单时,按子菜单下的 F10 键即可。

(三)机床操作面板开关介绍

机床操作面板的功能和按钮排列与具体的数控车床型号有关,如图 1－36 所示,面板控制键功能见表 1－4。

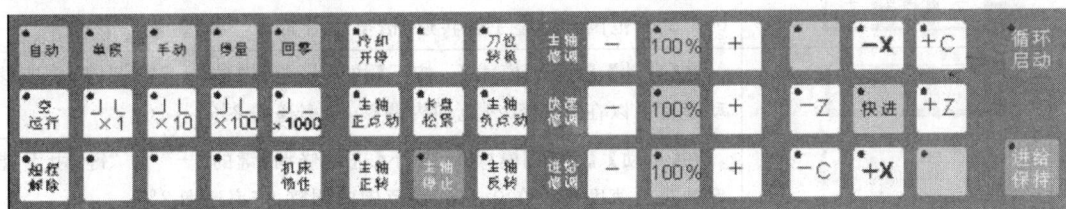

图 1－36　华中数控系统机床操作面板

表 1－4　机床控制面板控制键功能

控制键图标	功　　能
自动　单段 手动　增量　回零	【自动】运行模式:在该模式下程序自动连续运行 【单段】运行模式:在该模式下,每按一次循环启动按钮,程序只执行一个程序段后停止 【手动】模式:控制坐标轴方向进给运动 【增量】模式:精确控制坐标轴方向微量进给运动 【回零】模式:在该模式下对机床进行参考点返回
×1　×10　×100　×1000	【增量修调】按键:×1,×10,×100。×1000 分别表示手轮旋转一格坐标轴移动 0.001mm,0.01mm,0.1mm,1mm
超程解除	【超程解除】键:在操作时某一坐标方向移动超程时,按下该按钮及相应坐标轴的反方向即可以使机床恢复正常状态
机床锁住	【机床锁住】键:在【手动】模式下,按一下【机床锁住】键指示灯亮,再进行手动操作,系统继续执行,显示屏上的坐标轴位置信息变化,但不输出伺服轴的移动指令,所以机床停止不动
冷却开停	冷却液开关:按一次该按钮冷却液开启,再按一次冷却液关闭
刀位转换	在【手动】模式下,按一下【刀位转换】按钮,则刀架顺序换刀一个位置
主轴正点动	在【手动】模式下,按压【主轴正点动】键,指示灯亮,主轴将产生正向连续转动;松开【主轴正点动】键,指示灯灭,主轴即减速停止

续 表

控制键图标	功 能
卡盘 松紧	在【手动】模式下,按一下【卡盘松紧】键,松开工件,默认值为夹紧,可以进行更换工件操作;再按一下,又为夹紧工件,可以进行加工工件操作,如此循环
主轴 负点动	在【手动】模式下,按压【主轴负点动】键,指示灯亮,主轴将产生负向连续转动;松开【主轴负点动】键,指示灯灭,主轴即减速停止
主轴 正转 主轴 停止 主轴 反转	在【手动】模式下,按压主轴旋转按键,控制【主轴正转】、【主轴反转】、【主轴停止】
主轴 倍调 − 100% +	在【自动】、【手动】模式下,按下【主轴修调】键的"+""−"键,可以在0～150%范围内调整主轴转速,倍率递增2%
快速 修调 − 100% +	在【自动】、【手动】模式下,按下【快速修调】键的"+""−"键,快速移动速度可以在0～150%范围内调整,倍率递增2%
进给 修调 − 100% +	在【自动】、【手动】模式下,按下【进给修调】键的"+""−"键,由F指定的进给速度可以在0～150%范围内调整,倍率递增2%
−X +C −Z 快进 +Z −C +X	在【手动】模式下,分别按手动/增量进给坐标轴按键的+X、+Z,−X、−Z,使坐标轴按所选定的方向移动。进给移动速度由【进给修调】键调整。若同时按住中间【快速】键,使坐标轴按所选定的方向快速移动。快速移动速度可由【快速修调】键控制
循环 启动	【循环启动】键:按该钮启动程序自动运行
进给 保持	【进给保持】键:按该按钮后按钮变亮,同时启动按钮熄灭,并且所有的轴的进给都在执行完该程序段M、S和T指令后停下来。可再次按启动按钮接着运行
EMERGE	【急停】键:当出现异常情况时,按下此按钮机床立即停止工作。待故障排除恢复机床工作时,按照按钮上的箭头方向转动,按钮即可弹起

二、数控机床的坐标系

数控机床的坐标系统,包括坐标系、坐标原点和运动方向,对于数控加工及编程,是一个十分重要的概念。每一个数控编程员和数控操作员,都必须对数控机床的坐标系有一个完整、正确的理解,否则程序编制将发生混乱,操作时更容易发生事故。为了使数控系统规范化及简化数控编程,ISO对数控机床的坐标系统作了若干规定。

(一)机床坐标系

1. 机床坐标系

为了确定机床的运动方向和移动距离,就要在机床上建立一个坐标系,这个坐标系就叫机床坐标系。

2.机床坐标系中的规定

(1)机床坐标系的方向:永远假定刀具相对于静止的工件而运动。

(2)运动的正方向:统一规定增大工件与刀具间距离的方向为正方向。

(3)数控机床的坐标系采用符合右手定则规定的笛卡儿坐标系。

其基本坐标轴为 X,Y,Z 直角坐标,相对于每个坐标轴的旋转运动坐标为 A,B,C,如图 1-37 所示。右手的拇指、食指、中指互相垂直,并分别代表 $+X$,$+Y$,$+Z$ 轴。围绕 $+X$,$+Y$,$+Z$ 轴的回转运动分别用 $+A$,$+B$,$+C$ 表示,其正方向用右手螺旋定则确定。

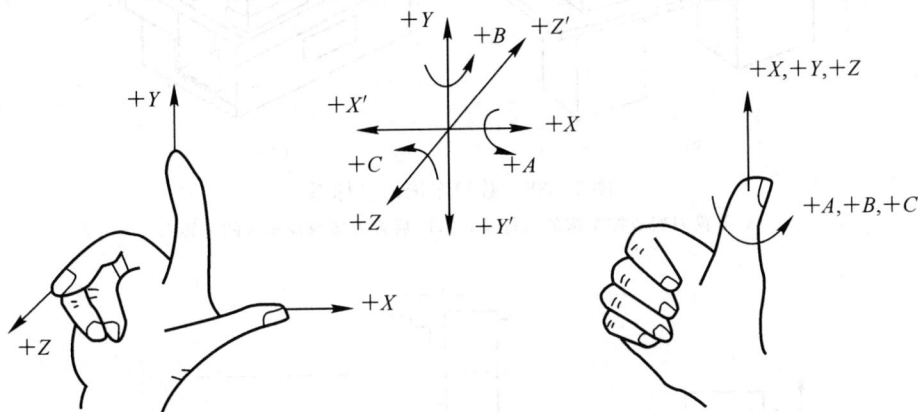

图 1-37　右手直角笛卡尔坐标系

(二)机床坐标系的方向

1.Z 坐标方向

Z 坐标的运动由主要传递切削动力的主轴所决定,与主轴轴线平行的坐标即为 Z 轴坐标。数控车床的 Z 轴定义为与机床主轴平行的坐标轴,如果数控机床有一系列主轴,则选尽可能垂直于工件装夹面的主要轴为 Z 轴,Z 轴为工件的回转轴线,其正方向为增大工件与刀具距离的方向。

2.X 坐标方向

X 坐标一般为水平方向且平行于工件的装卡面并垂直于 Z 轴。这是在刀具或工件定位平面内运动的主要坐标。对于数控车床,X 坐标的方向是在工件的直径方向上,且平行于横滑座,刀具离开工件旋转中心的方向为 X 轴的正方向,如图 1-38 所示。

3.Y 坐标方向

根据已确定的 X,Z 轴,按右手直角笛卡儿坐标系,Y 坐标垂直于 X,Z 坐标轴。Y 轴的正方向则根据 X 和 Z 轴按照右手法则确定。

4.旋转轴方向

旋转坐标 A,B,C 对应表示其轴线分别平行于 X,Y,Z 坐标轴的旋转坐标。

(三)机床原点与机床参考点

1.机床原点

机床原点是机床上设置的一个固定的点,即机床坐标系的原点。机床原点是数控机床进行加工或位移的基准点,是机床制造商设置在机床上的一个物理位置,它是在机床装配、调试时已经确定下来的,其作用是使机床与控制系统同步,建立测量机床运动坐标的起始点。在使用中机床坐标系是由参考点来确定的,机床系统启动后,进行返回参考点操作,机械坐标系就建立了。坐标系一经建立,只要不切断电源,坐标系就不会变化。如图1-39所示。

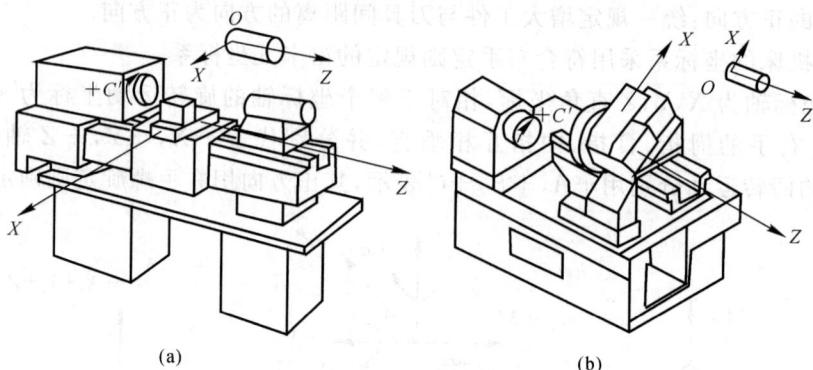

图1-38 数控车床的坐标系

(a)前置刀架数控车床的坐标系; (b)后置刀架数控车床的坐标系

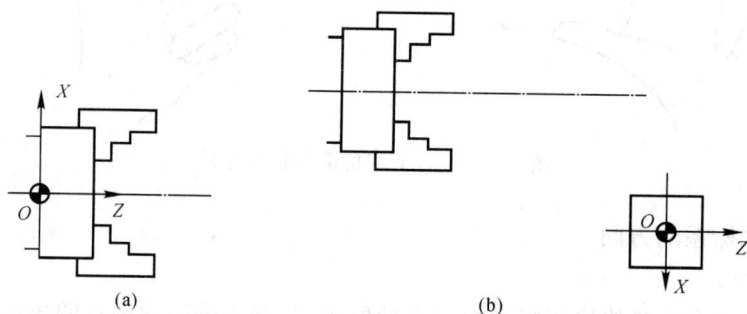

图1-39 机床原点的位置

(a)机床原点位于卡盘中心; (b)机床原点位于刀架正向运动极限点

2.机床参考点

数控车床的参考点一般位于刀架正向移动的极限点位置,并由机械挡块来确定其具体的位置。它是机床制造商在机床上用行程开关设置的一个物理位置,与机床原点的相对位置是固定的,机床出厂时由机床制造商精密测量确定。机床参考点与机床原点的距离由系统参数设定,其值可以是零,如果其值为零则表示机床参考点和机床零点重合。一般来说,数控车床的参考点在距离卡盘最远的 Z 正方向的某一位置。如图1-40所示。

(四)工件坐标系(编程坐标系)与程序原点

为了便于尺寸计算与检查,加工程序的坐标原点一般都尽量与零件图样的尺寸基准相一致。这种针对某一工件并根据零件图样建立的坐标系称为工件坐标系。以工件原点为坐标原点建立的直角坐标系,称为编程坐标系,供编程用。零件编程加工的基准点通常称为工件原点。数控编程时应该首先确定工件坐标系和工件原点。如图1-41所示。

程序原点又称工件原点或编程原点,是工件装夹完成后,编程员在数控编程过程中选择工件上的某一点作为编程或工件加工的基准点。工件坐标系原点在图中以符号"⊕"表示。其位置由编程者确定,一般尽量设在工件的设计基准、工艺基准的位置上。如图1-41所示。

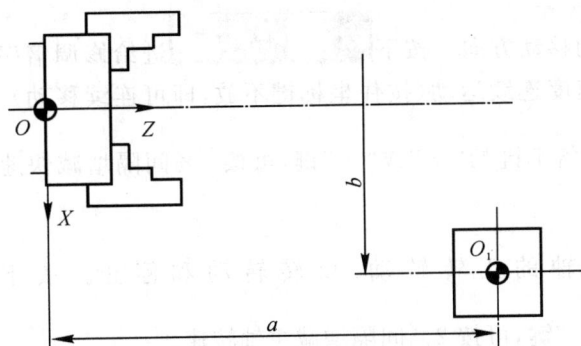

图 1-40　机床原点与参考点

O—机床原点；　O_1—机床参考点

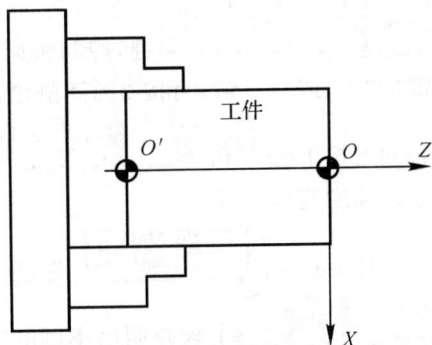

图 1-41　工件坐标系原点

程序原点的选择原则是：

(1)便于计算，能简化程序的编制。

(2)应选在容易找正、在加工过程中便于检查的位置上。

(3)尽可能选在工件的设计基准或工艺基准上，以使加工引起的误差最小。

为方便使用，数控车床的工件原点(程序原点)一般选定在工件右端面与主轴轴线的交点上，通过对刀来确定。

三、数控车床的基本操作

(一)机床开机、回参考点及关机操作

1.开机

先打开机床电源，再打开数控系统电源。此时机床电机和伺服控制的指示灯变亮。检查【急停】按钮是否松开至 状态，若未松开，旋转【急停】按钮，将其松开。

2.机床回参考点

机床参考点：是机床制造商在机床上用行程开关设置的一个物理位置，与机床原点的相对位置是固定的(由机床制造商精密测量确定)。机床参考点一般不同于机床原点。一般来说，数控车床的参考点为距离卡盘最远的某一位置。

按下操作面板上【回零】模式按键：在回零模式下，先将 X 轴回原点，按住操作面板上的"$X+$"按钮，使 X 轴正方向移动，此时 X 轴将回原点(X 轴回原点灯变亮)。按住操作面板上的"$Z+$"按钮，使 Z 轴正方向移动，此时 Z 轴将回原点(Z 轴回原点灯变亮)。

3.关机

先检查各坐标轴是否停在合适的位置，与机床、工件或部件没有干涉，按下【急停】按钮 ，关闭系统电源，最后关闭机床电源。

(二)坐标轴手动、增量、手摇操作的控制

1.手动操作

(1)手动模式：按下操作面板上的【手动】模式按键。根据需要分别按住

键，控制机床坐标轴的移动方向。按下 进给修调倍率键的"＋"或"－"键，可按2%间隔增减移动速度连续运动（按住坐标键不放，即可连续移动）。若同时按下 和 快速修调倍率键的"＋"或"－"键，可按2%间隔增减快速移动速度连续运动。

（2）点击 键能控制主轴的正转转动、反转转动和停止。按下 主轴修调倍率键的"＋"或"－"键，可按2%间隔增减主轴转速。

（3）点击【刀位转换】键一次，刀架自动换位一个刀位。

注意：刀架换位过程中刀具与零件可能发生非正常碰撞，可能发生设备人身事故，操作时一定要小心仔细。

2.手摇操作手摇脉冲发生器（MPG）

首先选择坐标轴，在【轴选择】旋钮选择 X 或 Z 坐标轴。其次选择合适的进给倍率，在【进给倍率】旋钮上，选择×1(0.001mm)，×10(0.01mm)，×100(0.1mm)。旋转手轮，逆时针为负方向，顺时针为正方向，以精确控制机床的移动。主要用于手动切削或对刀工作。如图1-42所示。

3.增量操作

按下操作面板上的【增量】模式按键。且分别按下 增量修调键的×1，×10，×100，×1000，

分别表示点击一下 键，该坐标轴移动0.001mm，0.01mm，0.1mm，1mm，以控制机床坐标轴的移动方向及距离。

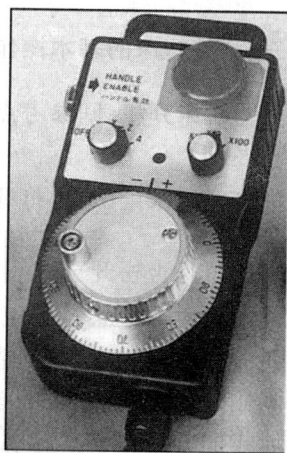

图1-42　手摇脉冲发生器

（三）华中世纪星 HNC-21T 数控系统常用指令

1.主轴转速功能字 S

S指令用于控制主轴转速，由地址 S 和数字组成。

如：S500，表示主轴转速为500r/min。

S指令为模态指令，其转速可以通过主轴倍率开关进行修调。

2.刀具功能字 T

T指令是指系统进行选刀或换刀的功能指令，也称为 T 功能，由地址 T 及后缀的数字来表示。常用刀具功能指定方法有 T4 位数法和 T2 位数法两种格式。

（1）T4 位数法。T4 位数法可以同时指定刀具和选择刀具补偿，目前大多数数控车床采用T4 位数法。

例1-1　T0101：表示选用1号刀具及选用1号刀具补偿存储器号中的补偿值。

T0102：表示选用1号刀具及选用2号刀具补偿存储器号中的补偿值。

T0100：表示选用1号刀具及取消刀具补偿。

（2）T2 位数法。T2 位数法仅能指定刀具号,目前绝大多数的加工中心采用 T2 位数法。

例 1－2　T05 D01:表示选用 5 号刀具及选用 1 号刀具补偿存储器号中的补偿值。

3. 辅助功能字 M

辅助功能字 M 也叫 M 功能或 M 指令,它是控制机床或系统的开、关等辅助动作,如开、停冷却泵,主轴正反转,程序的结束等开关功能的一种命令。它由地址 M 和后面的两位数字组成,从 M00 到 M99 共 100 种。各种机床的 M 代码规定有差异,必须根据说明书的规定来编程。

M03:主轴正转。

M04:主轴反转。

M05:主轴停止。

M08:冷却液打开。

M09:冷却液关闭。

课内练习

1. 使用数控仿真软件,模拟操作华中 HNC－21T 数控系统的数控车床,熟悉软件界面及操作面板功能。

2. 先使用数控仿真软件进行机床开机、回参考点及关机操作,坐标轴手动、增量、手摇操作的控制,再使用数控车床进行相应操作。

3. 实训室分组练习,找到实训用数控车床的机床坐标系位置,比较不同厂家不同数控系统之间的区别及其相同点,并派代表讲解本组的发现与体会,小组互评,教师点评并总结。

子任务五　手动加工圆柱销

一、分析零件图纸

该零件结构简单,由单一外圆柱面组成,零件尺寸精度要求为:径向尺寸公差为 0.011,轴向要求 ±0.15,表面粗糙度 $Ra=0.8\mu m$,淬火 HRC42～48,工件毛坯为 $\phi40\times82$ 的 45 钢,材料切削性能好,易加工,需通过粗车、半精车、热处理淬火、磨削等加工工序才能保证加工质量。

二、数控加工工艺方案分析

1. 使用设备

CAK6136 数控车床(华中世纪星 21T 数控系统,前置四方电动刀架)。

2. 加工所用的刀具、量具

外圆车刀、游标卡尺。

3. 工件装夹方案

工件毛坯长度余量较少,一次装夹不能完成切削,需要采用掉头装夹,再用接刀法车削。调头接刀车削的表面一般有接刀痕迹,在精度要求较高的情况下不能使用,该圆柱销零件只需半精加工,后续还有磨削,故调头接刀加工方法可行。

（1）第一次装夹:由于工件长度较短,直接使用三爪卡盘装夹即可,工件伸出长度尽量长一些,装夹长度为15～20mm,粗、半精加工外圆、端面。

(2)调头装夹:以已加工外圆定位装夹,夹持长度较长,同时保证总长能够测量,粗、半精加工外圆、端面。

4.加工路线及刀具切削用量安排

因零件加工数量不多,属于单件小批量生产,使用一把外圆车刀粗车、半精车即可满足加工要求,刀具使用机夹93°外圆车刀,刀尖圆弧半径 $R = 0.4$mm,粗车时切削速度取100m/min,按 $\phi40$ 直径计算主轴转速为796r/min,进给量为0.25mm/r,背吃刀量为2.0mm;半精车时切削速度取150m/min,按 $\phi40$ 直径计算主轴转速为1194r/min,进给量为0.1mm/r,背吃刀量为0.25mm。

5.填写数控加工工序卡片,说明工步、刀具、切削用量等内容

工序安排及加工路线的设定,需要根据零件生产数量、技术要求、设备性能、生产成本等因素进行合理选择和制定,该零件的加工比较简单,通过粗车、半精车、热处理、磨削、去毛刺、检测等工序就能完成。由于车间普通车床的工作已经排满,车削加工只需一天即可完成半精车,热处理和磨削另外处理。故该零件的车削加工工序和工步安排见表1-5。

表1-5 数控加工工序卡片

数控加工工序卡片		工序名称		工序号
		数车加工		0101
材料名称	材料牌号	工序简图		
圆钢	45#			
机床名称	机床型号			
数控车床	CAK6136			
夹具名称	夹具编号			
三爪卡盘	$\phi250$			
备注				

工序简图:$\sqrt{Ra1.6}$,$\phi36.5^{0}_{-0.2}$,长80

工步	工作内容	刀号及刀具规格	主轴转速 r/min	进给量 mm/r	背吃刀量 mm
1	车平右端面	T01 93°外圆车刀	796	0.20	1
2	粗车右端外圆 $\phi37$		796	0.25	2
3	半精车右端外圆 $\phi36.5$		1194	0.1	0.25
4	掉头控制总长80		796	0.20	1
5	粗车左端外圆 $\phi37$		796	0.25	2
6	半精车右端外圆 $\phi36.5$		1194	0.1	0.25
更改标记	数量	文件号	签字	日期

三、加工工步及程序编制

根据数控工序卡所制定的工艺路线,按工步编制程序见表1-6。

表1-6　圆柱销加工工步表

序号	工　步	工　步　图	操　作
1	车右端面		手动
2	粗车右端外圆		手动
3	半精车右端外圆		手动
4	掉头控制总长		手动
5	粗车左端外圆		手动
6	半精车左端外圆		手动

四、零件测量——游标卡尺的使用

量具使用得是否合理,不但影响量具本身的精度,且直接影响零件尺寸的测量精度。所以,必须重视量具的正确使用,对测量技术精益求精,务使获得正确的测量结果,确保产品质量。

1.游标卡尺的结构

游标卡尺的下量爪用于测量外径、长度、宽度、厚度,上量爪用于测量内径、槽宽,深度尺用于测量孔深、高度,如图 1-43 所示。

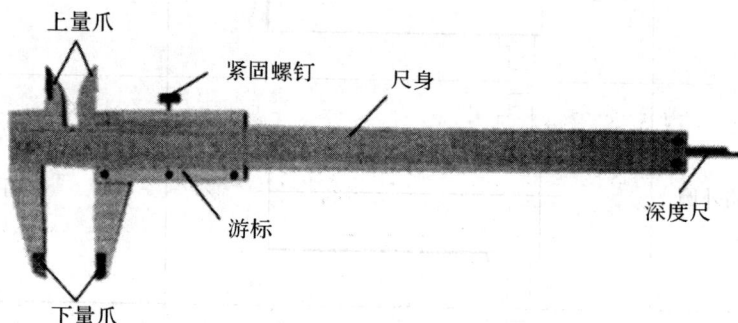

图 1-43 游标卡尺

2.游标卡尺的读数方法

以精度为 0.02mm 的游标卡尺为例,明确游标卡尺的读数方法,如图 1-44 所示。

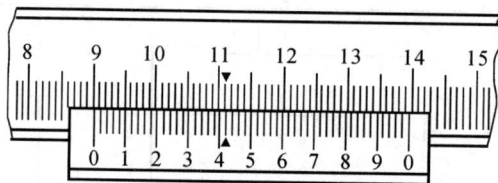

图 1-44 游标卡尺的读数方法

(1)读取整数值。主尺上副尺零刻线左侧整毫米数 18mm。

(2)读小数值。找主副尺对齐刻线,读小数值为 $0.7mm+4\times0.02=0.78mm$。

(3)测量值=整数值+小数值=18.78mm。

3.使用游标卡尺的注意事项

测量零件尺寸时,必须注意下列几点:

(1)测量前应把卡尺擦干净,检查卡尺的两个测量面和测量刃口是否平直无损,把两个量爪紧密贴合时,应无明显的间隙,同时游标和主尺的零位刻线要相互对准。这个过程称为校对游标卡尺的零位。

(2)移动游标时,活动要自如,不应有过松或过紧,更不能有晃动现象。用紧固螺钉固定游标时,卡尺的读数不应有所改变。在移动游标时,不要忘记松开固定螺钉,亦不宜过松以免掉了。

(3)当测量零件的外尺寸时,卡尺两测量面的连线应垂直于被测量表面,不能歪斜。测量时,可以轻轻摇动卡尺,放正垂直位置,如图 1-45(a)所示。否则,量爪若在如图 1-45(b)所示的错误位置上,将使测量结果 a 比实际尺寸 b 要大。

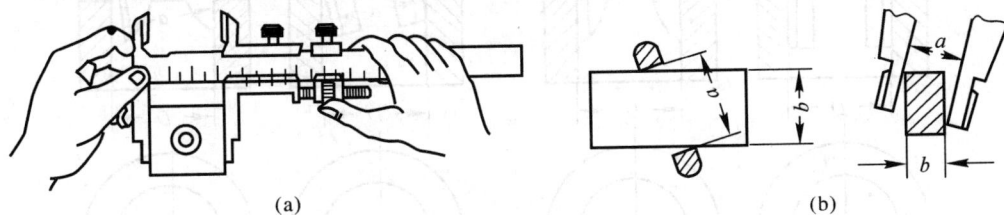

图 1-45　测量外尺寸时正确与错误的位置
(a)正确；　(b)错误

(4)测量沟槽时,应当用量爪的平面测量刃进行测量,尽量避免用端部测量刃和刀口形量爪去测量外尺寸。而对于圆弧形沟槽尺寸,则应当用刀口形量爪进行测量,不应当用平面形测量刃进行测量,如图 1-46 所示。

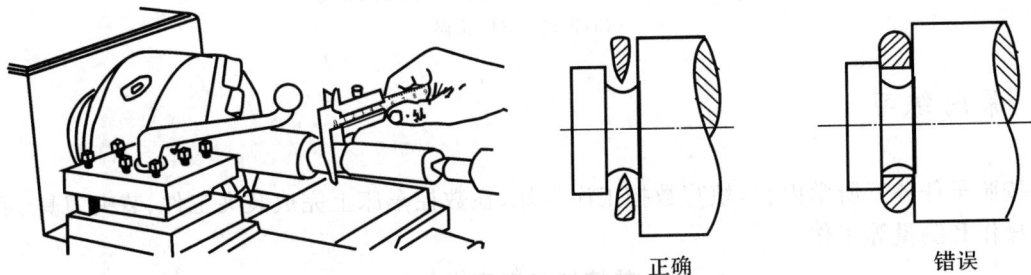

正确　　　　　　　　错误

图 1-46　测量沟槽时正确与错误的位置

(5)当测量零件的内尺寸时,如图 1-47 所示,要使量爪分开的距离小于所测内尺寸,进入零件内孔后,再慢慢张开并轻轻接触零件内表面,用固定螺钉固定游标后,轻轻取出卡尺来读数。取出量爪时,用力要均匀,并使卡尺沿着孔的中心线方向滑出,不可歪斜,免使量爪扭伤;变形和受到不必要的磨损,会使游标走动,影响测量精度。

卡尺两测量刃应作用在孔的直径上,不能偏歪。图 1-48 所示为带有刀口形量爪和带有圆柱面形量爪的游标卡尺,在测

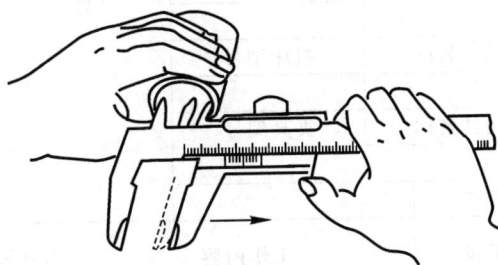

图 1-47　内孔的测量方法

量内孔时正确的和错误的位置。当量爪在错误位置时,其测量结果将比实际孔径 D 要小。

(6)用游标卡尺测量零件时,不允许过分地施加压力,所用压力应使两个量爪刚好接触零件表面。在读数时,应把卡尺水平地拿着,朝着亮光的方向,使人的视线尽可能和卡尺的刻线表面垂直,以免由于视线的歪斜造成读数误差。

(7)为了获得正确的测量结果,在同一零件上应进行多次测量,务使获得一个比较正确的测量结果。

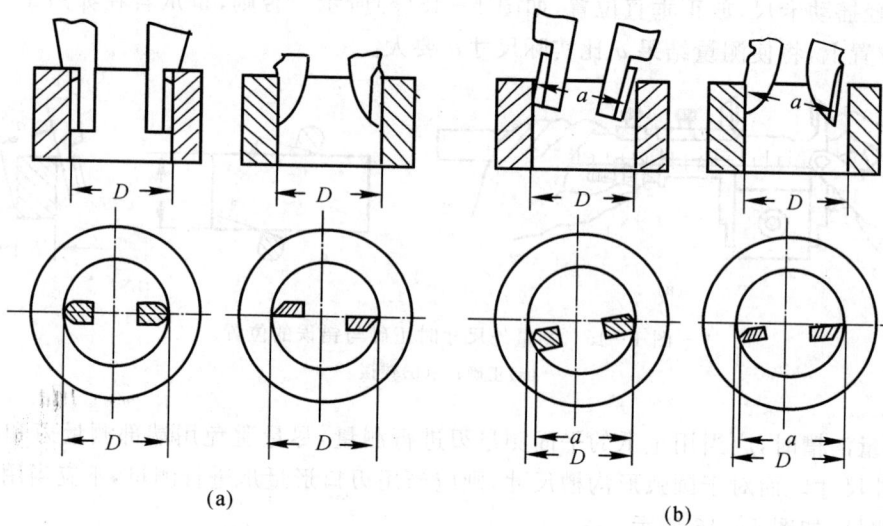

图 1-48　测量内孔时正确与错误的位置
(a)正确；　(b)错误

课内练习

按照子任务五所学内容,填写数控工序卡片,在数控车床上完成装夹工件、装夹刀具、手工加工操作和测量等工作。

数控加工工序卡片

数控加工工序卡片		工序名称		工序号	
材料名称	材料牌号	工序简图			
机床名称	机床型号				
夹具名称	夹具编号				
备注					
工步	工作内容	刀号及刀具规格	主轴转速 r/min	进给量 mm/r	背吃刀量 mm
1					
2					
3					
4					
5					
6					
更改标记		数量	文件号	签字	日期

任务二　芯轴的加工

任务介绍

该零件为某机械加工企业生产的芯轴,该订单数量为 1000 件,毛坯为 $\phi40$ 的 45# 钢棒料。零件如图 2 - 1 所示。

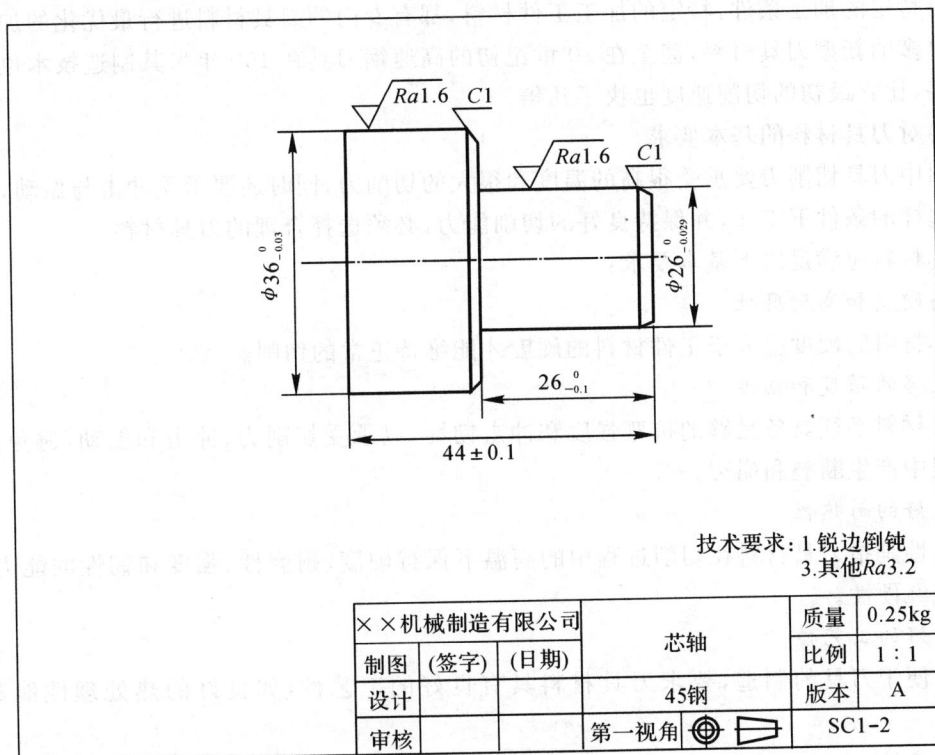

技术要求:1.锐边倒钝
　　　　　3.其他Ra3.2

××机械制造有限公司			芯轴	质量	0.25kg
制图	(签字)	(日期)		比例	1:1
设计			45钢	版本	A
审核			第一视角 ⊕ ◁	SC1-2	

图 2 - 1　芯轴零件图

学习目标

(1)了解常用刀具的性能,熟悉切断刀的几何形状、尺寸计算、刃磨及装夹;

(2)熟悉数控车削编程相关知识,掌握常用编程指令;

(3)熟悉 HNC - 21T 数控系统手动操作和编程指令,能进行对刀操作;

(4)能正确使用外径千分尺进行测量,能够读懂芯轴图纸及其加工程序,能够按照安全操作流程完成芯轴的加工;

(5)对机床进行日常维护保养,并填写设备使用相关表格。

子任务一 了解常用刀具材料性能，熟悉切断刀的几何形状、刃磨及装夹

一、常用刀具材料及性能

金属切削刀具材料在 20 世纪得到飞速的发展。有一个形象地比喻，在 1900 年需要 100min 的金属切削去除量，在 20 世纪 90 年代初只需要不超过 1min。从客观的角度来讲，切削刀具技术的发展是机械加工行业现代化的重要基础。

针对特定的加工条件，特定的加工工件材料，都有专门的刀具材料进行最优化的加工。不只是有更多的新型刀具材料，甚至在 20 世纪初的高速钢刀具在 100 年来其制造技术也得到飞速的发展，比它最初的切削速度也快了几倍。

（一）对刀具材料的基本要求

切削中刀具切削刃要承受很高的温度和很大的切削力，同时还要承受冲击与振动，要使刀具能在这样的条件下工作，并保持良好的切削能力，必须选择合理的刀具材料。

刀具材料应满足以下基本要求：

1. 高硬度和高耐磨性

刀具材料的硬度应大于工件材料的硬度才能维持正常的切削。

2. 足够的强度和韧性

刀具材料必须具备足够的抗弯强度和冲击韧性，以承受切削力、冲击和振动，避免刀具在切削过程中产生断裂和崩刃。

3. 良好的耐热性

耐热性是指刀具材料在切削过程中的高温下保持硬度、耐磨性、强度和韧性的能力，又称热硬性或红硬性。

4. 良好的工艺性

为了便于刀具的制造，要求刀具材料具有良好的工艺性，如良好的热处理性能和刃磨性等。

5. 经济性

经济性是指刀具材料价格及刀具制造成本，整体上的经济性可以使分摊到每个工件的成本不高。

而从刀具寿命的角度来看，对刀具材料的性能要求主要是耐磨性、强硬性和红硬性（高温硬度）。不同刀具品种和不同切削条件对刀具性能的要求不同。如：重切削无冷却液的条件下刀具的红硬性最主要，精车淬硬钢刀具的耐磨性最主要，断续切削则要求刀具有最佳的硬度与韧性的搭配。

（二）常用的刀具材料

正确选择刀具材料在经济型切削加工中是最重要的，因为刀具不耐磨或者刀具过脆断裂产生的停机换刀时间将造成零件的制造成本因过多承受机床折旧成本而增加。没有单一的刀具材料能够适合所有工件材料的经济型加工，但是某些刀具材料比如硬质合金和高速钢因为有广泛的应用区域，可以承担多种切削形式。在目前的刀具市场销售分析，高速钢刀具仍然占有约 60% 的份额，硬质合金类刀具也超过 30% 的份额。

1.高速钢

高速钢的强度高,韧性好,性能比较稳定,工艺性好,能制作成各种形状和尺寸,特别是大型复杂刀具。其在 600℃时,仍保持切削加工所要求的硬度,切削中碳钢时,切削速度达 30m/min 左右。

2.硬质合金

就像刀具材料的名字所显示的,它是由硬的碳化物形成的硬点和黏结剂金属烧结而成。它具有高速钢的韧性,并且获得很高的切削速度的耐磨性与红硬性。最近 60 年来硬质合金的制造技术得到了长足的发展,特别是涂层技术的应用,使涂层硬质合金成为机夹刀片的首选,非涂层硬质合金刀片和焊接硬质合金刀具,广泛地应用在铝合金加工和非标准刀具制造上。

硬质合金具有比高速钢更高的硬度、耐磨性、耐高温性以及抗腐蚀,允许切削温度800～1000℃左右,切削中碳钢时,切削速度达 100m/min 左右。但其常温下冲击韧性远不及高速钢。硬质合金的应用范围非常广泛,几乎所有的工件材料都可以用硬质合金来加工。

硬质合金刀具,包括涂层或者非涂层的刀具,按照其所适合加工的工件材料和切削速度范围进行了应用区间的分类。ISO 的硬质合金分类法的目标是为了使用者可以按照所加工材料和抗冲击要求来选择刀具。

ISO 刀具材料分为 3 个区域,其中的数字代表刀具的抗冲击性和耐磨性,数字越大,刀具的抗冲击性 T(韧性)越大,数字越小,刀具的耐磨性 WR(硬度)越高,如图 2-2 所示。

ISO P 蓝色(我国牌号为 YT,钨钴钛类):此区域的刀具专门适合加工长屑易切材料,如:碳钢,铸钢,铁素体不锈钢,可锻铸铁等。

ISO M 黄色(我国牌号为 YW,钨钛钽铌类):此区域的刀具适合加工难加工材料,如:奥氏体不锈钢,马氏体钢材,合金铸铁,耐热合金和钛合金等。

ISO K 红色(我国牌号为 YG,钨钴类):此区域的刀具适合加工短切屑黑色金属及有色合金,如:铸铁,淬硬钢,非铁族金属,铝合金,铜合金,塑料等。

3.金属陶瓷

金属陶瓷是钛基硬质合金类硬质合金刀具材料的总称,其中是以碳化钛(TiC)或者碳氮化钛(TiCN)或者氮化钛(TiN)为硬点的硬质合金,其中的黏结剂为金属结晶,从而有金属陶瓷的名字,如图 2-3 所示。

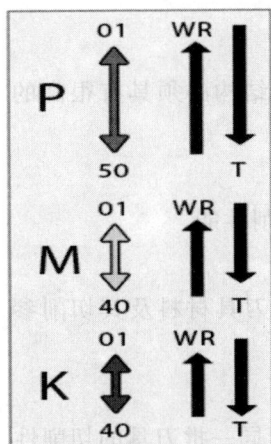

图 2-2　ISO 分类

图 2-3　金属陶瓷

金属陶瓷刀具材料比碳化钨（WC）类的硬质合金要硬，但是韧性相对要差。通常应用在不锈钢和低碳钢的精车、精镗、精铣和它们的半精加工、精加工阶段。和普通硬质合金相比，金属陶瓷的切削速度大约高一倍，可以获得更高的表面粗糙度质量。但是因为金属陶瓷的韧性较差，所以不适合较大切深和走刀量，或者是断续切削的场合应用。

4. 陶瓷

陶瓷具有高硬度、高耐磨性、优良的化学稳定性和低摩擦因数，尤其是其良红硬性（其在790℃高温下，仍保持较高硬度），故适用于高速切削和高速重切削，但目前其缺点是抗弯强度和冲击韧性较差，任何加工都要用负前角，为了不易崩刃，必要时可将刃口倒钝。陶瓷主要用于加工淬硬钢、铸铁、耐热合金和复合材料等金属材料的半精加工和精加工，也适用于加工有色金属和非金属材料。

5. 立方氮化硼（CBN）

立方氮化硼硬度仅比金刚石差些，是高硬度、高耐磨性和高热硬性的刀具材料。它的韧性比陶瓷高一些，因为立方氮化硼刀片主要采用将材料焊接在硬质合金基体上，所以对于间断性的切削加工，以及双金属材料工件加工中硬度的变化都不敏感，有一定的抗冲击性。

立方氮化硼主要用于加工锻造钢的硬皮，淬硬钢、冷硬铸铁及粉末冶金工件材料。它的切削速度和寿命要优于陶瓷，但是价格大大高于陶瓷，所以在这类材料的加工中要进行经济效益的预算。

6. 人造金刚石（PCD）

人造金刚石是目前为止最硬的刀具材料，它的硬度与天然金刚石相同。人造金刚石颗粒通常焊接或者涂敷在硬质合金基体上，使刀具更加耐冲击。刀具的寿命通常数倍于硬质合金，甚至上百倍。

人造金刚石刀具的特点如下：切削区域的温度不能超过600℃，切削加工时必须有充足的冷却液；人造金刚石和铁族元素发生亲和反应，不能加工含有铁元素的工件材料；不可加工高应力的韧性强的材料；要求切削工艺环境稳定无冲击。

（三）数控刀具的特点

为了满足数控车床的加工工序集中、零件装夹次数少、加工精度高、能自动换刀等要求，数控车床使用的数控刀具有如下特点：

1. 高加工精度

为适应数控加工高精度和快速自动换刀的要求，数控刀具及其装夹结构必须具有很高的精度，以保证在数控车床上的安装精度和重复定位精度。

2. 高刚性

数控车床所使用的刀具应具有适应高速切削的要求，具有良好的切削性能。

3. 高耐用度

数控加工刀具的耐用度及其经济寿命的指标应具有合理性，要注重刀具材料及其切削参数与被加工工件材料之间匹配的选用原则。

4. 高可靠性

要求刀具应有很高的可靠性，避免加工过程中出现意外的损伤，而且同一批刀具的切削性能和耐用度不能有较大差异。

5.装卸调整方便

这是刀具系统装载质量限度的要求,对整个自动换刀系统的结构应进行优化。

6.标准化、系列化、通用化程度高

这使数控刀具最终达到高效、多能、快换、经济的目的。

从刀具的发展情况来看,刀具材料的进步是呈加速度的,刀具材料的现代化首先是为切削加工大幅度提高生产效率提供了可能,而提升的生产效率最直接的结果是降低了零件的制造成本。

刀具以下 3 个特性:耐磨性(WR)、韧性(T)和热硬性(HH),主要影响了刀具的切削速度范围和进给量的大小,见表 2-1。

表 2-1　刀具特性比较表

材料	性能特点	耐磨性 (WR)	韧性 (T)	热硬性 (HH)
高速钢(HSS)	允许切削温度 600℃,能制作复杂刀具	低 ↓ 高	高 ↑ 低	低 ↓ 高
硬质合金	允许切削温度 800～1000℃左右,应用范围非常广泛,几乎所有的工件材料都可以用硬质合金来加工			
陶瓷	允许切削温度 800～1200℃左右,主要用于淬硬钢、铸铁、耐热合金和复合材料等金属材料的半精加工和精加工,也适用于加工有色金属和非金属材料			
立方氮化硼 (CBN)	允许切削温度 1300℃以下,主要加工锻造钢的硬皮,淬硬钢和冷硬铸铁,钴基和铁基的粉末冶金工件材料			
聚晶金刚石 (PCD)	允许切削温度 600℃以下,适用于高速加工有色金属和非金属材料,不适用于含铁元素的材料及高温加工			

耐磨性(WR)并不只是反映在后刀面磨损性能上,而且体现在其他形式刀具磨损的耐磨性上。人造金刚石类刀具的耐磨性最好,按照耐磨性大小排在后面的依次是:立方氮化硼,陶瓷,硬质合金和金属陶瓷,高速钢。

韧性(T)表现在刀具整体的抗弯性和抗横向断裂能力上。高速钢(HSS)的刚性最强,人造聚晶金刚石在刀具材料中最脆。

热硬性(HH)是刀具材料在高温材料切削与高速加工时的硬度保持性能,不同刀具材料的热硬性差别很大。刀具的热硬性由强到弱依次为:立方氮化硼,陶瓷,金属陶瓷,硬质合金和高速钢。

二、切断刀的几何形状、刃磨及装夹

在车削加工中,经常需要把太长的原材料切成一段一段的毛坯,然后再进行加工,也有一些工件在车好以后,再从原材料上切下来,这种加工方法叫切断。采用的刀具称为切断刀。

1.切断刀的几何形状

切断刀的几何形状如图 2-4 所示。一般的情况,前角 $\gamma_o = 5° \sim 20°$,主后角 $\alpha_o = 6° \sim 8°$,副后角 $\alpha_o' = 1° \sim 3°$,副偏角 $\kappa_r' = 1° \sim 1.5°$。

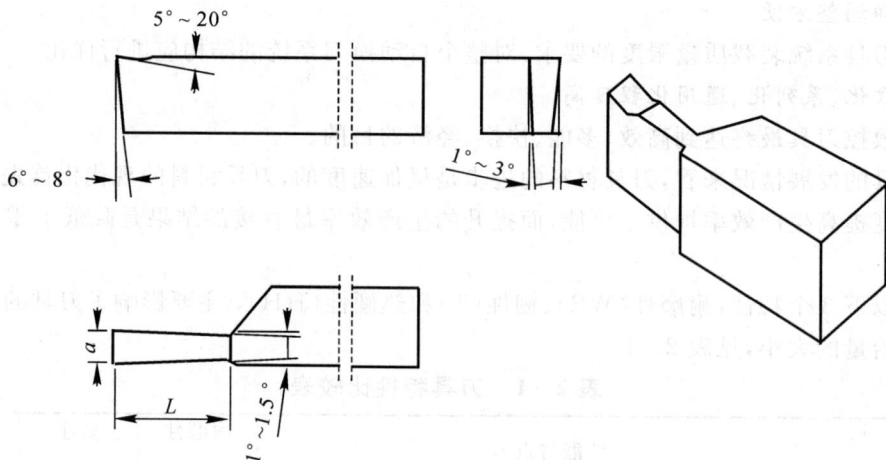

图 2-4　切断刀的几何形状

切断刀是以横向进给为主的,其前端的切削刃为主切削刃,两侧的切削刃是副切削刃,结构上主切削刃较窄,刀头较长,强度较差,所以在选择刀具几何参数和切削用量时要特别注意提高切断刀的强度。如图 2-5 所示。

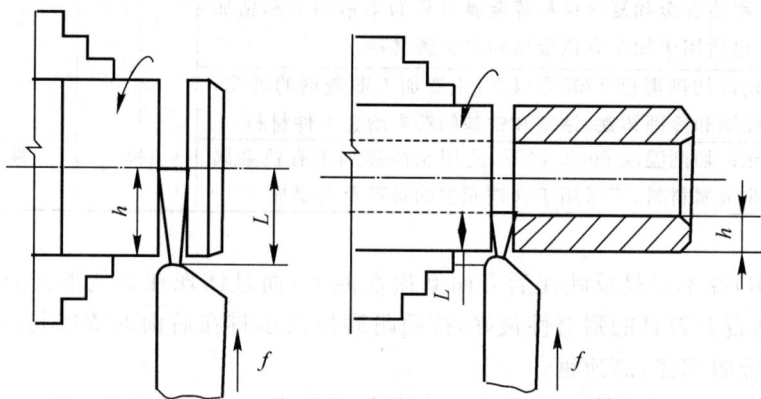

图 2-5　切断刀刀头长度

为了减少工件材料的浪费,保证能切断工件,根据被切断的工件为实心还是空心有孔的情况,切断刀的刀头宽度 a 和刀头长度 L 可按下面的公式计算:

刀头宽度:　　　　　　　　　$a=(0.5\sim0.6)\sqrt{d}$　　　　　　　　　(2-1)

刀头长度:　　　　　　　　　$L=h+(2\sim3)$　　　　　　　　　　(2-2)

2. 切断刀的刃磨

(1)站于砂轮机侧面,手持切断刀,刀头朝上粗磨右侧副后角和副偏角,如图 2-6 所示。

(2)同理,粗磨左侧副后角和副偏角,保证左右对称,如图 2-7 所示。

(3)切断刀主切削刃平行于砂轮轴线,粗磨主后角,如图 2-8 所示。

(4)刃磨前刀面,必要时粗精刃磨前角及断屑槽,如图 2-9 所示。

(5)精磨主后刀面。

(6)精磨左右两侧副后角和副偏角。

(7)修磨左右刀尖。

图2-6 刃磨右侧副后角和副偏角

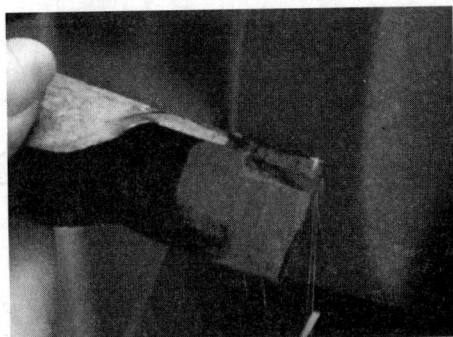

图2-7 刃磨左侧副后角和副偏角

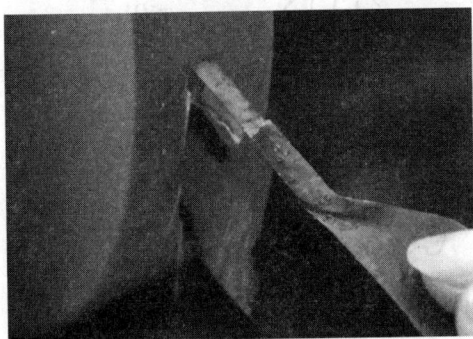

图2-8 刃磨主后角

图2-9 刃磨前刀面

3.切断刀的安装

(1)切断实心工件时,切断刀的主切削刃必须装得与工件中心等高,否则不能车到中心,而且易崩刃,甚至折断车刀,如图2-10所示。

切断刀不垂直于工件轴线或切削刃相对于工件中心轴线安装得太高或太低,它们对刀具寿命、切屑控制和是否能保持垂直和平稳的切断将产生较大的影响,也将导致在加工完的零件表面上留有凸、凹表面。如果这些问题非常严重,刀具将会失效。

如果刀片高于中心线太多,刀片后角将减小,致使后刀面上半部分与工件发生摩擦,因此在切削区将产生大量的热。反过来,这会引起刀片提前磨损和工件冷作硬化。这种情况最通常的标志是,在短期切削后刀片有过度的后刀面磨损。

当刀片低于中心线时,后角将增大。这使得很小的刀尖部分将承受全部的切削力,从而缩短刀具寿命和增加刀具突然失效的可能性。另一个问题是刀片不规则的偏离。随着大部分切削力作用于刀尖,它趋向于振动和反弹,这种不规则运动将对刀具寿命产生影响,通常以切削刃前部断屑的形式出现。它将在零件槽的底部和侧面产生振动痕迹和较差的表面粗糙度。

(2)安装时,切断刀不宜伸出过长,同时切断刀的中心线必须装得跟工件中心线垂直,以保证两个副偏角对称,否则车刀的副切削刃与工件两侧已加工表面产生摩擦,如图2-11所示。

(3)切断刀的底平面应平整,以保证两个副后角对称,否则会引起副后角的变化,在切断时切断刀的某一副后刀面可能与工件已加工表面强烈摩擦。

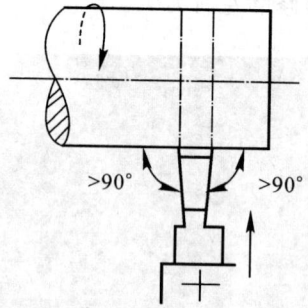

图 2-10 切断刀尖需与工件中心同高

(a)刀尖过低易被压断; (b)刀尖过高不易切削

图 2-11 切断刀的正确位置

4.切断的方法

(1)切断直径小于主轴孔的棒料时,可把棒料插在主轴孔中,用卡盘夹住,切断刀离卡盘的距离应小于工件的直径,否则容易引起振动或将工件抬起来而损坏车刀。如图 2-12 所示。

(2)切断在两顶尖或一端卡盘夹住,另一端用顶尖顶住的工件时,不可将工件完全切断。

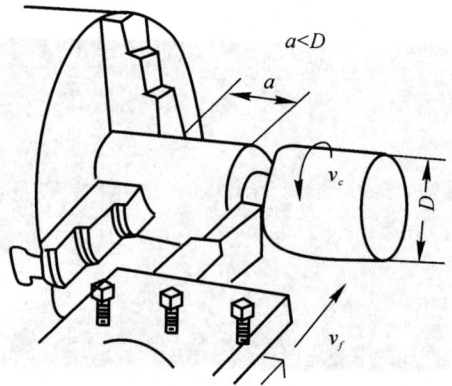

图 2-12 切断

📝 课内练习

1.一般的刀具材料应满足哪些基本要求?数控用刀具又有哪些特点?

2.硬质合金按 ISO 标准分为哪三类材料?与我国的对应牌号是什么?各适用于加工什么工件材料?

3.标注出图 2-13 能切断直径 ϕ65mm 零件的切断刀的几何尺寸和角度。

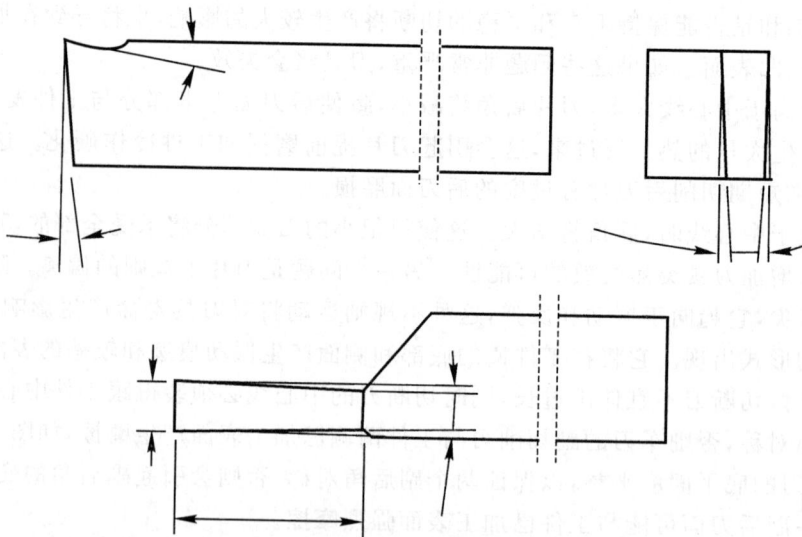

图 2-13

4.按上图切断刀的角度,刃磨一把能切断直径 $\phi50mm$ 零件的切断刀,自评、互评和总结。

子任务二　熟悉数控车削编程相关知识,掌握常用编程指令

一、数控编程的种类及特点

1.手工编程

从分析零件图样、确定加工工艺过程、数值计算、编写零件加工程序、输入数控系统到程序检验都是由人工完成的编程,称为手工编程。对于加工形状简单、计算量小、程序不多的零件,采用手工编程较容易,而且经济、及时。因此,在点位加工或由直线和圆弧组成的轮廓加工中,手工编程被广泛应用。对于形状复杂的零件,特别是具有非圆曲线、列表曲线及曲面组成的零件,用手工编程出错的概率较大,有时无法编出程序,必须使用自动编程。由于数控车床上加工的工件大多数轮廓比较简单,一般在数控车床上常采用手工编程。

2.自动编程

是利用计算机专用软件编制数控加工程序的过程。编程人员只需根据零件图样的要求,使用数控语言,由计算机自动地进行数值计算及后置处理,编写出零件的加工程序,程序通过直接通信的方式送入数控机床,指挥机床工作。自动编程使得一些计算烦琐、手工编程困难或无法编出的程序能顺利地完成。

3.数控编程的特点

(1)数控车床上工件的毛坯大多为圆棒料,加工余量较大,为简化编程,数控装置有不同形式的固定循环,可进行多次重复循环切削。

(2)为了提高刀具寿命和工件表面质量,车刀刀尖磨有一个半径不大的圆弧,为提高零件的加工精度,编程时需要对刀具半径进行补偿。

(3)数控车床的编程有直径、半径两种方法。所谓直径编程是指 X 轴上的有关尺寸为直径值,半径编程是指 X 轴上的有关尺寸为半径值。一般地,被加工零件的径向尺寸在图样上和测量时,用直径表示,采用直径编程更为方便。

(4)由于数控车床加工的零件结构一般较简单,多数情况不采用自动编程,而采用手工编程。

二、编程前的准备工作

所谓编程,即把零件的全部加工工艺过程及其他辅助动作,按动作顺序,用数控机床上规定的指令、格式,编成加工程序,然后将程序输入数控机床,从而指挥机床加工零件。由此可知,编程的一般步骤如下:

1.加工工艺分析

根据零件图样,明确零件尺寸精度、形状位置精度、表面粗糙度、热处理及技术要求,分析零件的加工路线、机床使用、夹具选用、刀具选用等情况,为后续工艺制定做准备。

2.数值计算

(1)标注尺寸换算:图样上的尺寸基准与编程时需要的尺寸基准不一致时,应将图样上的尺寸换算为编程坐标系中的尺寸,再进行下一步数学处理工作。

例如:将图 2-1 中的直径尺寸换算为 $\phi35.985,\phi26.985$,长度尺寸换算为 44,26.95 等。

(2)直接换算:直接通过图样上的标注尺寸,即可获得编程尺寸的一种方法。进行直接换算时,可对图样上给定的基本尺寸或极限尺寸的中值,进行简单的加减运算来完成。

注意:根据数控车床能达到的精度(一般为 0.001mm),在取极限尺寸中值时,只计算到第三位小数,第四位按照"四舍五入"方法进位。

(3)间接换算:指通过平面几何、三角函数等计算方法进行必要的计算后,才能得到其编程尺寸的一种方法。该方法换算的尺寸,可以是直接编程时所需的基点坐标尺寸,也可以是为计算某些节点坐标值所需要的中间尺寸。

(4)坐标值计算:编程时,需要进行的坐标值计算工作有基点的直接计算、节点的拟合计算及刀具中心轨迹的计算等。

1)基点坐标的计算:一般数控机床都有直线和圆弧插补功能。对于由直线和圆弧组成的平面轮廓,编程时数值计算的主要任务是求各基点的坐标。

构成零件轮廓的不同几何素线的交点或切点称为基点。基点可以直接作为其运动轨迹的起点或终点。根据加工的要求,基点直接计算的内容有:每条运动轨迹的起点和终点在选定坐标系中的坐标,圆弧运动轨迹的圆心坐标值。

基点直接计算的方法比较简单,一般可根据零件图所给的已知条件用人工完成,即依据零件图样上给定的尺寸运用代数、三角、几何或解析几何的有关知识,直接计算出数值。在计算时,要注意小数点后的位数要留够,以保证足够的精度。

2)节点坐标的计算:对于一些平面轮廓是非圆方程曲线 $Y=F(X)$ 的,如渐开线、阿基米德螺线等,只能用能够加工的直线和圆弧去逼近它们。这时数值计算的任务就是计算节点的坐标。

当采用不具备非圆曲线插补功能的数控机床加工非圆曲线轮廓的零件时,在加工程序的编制工作中,常用多个直线段或圆弧去近似代替非圆曲线,这称为拟合处理。拟合线段的交点或切点称为节点。

节点坐标的计算难度和工作量都较大,通常使用计算机完成相关计算,必要时也可由人工计算,常用的有直线逼近法(等间距法、等步长法和等误差法)和圆弧逼近法。生产中经常用 AutoCAD 绘图,然后捕获坐标点,在精度允许的范围内,也是一个简易而有效的方法。

(5)辅助计算。

1)辅助程序段的坐标值计算:包括刀具在切削开始之前,从对刀到达切削起点间需引入程序段中的坐标值,以及刀具离开被加工工件后,退出、换刀或回参考点时需空运行程序段中的坐标值等。

2)切削用量的辅助计算,根据经验或查表获得的切削用量进行分析和核对。

三、程序结构与格式

1.加工程序的组成结构

数控加工中工件加工程序的组成形式,随数控系统功能的不同而略有不同。

每一个完整的加工程序都是由程序号、程序内容和程序结束三部分组成的。程序内容则由若干程序段组成,一个程序段由若干个"字"组成,一个"字"由地址符和数字组成,即地址符和数字组成字,字组成程序段,程序段组成程序。

(1)程序号:每一个存储在系统存储器中的程序都需要指定一个程序号以相互区别,这种用于区别零件加工程序的代号称为程序号。

如：O 1234（FANUC 系统以 4 位数字表示程序名称）

O1234 ABCD（华中系统以 8 位数字或字母表示程序名称）

（2）程序内容：是整个程序的核心，由许多程序段组成，每个程序段由一个或多个指令组成，表示数控机床要完成的全部动作。

（3）程序结束：由程序结束指令构成，它必须写在程序的最后。可以作为程序结束标记的 M 指令有 M02 和 M30，它们代表零件加工程序的结束。

（4）注释：每一程序段在分号后或括号内的内容为程序注释文字。

一般地，程序基本组成见表 2-2。

表 2-2　程序的组成

FANUC 0i Mate TC 系统	华中世纪星 HNC-22T 系统	含　义
O2001;	O2001	程序名
T0101;	T0101	选择 01 刀具 01 刀补
S＿＿ M03;	S＿＿ M03	主轴正转＿＿ r/min
G0 X＿＿ Z＿＿;	G0 X＿＿ Z＿＿	快速定位到某一点
G01 X＿＿ Z＿＿ F＿＿;	G01 X＿＿ Z＿＿ F＿＿	直线插补至某坐标
…	…	具体加工内容
G00 X＿＿ Z＿＿;	G00 X＿＿ Z＿＿	快退到换刀点
T0202;	T0202	换 2 号刀，2 号刀补
M03 S＿＿;	M03 S＿＿	主轴正转＿＿ r/min
G00 X＿＿ Z＿＿;	G00 X＿＿ Z＿＿	快速定位到某一点
…	…	具体加工内容
G0 X＿＿;	G0 X＿＿	快速退刀至某坐标
Z＿＿;	Z＿＿	
M05;	M05	主轴停止
M02;	M30	程序结束并返回开头

2. 程序段的组成

程序段格式是指一个程序段中字、字符、数据的书写规则，通常有字-地址程序段格式、使用分隔符的程序段格式和固定程序段格式，最常用的是字-地址程序段格式。

字-地址程序段格式由语句号字、数据字和程序段结束符组成。各字后有地址，字的排列顺序要求不严格，数据的位数可多可少，不需要的以及与上一程序段相同的模态（续效）字可以不写。该格式的优点是程序简短、直观以及容易检查和修改。因此该格式目前广泛使用。由于国际上数控加工程序有很多标准但不统一，因此在编制程序之前，必须详细了解机床数控系统的编程说明书。

字-地址程序段格式一般如下：

N_ G_ X_ Z_ I_ K_ P_ Q_ R_ F_ S_ T_

（1）程序段号：在大部分系统中，程序段号仅作为"跳转"或"程序检索"的目标位置指示。

它的大小及次序可以颠倒,也可以省略。程序段号省略时,该程序段将不能作为"跳转"或"程序检索"的目标程序段。

程序段号也可以由数控系统自动生成,程序段号的递增量可以通过"机床参数"进行设置。由地址码 N 和后面的若干位数字组成。例如:N100 表示该程序段的顺序号为 100。注意:工作程序是按程序段的输入顺序执行的,而不是按程序段的顺序号执行的,建议按升序书写程序段顺序号。

(2)准备功能字 G:G 功能是使数控机床做好某些操作准备的指令,用于规定刀具的运动轨迹、机床坐标系、坐标平面、刀具补偿、坐标偏置等操作。用地址字 G 和两位数字表示,从 G00～99 共 100 种。目前有的数控系统也用到另外的数字。

G 代码分为模态代码(续效代码)和非模态代码。代码表中按代码的功能进行了分组,标有相同数字的为一组,其中 00 组的 G 代码为非模态代码,其他组为模态代码。非模态代码只在本程序段内有效,而模态代码可在连续多个程序段中有效,直到被相同组别的代码取代。

(3)坐标尺寸字:由地址码、"＋、－"符号及绝对(增量)数值构成。

例如:X100．Z－100．R15．。尺寸字的"＋"可以省略。

(4)进给功能字 F:表示刀具运动时的进给速度(进给量)或螺纹加工的导程(螺距),由地址码 F 和数字组成。F 的单位取决于 G94(G98)或 G95(G99)。为模态指令,其数值可以通过进给倍率开关进行修调;G00 快速定位的速度由机床参数设定,与 F 无关;在车螺纹时,进给倍率开关无效。

(5)主轴转速功能字 S。

(6)刀具功能字 T。

(7)辅助功能字 M。

并不是所有程序段都必须包含所有功能字,有时一个程序段内仅包含其中一个或几个功能字也是允许的。

例 2-1　如图 2-14 所示,为了将刀具从 P_1 点移到 P_2 点,必须在程序段中明确以下几点:

1)移动的目标是哪里?

2)沿什么样的轨迹移动?

3)移动速度有多快?

4)刀具的切削速度是多少?

5)选择哪一把刀移动?

6)机床还需要哪些辅助动作?

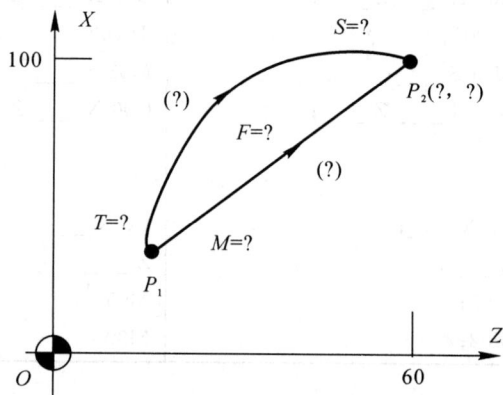

图 2-14　程序段内容

对于图中的直线刀具轨迹,其程序段可写成如下格式:

N10 G90 G01 X100.0 Z60.0 F100 S300 T01 M03;

如果在该程序段前已指定了刀具功能、转速功能、辅助功能,则该程序段可写成:

N10 G01 X100.0 Z60.0 F100;

(8)程序段结束。写在每一个程序段之后,表示程序段结束。当用"EIA"标准代码时,结束符为"CR";用 ISO 标准代码时,为"NL"或"LF";有的用符号";"或"＊"表示,有的直接回车即可。

(9)程序的斜杠跳段。有时,在程序段的前面有"/"符号,该符号称为斜杠跳段符号,该程序段称为可跳段程序段。在操作面板上有"/"跳段按键,按下后,该功能起作用,否则会按先后顺序运行程序,即相当于没有"/"在程序段前。

(10)程序段注释。为了方便检查、阅读数控程序,在许多数控系统中允许对程序进行注释,注释可以作为对操作者的提示显示在屏幕上,但注释对机床动作没有丝毫影响。

例 2-2　O1234;　　　　　(程序号)

　　　　　　G40 G21;　　　　(程序初始化,可略)

　　　　　　T0101;　　　　　(换1号刀,取1号刀具补偿)

　　　　　　……

地址码的含义见表2-3。

表 2-3　地址码的含义对照表

地址	功能	含义	地址	功能	含义
A	坐标字	绕 X 轴旋转	O	程序号	程序号、子程序号的指定
B	坐标字	绕 Y 轴旋转	P		暂停时间或程序中某功能的开始使用的顺序号
C	坐标字	绕 Z 轴旋转	Q		固定循环终止顺序号或固定循环中的定距
D	补偿号	刀具半径补偿	R	坐标字	固定循环中定距或圆弧半径的指定
E		第二进给功能	S	主轴功能	主轴转速的指令
F	进给功能	进给速度的指令	T	刀具功能	刀具编号的指令
G	准备功能	指令动作方式	U	坐标字	与 X 轴平行的附加轴的增量坐标值
H	补偿号	长度补偿的指令	V	坐标字	与 X 轴平行的附加轴的增量坐标值
I	坐标字	圆弧中心 X 轴坐标	W	坐标字	与 X 轴平行的附加轴的增量坐标值
J	坐标字	圆弧中心 Y 轴坐标	X	坐标字	X 轴的绝对坐标值或暂停时间
K	坐标字	圆弧中心 Z 轴坐标	Y	坐标字	Y 轴的绝对坐标值
L	重复次数	固定循环及子程序的重复次数	Z	坐标字	Z 轴的绝对坐标值
M	辅助功能	机床控制开关指令			
N	顺序号	程序段顺序号			

四、数控车床的一般编程规则

1.绝对坐标编程和增量坐标编程

(1)绝对坐标编程:刀具运动过程中所有的刀具位置坐标以一个固定的程序原点为基准,即刀具运动的位置坐标是指刀具相对于程序原点的坐标。

(2)增量坐标编程:刀具运动过程的位置坐标是指刀具从当前位置到下一个位置之间的

增量。

2.公制、英制编程

工程图纸中的尺寸标注有公制和英制两种形式。利用代码把所有的几何值转换为公制尺寸和英制尺寸,该指令为模态指令。我国使用的数控系统在上电后,一般机床处于公制状态。

FANUC系统和华中数控系统都采用G21/G20来进行公、英制的切换。其中G21表示公制,而G20表示英制。

例2-3 G91 G20 G01 X20.0;表示刀具向 X 轴正方向移动 20 in。

G91 G21 G01 X50.0;表示刀具向 X 轴正方向移动 50 mm。

公、英制对旋转轴无效,旋转轴的单位总是度(°)。

3.小数点编程

数字单位以米制为例分为两种,一种是以毫米为单位,另一种是以脉冲当量即机床的最小输入单位为单位,现在大多数机床常用的脉冲当量为 0.001mm。

如从 A 点(0,0)移动到 B 点(50,0)有以下 3 种表达方式:

X50.0

X50.(小数点后的零可省略)

X50000(脉冲当量为 0.001mm)

不同系统要求不同。在有的数控系统中输入的任何坐标字的数值后必须加小数点,即 X100 必须记做 X100.0 或 X100.,否则系统会默认坐标字数值为 $100×0.001mm=0.1mm$;在有的数控系统中可以不加小数点,该功能可以通过参数关闭。

4.直径、半径编程

数控系统可以采用两种方式进行编程,该功能可以通过参数进行选择。

(1)直径编程:在程序中 X 轴的坐标采用直径尺寸数据表示。数控车床一般默认采用直径编程。

(2)半径编程:在程序中 X 轴的坐标采用半径尺寸数据表示。

5.指令分组

所谓指令分组,就是将系统中不能同时执行的指令分为一组,并以编程号区别。在编程过程中要避免将同组指令编入同一程序段内,以免引起混淆。对于不同组的指令,在同一程序段内可以进行不同的组合。

例2-4 G98 G40 G21;

该程序段是规范的程序段,所有指令均为不同组指令。

例2-5 G01 G02 X30.0 Z30.0 R30.0 F100;

该程序段是不规范的程序段,其中 G01 与 G02 是同组指令。

6.模态指令

模态指令又称为续效指令,表示该指令在一个程序段中指定后,在接下来的程序段中一直持续有效,直到出现同组的另一个指令时,该指令才失效。与其对应的仅在编入的程序段内才有效的指令称为非模态指令(或称为非续效指令)。

例2-6 G01 X20.0 Z20.0 F150;

G01 X30.0 Z20.0 F150;

G02 X30.0 Z-20.0 R20.0 F100;

上例中有下画线的指令可以省略。因此,以上程序可写成如下形式:

G01 X20.0 Z20.0 F150;

　　X30.0;

G02 Z－20.0 R20.0 F100;

7. 开机默认状态(初始状态)

指数控系统在通电后或复位后的状态,由于各个数控系统制造厂家往往制定了一些自己的编程规则,因此程序的编写与输入格式必须与数控系统的规定相符合。为了方便机床操作员的使用,以及避免编程人员出现指令遗漏,数控系统中对每一组的指令,都选取其中的一个作为开机默认指令,该指令在开机或系统复位时可以自动生效,因而在程序中允许不再编写。一些常规的、通用的指令预先以参数的形式存于数控系统中,从而成为开机默认代码。

常见的开机默认指令:G18,G40,G54,G21。

五、常用编程指令

1. 绝对编程和增量编程指令

(1)G90:表示绝对坐标输入;G91:表示增量坐标输入。

(2)X,Z:采用绝对尺寸编程;U,W:采用增量尺寸编程。

如图 2-15 所示 AB 与 CD 轨迹中,其 B 点与 D 点的坐标如下:

B 点绝对坐标 X20.0 Z10.0;增量坐标 U－20.0 W－20.0;

D 点绝对坐标 X40.0 Z0;增量坐标 U40.0 W－20.0。

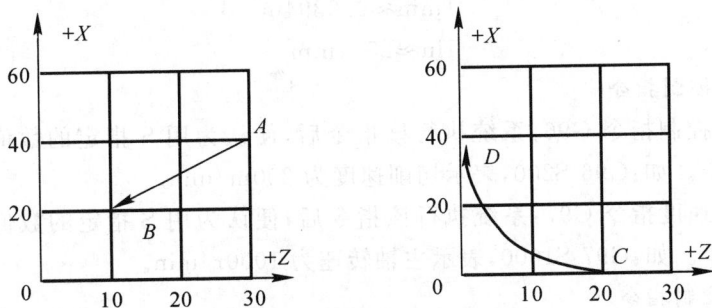

图 2-15　绝对编程和增量编程

如图 2-16、图 2-17 所示,图样的尺寸标注方法不同,在编程时应该尽量减少计算的工作量,这样就要根据图样,合理使用绝对编程或增量编程,哪个方便就用哪个。如图 2-17 中的长度尺寸 15,9,25,采用增量编程较好;图 2-17 中的长度尺寸 18,30,40,50 采用绝对编程较好。

注意:数控车床中可以用 X,Z 表示绝对方式,用 U,W 表示增量方式,也可以用 G90 表示绝对或用 G91 表示增量方式,但两者不可混用。在华中世纪星 HNC-21/22T 系统中,采用 U,W 增量编程不能用于固定循环指令程序段中,但可用于定义精加工轮廓的程序中。

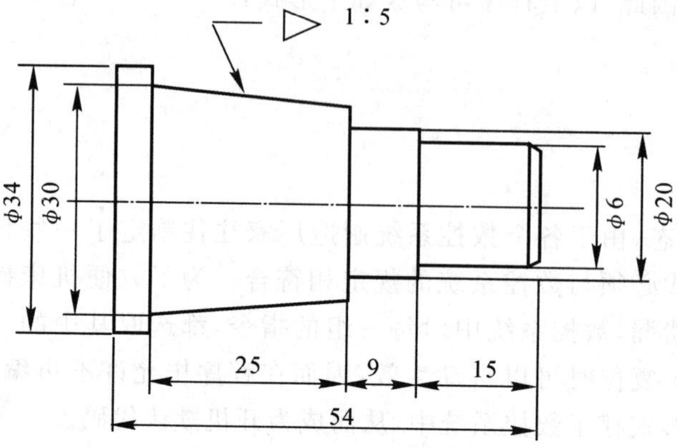

图 2-16 短轴工件

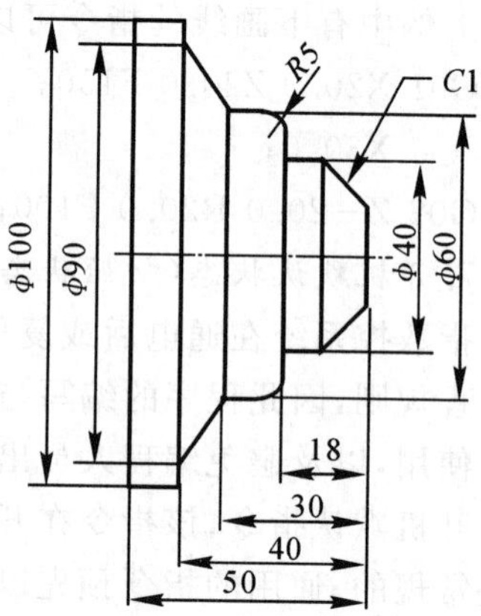

图 2-17 盘类工件

2.公制/英制尺寸指令

工程图纸中的尺寸标注有公制和英制两种形式。

(1)G20:表示英制尺寸。

(2)G21:表示公制尺寸。

数控系统可根据所设定的状态,利用指令把所有的几何值转换为公制尺寸和英制尺寸,同样进给量 F 的单位也分别为 mm/min(in/min)或 mm/r(in/r)。该指令为模态指令。

公制和英制单位的换算关系为

$$1mm \approx 0.0394in$$

$$1in \approx 25.4mm$$

3. 恒线速度控制指令

(1)恒线速度控制指令 G96:系统执行该指令后,便认为用 S 指定的数值表示切削速度。该指令为模态指令。如:G96 S200,表示切削速度为 200m/min。

(2)取消恒线速度指令 G97:系统执行该指令后,便认为用 S 指定的数值表示主轴转速。该指令为模态指令。如:G97 S1000,表示主轴转速为 1000r/min。

4.进给功能控制指令

用来指定刀具相对于工件运动的速度功能称为进给功能,表示刀具运动时的进给速度(进给量)或螺纹加工的导程(螺距),由地址 F 和其后缀的数字组成。F 的单位取决于进给速度控制指令的选择。该指令为模态指令,其数值可以通过进给倍率开关进行修调。

在 FANUC 系统中有 3 组指令(见附录一),指令有所区别,A 组指令采用的是 G98/G99,B 组、C 组指令采用的是 G94/G95。而华中世纪星 HNC 21/22T 系统指令(见附录三)采用的是 G94/G95。该指令为模态指令。

(1)G94:每分钟进给量,表示刀具移动按每分钟进给速度(mm/min)执行。

如:G94 G01 X_ Z_ F100,表示每分钟进给速度 100mm/min。

(2)G95:每转进给量,表示刀具移动按每转进给量(mm/r)执行。

如:G95 G01 X_ Z_ F0.2,表示每转进给量 0.2mm/min。

在编程时,进给速度不允许用负值来表示,一般也不允许用 F0 来控制进给停止。且 G00 快速定位的速度由机床参数设定,与 F 无关。在车螺纹时,进给倍率开关无效。

5. 快速点定位指令 G00

编程格式:G00 X(U)__　Z(W)__;

其中 X,Z 为刀具移动的目标终点坐标。该指令控制刀具以点位控制的方式快速移动到目标位置,其移动速度由系统参数来设定。

例 2 - 7　如图 2 - 18 所示,快速移动轨迹 *OA* 和 *BD* 的程序段如下:

OA:G00 X20.0 Z30.0;　　　　　　*BD*:G00 X60.0 Z0;

注意:使用 G00 指令时,刀具的实际运动路线不一定是直线,而是一条折线,因此要注意刀具是否和工件或夹具发生干涉。在数控车床操作中,在加工前后的空行程中一般先运动 X 轴再运动 Z 轴,这样可防止碰撞或干涉。

6. 直线插补指令 G01

编程格式:G01 X __　Z __ F __;

其中 X,Z 为刀具移动的目标终点坐标,F 为进给速度。该命令使刀具在两坐标间以插补联动方式按指定的进给速度作任意斜率的直线运动,为模态指令。

例 2 - 8　图 2 - 19 中切削运动轨迹 *CD* 的程序段为:

G01 X40.0 Z0 F0.2;

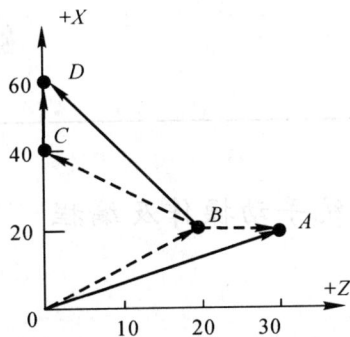

图 2 - 18　G00 运动路径比较　　　　图 2 - 19　CD 轨迹

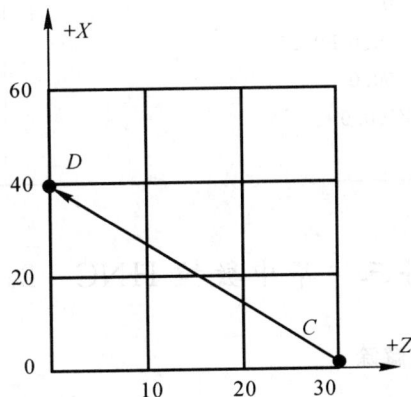

注意:G01 指令后的坐标值取决于绝对编程还是增量编程由 G90/G91 决定,F 指令其单位由进给速度控制指令来决定。

7. 程序结束指令

(1)M02:程序结束。一般用于单一零件加工。

(2)M30:程序结束并返回到程序开始。一般用于批量零件加工。

课内练习

1.解释以下指令的含义:

(1)G90—

(2)相对编程指令—

(3)G20—

(4)公制编程指令——

(5)快速点定位指令——

(6)G01——

(7)G94——

(8)每转进给量——

2.解释以下程序段的含义：

(1)G01 X100.0 Z50.0 F0.2 S500 M03；

(2)G00 U100.0 W100.0；

3.解释下列程序含义：

程序	注释
O1234	
T0203	
M03 S1000	
G95	
G00 X50.0 Z5.0	
G00X45.0 Z5.0	
G01X45.0 Z－50.0 F0.25	
G01X50.0 Z－50.0	
G00 X100.0 Z100.0	
M02	

子任务三　华中数控 HNC－21T 系统手动操作及编程

一、超程解除

数控车床的 X,Z 坐标轴进给运动受到机床规格大小的限制,其运动行程有限,在操作中为了防止超出行程范围,在伺服轴行程的两端各有一个极限开关,作用是防止伺服机构碰撞而损坏,每当伺服机构碰到行程极限开关时,就会出现超程,当某轴出现超程【超程解除】按键内指示灯亮时,系统视其状况为紧急停止。要退出超程状态时,必须：

(1)松开【急停】按钮,置工作方式为【手动】或【手摇】方式。

(2)一直按压着【超程解除】按键,控制器会暂时忽略超程的紧急情况。

(3)在【手动(手摇))】方式下,使该轴向相反方向退出超程状态。

(4)松开【超程解除】按键。

若显示屏上运行状态栏"运行正常"取代了"出错"表示恢复正常,可以继续操作。

注意:在操作机床退出超程状态时,请务必注意移动方向及速率,以免发生撞机。

二、刀位点的概念及对刀操作

所谓刀位点是指编制程序和加工时,用于表示刀具特征的点,也是对刀和加工的基准点。数控车刀的刀位点如图 2－20 所示。尖形车刀的刀位点通常是指刀具的刀尖,圆弧形车刀的刀位点是指圆弧刃的圆心,成形刀具的刀位点也通常是指刀尖。

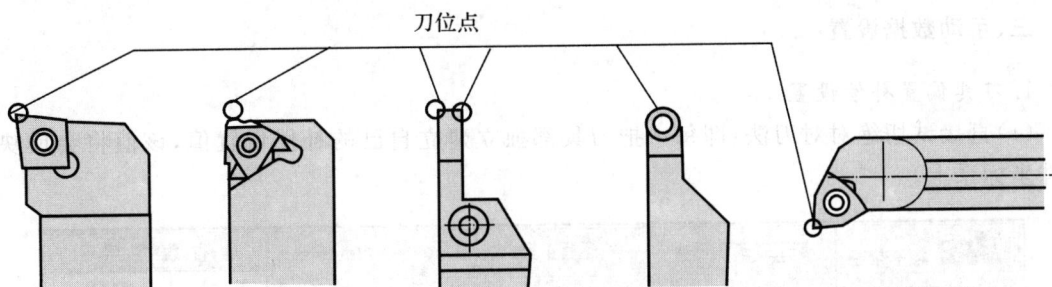

图 2-20 不同刀具的刀位点

1. 刀具偏移的含义

刀具偏移是用来补偿假定刀具长度与基准刀具长度之长度差的功能。车床数控系统规定 X 轴与 Z 轴可同时实现刀具偏移。

2. 利用刀具几何偏移进行对刀操作

(1)对刀:调整每把刀的刀位点,使其尽量重合于某一理想基准点,这一过程称为对刀。

(2)对刀操作的过程。

1)手动操作加工端面,记录下刀位点的 Z 向机械坐标值,如图 2-21(a)所示。

2)手动操作加工外圆,记录下刀位点的 X 向机械坐标值,停机测量工件直径,计算出主轴中心的机械坐标值,如图 2-21(b)所示。

3)将 X,Z 值输入相应的刀具几何偏移存储器中。

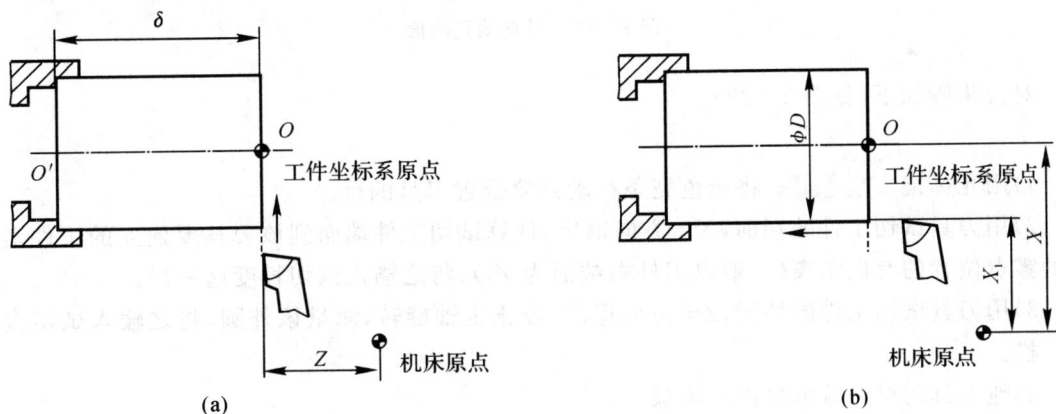

图 2-21 对刀操作

(a)Z 向对刀操作; (b)X 向对刀操作

(3)利用刀具几何偏移进行对刀操作的实质:利用刀具几何偏移进行对刀的实质就是利用刀具几何偏移使工件坐标系原点与机床原点重合。

3. 刀具偏移的应用

利用刀具偏移功能,可以修正因对刀不正确或刀具磨损等原因造成的工件加工误差。

例 2-9 加工外圆表面时,如果外圆直径比要求的尺寸大了 0.2mm,此时只需将刀具偏移存储器中的 X 值减小 0.2,并用原刀具及原程序重新加工该零件,即可修正该加工误差。同样,如出现 Z 方向的误差,则其修整办法相同。

三、手动数据设置

1. 刀具偏置补偿设置

(1)直接试切绝对对刀法:即每一把刀具都独立建立自己的补偿偏置值,该值将会反映到工件坐标系上。

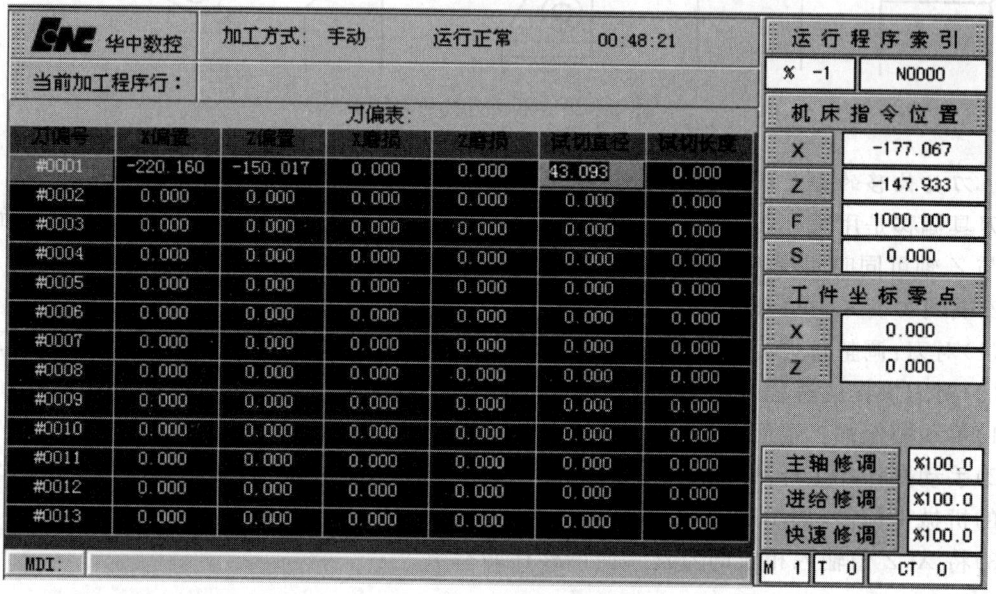

图 2-22 刀具偏置画面

对刀步骤如下(见图 2-22):

1)用光标键 ◀▲▼▶ 将蓝色亮条移动到要设置刀具的行。

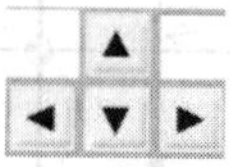

2)用刀具试切工件的端面,$X+$ 方向退出,计算试切工件端面到该刀具要建立的工件坐标系的零点位置的有向距离(一般以工件右端面为 Z_0),将之输入试切长度这一栏。

3)用刀具试切工件的外圆,$Z+$ 方向退出,停止主轴旋转,测量该外圆,将之输入试切直径这一栏。

其他刀具的对刀就重复以上步骤。

(2)标准刀具试切相对对刀法:以一把刀具作为标准刀具,其他刀具相对标准刀具的偏置,即建立标准刀具确定的工件坐标系。对刀步骤如下:

1)按照直接对刀法,作好标准刀具的刀具偏置,建立该刀具所确定的工件坐标系。

2)设置标刀,按光标键移动蓝色亮条到已对好的刀具位置,按 F5 键设置该刀具为标刀。

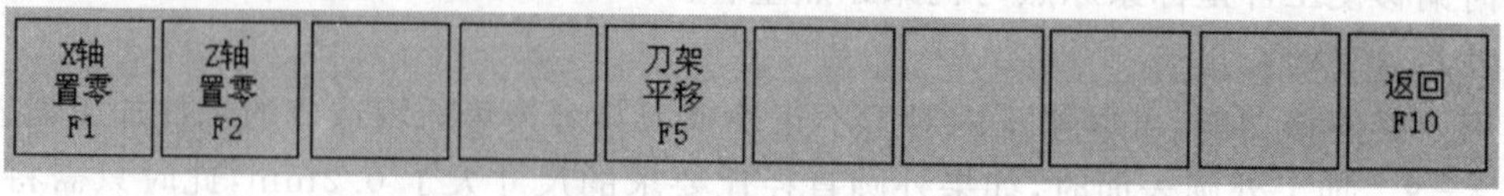

X轴 置零 F1	Z轴 置零 F2			刀架 平移 F5					返回 F10

3)选择其他要对刀的刀具,按光标键移动蓝色亮条到要对刀的刀具位置。

4)按照绝对对刀法对好所选的刀具偏置。

注意:在填写非标刀具的试切长度时,是指非标刀具试切工件端面在标刀已建立工件坐标系中的 Z 轴坐标值。

(3)坐标系数据设置。

1)菜单 F5—F1 进入 MDI 坐标系手动数据输入方式,图形显示如下:

坐标系 设定 F1	毛坯 尺寸 F2	设置 显示 F3		网络 F5	串口 参数 F6			显示 切换 F9	返回 F10

G54 坐标系 F1	G55 坐标系 F2	G56 坐标系 F3	G57 坐标系 F4	G58 坐标系 F5	G59 坐标系 F6	工件 坐标系 F7	相对值 零点 F8		返回 F10

选择 G54～G59 坐标系之一,输入当前工件坐标系的偏置或当前相对值零点。

2)在命令行输入所需数据,如输入 X200.0,Z300.0,并按下【Enter】键,将之设置在 G54 坐标系中,并显示为 X200.0,Z300.0,如图 2-23 所示。

加工方式: 手动	运行正常	02:50:33	运 行 程 序 索 引

华中数控

当前加工程序行:

自动坐标系G54

X 200.000

Z 300.000

运 行 程 序 索 引
% -1   N0000

工 件 指 令 位 置
X	-373.870
Z	-448.967
F	300.000
S	-120.000

工 件 坐 标 零 点
| X | 200.000 |
| Z | 300.000 |

主轴修调 %100.0
进给修调 %30.0
快速修调 %100.0

直径 毫米 分进给 %100 %100 %0

MDI: M 1 T 0 CT 0

图 2-23 坐标系设置画面

2. 刀补数据设置

进入菜单 F4～F2 中进行刀补数据设置,如图 2-24 所示。

刀偏表 F1	刀补表 F2							显示切换 F9	返回 F10

具体步骤：

(1)用光标键移动蓝色亮条选择要编辑的选项。

(2)按【Enter】键，蓝色亮条所指刀具数据的颜色和背景都发生变化，同时光标在闪烁。

(3)编辑输入刀尖半径及刀尖方位，并按【Enter】键确认。若输入正确，图形窗口显示修改过的值，否则原值不变。

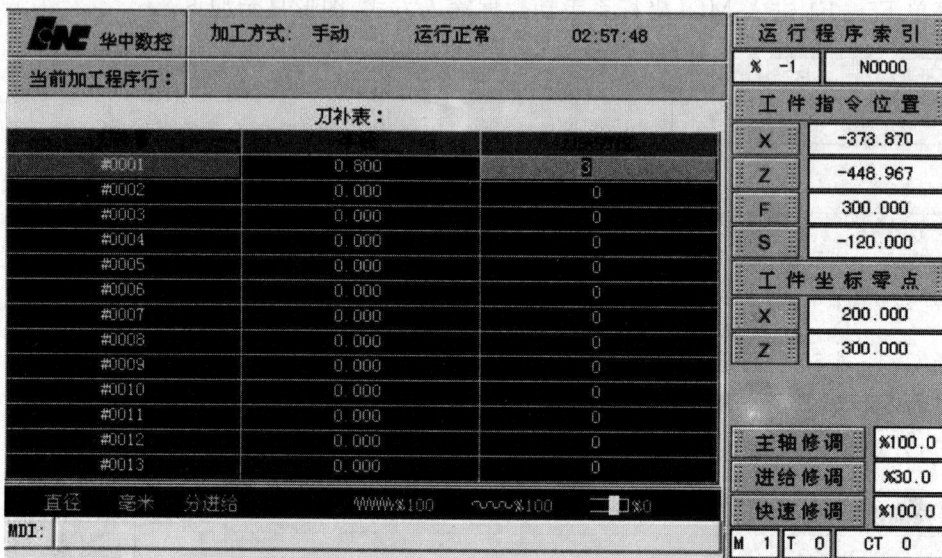

图 2-24　刀补表画面

四、程序编辑

1.编辑输入新程序

将编制好的工件程序由系统操作面板输入到数控系统内存中，以实现自动加工。

在指定磁盘或目录下建立一个新文件，但新文件不能和已存在的文件同名。在程序功能子菜单下按 F3 键，将进入【新建程序】菜单，系统提示"输入新建文件名"，光标在"输入新建文件名"栏闪烁，输入文件名后，按【Enter】键确认后，就可编辑新建文件了。

选择程序 F1	编辑程序 F2	新建程序 F3	保存程序 F4	程序校验 F5	停止运行 F6	重新运行 F7		显示切换 F9	返回 F10

注意：系统设置缺省保存程序文件目录为程序目录。

2.编辑程序

当选择一个零件程序时，系统给出编辑画面，编辑中用到的主要快捷键如下：

(1)空格键 **SP** ：在编辑输入程序或参数时，按下【SP】键输入空格。

(2)退格键 **BS** ：在编辑输入程序或参数时，按下【BS】键退回一个字符，光标向前移动一个字符。

（3）翻页键 ：用于将屏幕显示的页面往上翻页或往下翻页,光标位置不变,如果到了程序开头,则光标移动至文件首行第一个字符处;若到了程序尾,则光标移动至文件末行第一个字符处。

（4）切换键 ：在某些键上有两个字符。按下【Upper】键可以选择键右上角的字符进行输入。

（5）删除键 ：删除光标后的一个字符,光标位置不变,余下的字符左移一个字符位置。

（6）输入键 ：当一行程序段输入好以后,按下【Enter】键换行操作。

当编辑器获得一个零件程序后,就可以编辑当前程序了,但在编辑过程中,退出编辑模式后,再返回到编辑模式时,如果零件程序不处于编辑状态,可在编辑功能子菜单下,按 F3 键进入编辑状态。

3. 程序的删除

(1)在选择程序菜单中用光标键移动光标条选中要删除的程序文件。

(2)按【DEL】键,系统提示是否要删除文件,单击"确定"即可。

注意:删除的文件不能恢复。

4. 保存程序

在编辑状态下或程序功能子菜单下,按 F4 键,系统给出保存的文件名,按【Enter】键保存。如存盘不成功,系统会给出提示信息,该文件是只读文件,只能改为其他名字后保存。

5. 程序校检

程序校验用于对调入加工缓冲区的程序文件进行校验,并提示可能的错误。新编程序一般都要先进行校验,正确无误后再启动自动运行。

操作步骤如下:

(1)选择程序,调入加工缓冲区。

(2)按【自动】或【单段】键选择运行模式,按 F5 键校验运行。

(3)按【循环启动】键,程序校验开始。

(4)若程序正确,校验完后,光标返回程序头,若程序有错,则命令行提示哪里出错。

五、程序运行控制

1. 启动自动运行

系统调入零件加工程序,经校验无误后,可正式启动运行。

(1)按下机床控制面板上的【自动】按键,指示灯亮,进入程序运行方式。

(2)按下机床控制面板上的【循环启动】按键,指示灯亮,机床开始自动运行调入的零件加工程序。

2. 暂停运行

(1)在程序运行的任何位置,按一下机床控制面板上的【进给保持】键,系统处于进给保持状态。

(2)再按【循环启动】键,则机床又开始自动运行调入的加工程序。

3.中止运行

(1)在程序运行的任何位置,按一下机床控制面板上的【进给保持】键,系统处于进给保持状态。

(2)按下控制面板上的【手动】键,将机床的 M,S 功能关掉。

(3)此时如要退出系统,可按下控制面板上的【急停】键,中止程序的运行。

(4)此时如要中止当前程序的运行,又不退出系统,可按下【程序】功能下的 F7 键(重新运行),重新装入程序。

4.从指定行开始运行

(1)按机床控制面板上的【进给保持】键,系统处于进给保持状态。

(2)在程序运行子菜单下按 F1 键,用光标键选择"从指定行开始运行"选项,弹出从指定行开始运行对话框。

(3)输入开始运行行号,按下【Enter】键。

(4)按机床控制面板上的【循环启动】键,程序从指定行开始运行。

5.从当前行开始运行

(1)按机床控制面板上的【进给保持】键,系统处于进给保持状态。

(2)在程序运行子菜单下按 F1 键,用光标键选择"从当前行开始运行"选项,弹出"从当前行开始运行"对话框,按下【Enter】键。

(3)按机床控制面板上的【循环启动】键,程序从蓝色亮条处开始运行。

6.空运行

在自动方式下,按一下机床控制面板上的【空运行】按键,指示灯亮,CNC 处于空运行状态。程序中编制的进给速率被忽略,坐标轴以最大快移速度移动。空运行不作实际切削,目的在于确认切削路径及程序。在实际切削时,应关闭此功能,否则可能会造成危险,此功能对螺纹切削无效。

7.单段运行

按一下机床控制面板上的【单段】键,指示灯亮,系统处于单段自动运行方式,程序控制将逐段执行。

(1)按一下【循环启动】键,运行一程序段,机床运动轴减速停止,刀具、主轴电机停止运行。

(2)再按一下【循环启动】键,又执行下一程序段,执行完后又再次停止。

课内练习

1.解释下列程序的含义,输入 HNC - 21T 数控系统中,进行程序的编辑、修改、删除等操作,程序校验后,再分别执行以下操作:

(1)单段运行。

(2)连续运行。

(3)指定 N100 行自动连续运行。

(4)红色选定 N100 当前行进行单段运行,熟悉相关操作。

程序	注释
O2001	
T0101	
M03 S1000	
G95 M08	
G00 X100. Z50.	
G00X40.5 Z5.	
G01X40.5 Z-50. F0.25	
G01X47. Z-50. F0.25	
G00X47. Z5.	
G00X35.5 Z5.	
G01X35.5 Z-25. F0.25	
G01X42. Z-25. F0.25	
G00 X100. Z100.	
N100 T0101	
M03 S1500	
G00 X50. Z5.	
G00X35. Z5.	
G01X35. Z-25. F0.1	
G01X40. Z-25. F0.1	
G01 X40. Z-50. F0.1	
G01X47. Z-50. F0.1	
G00X100. Z100. M09	
M05	
M30	

2. 在图 2-25 中画出第 1 题程序的走刀轨迹。

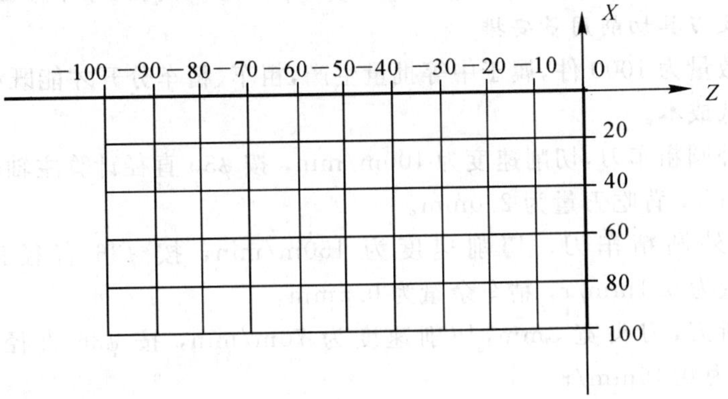

图 2-25

子任务四　编写芯轴零件的加工程序,加工并测量

一、芯轴的编程与操作加工

(一)图样分析

该零件由外圆柱面、阶台组成,其几何形状为圆柱形的短轴类零件,零件尺寸精度要求为:径向尺寸精度为 0.029mm,轴向尺寸精度为 0.1mm,0.2mm,外圆表面粗糙度 $Ra=1.6\mu m$,需采用粗、精加工才能保证质量。工件毛坯为 $\phi40$ 的 45# 中碳钢棒料,材料切削性能好,比较容易加工。

(二)相关数值计算

如图 2-26 所示,以工件右端面中心建立工件坐标系,各基点坐标计算如下:

1 点:X24.0, Z0

2 点:X25.987,Z-1.0

3 点:X25.987 , Z-25.95

4 点:X34.0, Z-25.95

5 点:X35.987, Z-27.0

6 点:X35.987 , Z-48.0

(三)数控加工工艺分析

1.使用设备

CAK6136 数控车床(华中世纪星 HNC-21T 数控系统,前置四方电动刀架)。

2.加工所用的刀具、量具

外圆车刀、切断刀、游标卡尺、外径千分尺。

3.工件装夹方案

工件毛坯为 45 钢棒料,工件加工长度只有 44mm,采用三爪卡盘直接一次装夹即可完成所有外圆表面的加工,长度留余量切断后,调头装夹 $\phi26$ 外圆阶台,车平端面控制总长 44mm。

4.加工路线及刀具切削用量安排

因零件加工数量为 1000 件,属于中等批量生产,粗车、精车分开才能既满足加工质量要求又提高效率和降低成本。

(1)T01:95°外圆粗车刀,切削速度为 100m/min,按 $\phi36$ 直径计算主轴转速为 994r/min,进给量为 0.25mm/r,背吃刀量为 2.0mm。

(2)T02:93°外圆精车刀, 切削速度为 150m/min,按 $\phi36$ 直径计算主轴转速为 1492r/min,进给量为 0.1mm/r,精车余量为 0.5mm。

(3)T03:切断刀,刀头宽 3mm,切削速度为 70m/min,按 $\phi36$ 直径计算主轴转速为 619r/min,进给量为 0.15mm/r。

5.填写数控加工工序卡,说明详细的工步、刀具、切削用量等(见表 2-5)

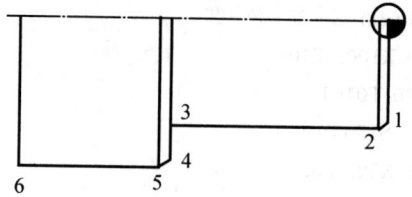

图 2-26　基点坐标计算

表 2-5　数控加工工序卡片

数控加工工序卡片		工序名称		工序号
		数车加工		001

材料名称	材料牌号
45 钢棒料	45#
机床名称	机床型号
数控车床	CK6136
夹具名称	夹具编号
三爪卡盘	
备注	

工序简图

$\phi 36^{0}_{-0.029}$　$\phi 26^{0}_{-0.029}$　$26^{0}_{-0.1}$　44 ± 0.1　$Ra1.6$　$C1$

工步	工作内容	刀号及刀具规格	主轴转速 r/min	进给量 mm/r	背吃刀量 mm
1	车端面	T01:95°外圆粗车刀	994	0.15	
2	外圆粗车	T01 95°圆粗车刀	994	0.25	2
3	外圆精车	T02:93°外圆精车刀	1492	0.1	0.25
4	切断	T03 切槽刀	619	0.15	
5	调头装夹控制总长	T01 95°外圆粗车刀	994	手动	

更改标记	数量	文件号	签字	日期

6.加工过程及程序编制(见表 2-6)。

表 2-6　芯轴工步程序单

序号	工步	工步图	程序
1	选择刀具,建立工件坐标系,车端面		O0201 T0101 M03 S994 G95 G00 X42.0 Z2.0 G00 Z0 G01 X-1.0 F0.15 G00 X36.5 Z2.0

续 表

序号	工 步	工 步 图	程 序
2	外圆轮廓粗车		G01 X36.5 Z－49.0 F0.25 G01 X42.0 Z－49.0 G00 X42.0 Z2.0 G00 X32.5 Z2.0 G01 X32.5 Z－25.9 F0.25 G01 X42.0 Z－25.9 G00 X42.0 Z2.0 G00 X28.5 Z2.0 G01 X28.5 Z－25.9 F0.25 G01 X42.0 Z－25.9 G00 X42.0 Z2.0 G00 X26.5.0 Z2.0 G01 X26.5 Z－25.9 F0.25 G01 X42.0 Z－25.9 G00 X100.0 Z100.0
3	外圆轮廓精车		T0202 M03 S1492 G00 X42.0 Z2.0 G00 X23.0 Z0.5 G01 X25.987 Z－1.0 F0.1 G01 X25.987 Z－25.95 G01 X34.0 Z－25.95 G01 X35.987 Z－27.0 G01 X35.987 Z－48.0 G01 X42.0 G00 X100.0 Z100.0
4	切断		T0303 M03 S497 G00 X42.0 Z－48.0 G01 X0 F0.15 G01 X42.0 G00 X100.0 Z100.0 M09 M05 M30
5	掉头装夹控制总长		手动控制总长 44mm，去毛刺

二、零件测量——外径千分尺的使用

1.外径千分尺的结构

外径千分尺的结构如图 2-27 所示,由于外径千分尺制造精度的限制,其测微螺杆的移动量为 25mm,所以千分尺的测量范围一般为 25mm。为了使千分尺能测量更大范围的长度尺寸,以满足工业生产的需要,千分尺的尺架做成各种尺寸,形成不同测量范围的千分尺。目前,国产千分尺测量范围的尺寸分段为:0~25,25~50,…,475~500,500~600,…,900~1000。

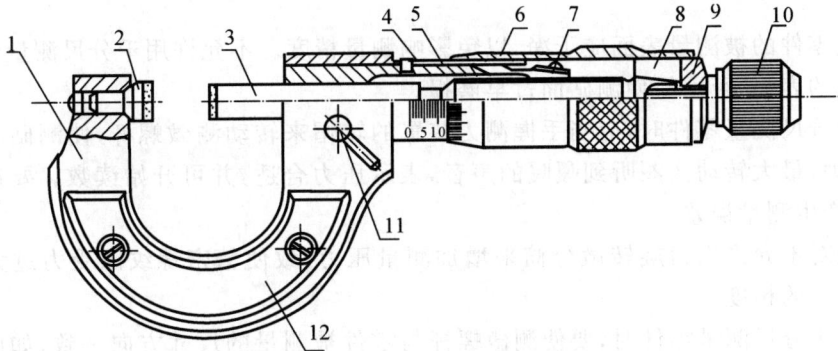

图 2-27　0~25mm 外径千分尺

1—尺架;　2—固定测砧;　3—测微螺杆;　4—螺纹轴套;　5—固定刻度套筒;　6—微分筒;

7—调节螺母;　8—接头;　9—垫片;　10—测力装置;　11—锁紧螺钉;　12—绝热板

2.千分尺的读数方法

(1)读出固定套筒上露出的刻线尺寸,一定要注意不能遗漏应读出的 0.5mm 的刻线值。

(2)读出微分筒上的尺寸,要看清微分筒圆周上哪一格与固定套筒的中线基准对齐,将格数乘 0.01mm 即得微分筒上的尺寸。

(3)将上面两个数相加,即为千分尺上测得尺寸。

如图 2-28(a)所示,在固定套筒上读出的尺寸为 8mm;微分筒上读出的尺寸为 27(格)×0.01mm =0.27mm,上两数相加即得被测零件的尺寸为 8.27mm;如图 2-28(b)所示,在固定套筒上读出的尺寸为 8.5mm,在微分筒上读出的尺寸为 27(格)×0.01mm =0.27mm,上两数相加即得被测零件的尺寸为 8.77mm。

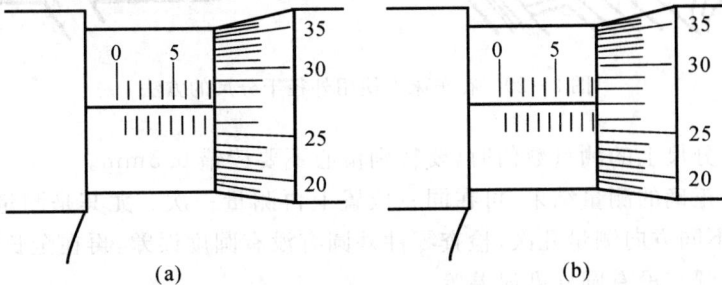

(a)　　　　　　　　　　　　(b)

图 2-28　千分尺的读数

(a)读尺寸 8.27;　(b)读尺寸 8.77

3.千分尺的使用方法

千分尺使用得是否正确,对保持精密量具的精度和保证产品质量的影响很大,操作人员必须重视量具的正确使用,使测量技术精益求精,务使获得正确的测量结果,确保产品质量。

使用千分尺测量零件尺寸时,必须注意下列几点:

(1)使用前,应把千分尺的两个测砧面揩干净,转动测力装置,使两测砧面接触,同时微分筒和固定套筒要对准零位。

(2)转动测力装置时,微分筒应能自由灵活地沿着固定套筒活动,没有任何轧卡和不灵活的现象。

(3)测量零件的被测量表面应干净,以免影响测量精度。不允许用千分尺测量带有研磨剂的表面、粗糙的表面,否则易使测砧面过早磨损。

(4)用千分尺测量零件时,应当手握测力装置的转帽来转动测微螺杆,使测砧表面保持标准的测量压力,最大转动2圈听到嘎嘎的声音,表示压力合适,并可开始读数。要避免因测量压力不等而产生测量误差。

注意:绝对不允许用力旋转微分筒来增加测量压力,致使精密螺纹因受力过大而发生变形,损坏千分尺的精度。

(5)使用千分尺测量零件时,要使测微螺杆与零件被测量的尺寸方向一致,如图2-29所示。如测量外径时,测微螺杆要与零件的轴线垂直,不要歪斜。测量时,在旋转测力装置的同时,轻轻地晃动尺架,使测砧面与零件表面接触良好。

(6)用千分尺测量零件时,最好在零件上进行读数,放松后取出千分尺,这样可减少测砧面的磨损,避免测微螺杆或尺架发生变形而失去精度。

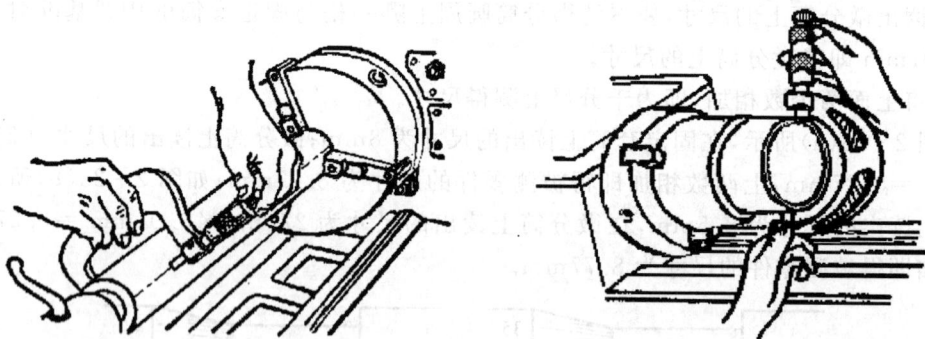

图2-29 在车床上使用外径千分尺的方法

(7)在读取千分尺上的测量数值时,要特别留心不要读错0.5mm。

(8)为了获得正确的测量结果,可在同一位置上再测量一次。尤其是测量圆柱形零件时,应在同一圆周的不同方向测量几次,检查零件外圆有没有圆度误差,再在全长的各个部位测量几次,检查零件外圆有没有圆柱度误差等。

(9)对于超常温的工件,不要进行测量,以免产生读数误差。

课内练习

1. 标注图 2 - 30 中外径千分尺各部分的名称,并写出千分尺的读数方法。

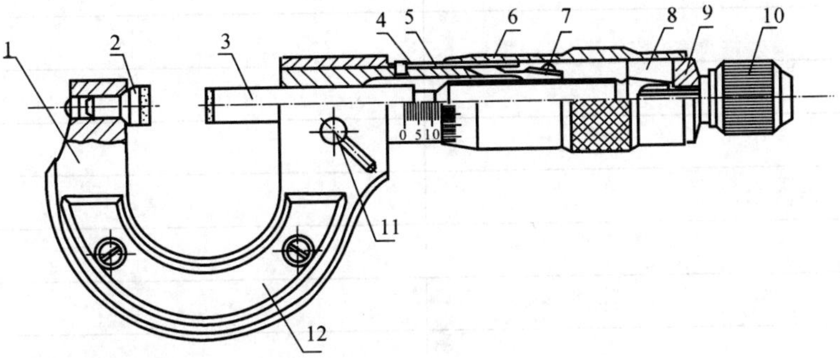

图 2 - 30

2. 根据对中等批量加工零件工艺的反思与改进,考虑单件生产的工艺问题,学生对加工的装夹方案、刀具、程序、工艺流程等进行改进,以小组合作的方式形式进行讨论,填写单件加工工序卡。

数控加工工序卡片		工序名称		工序号
		数车加工		
材料名称	材料牌号			
机床名称	机床型号			
夹具名称	夹具编号			
		工序简图		
备注				

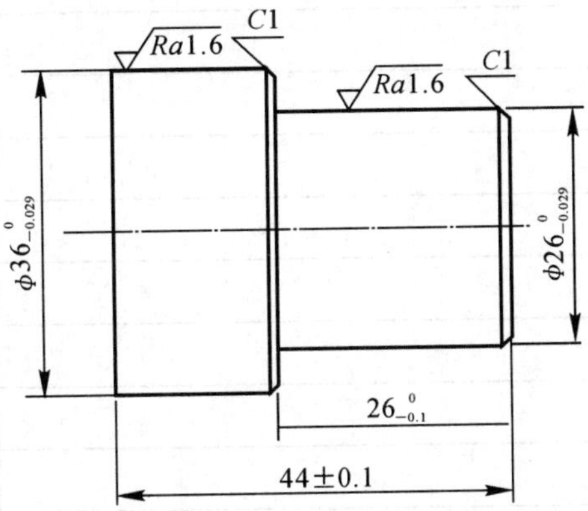

工步	工作内容	刀号及刀具规格	主轴转速 r/min	进给量 mm/r	背吃刀量 mm
1					
2					
3					
4					
5					
6					

更改标记	数量	文件号	签字	日期

3. 编制单件加工的程序

程 序	注 释

任务三 连接销轴的加工

任务介绍

该零件为某机械加工企业生产的连接销轴,订单数量为 1000 件,毛坯为直径 $\phi30$ 的 45# 中碳钢棒料,零件如图 3-1 所示。

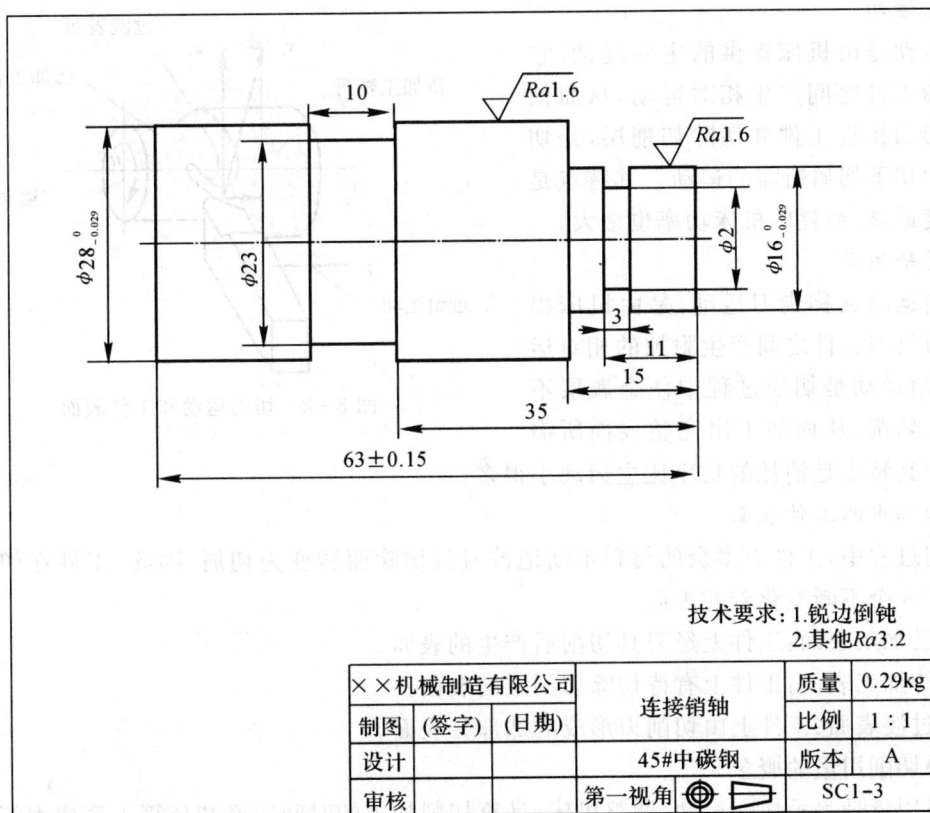

图 3-1 连接销轴零件图

学习目标

(1)熟悉切削用量相关知识,掌握切削用量的选择。

(2)能够正确选择外圆车刀、切断刀的切削用量。

(3)熟悉常用编程指令 G04,G80/G90 格式,能够正确识读指令编写的程序。

(4)能够读懂芯轴图纸及其加工程序,能在数控车床上正确录入程序、校验程序,能够按照安全操作流程在单段和自动模式下完成芯轴加工,能正确使用外径千分尺进行测量。

(5)对机床进行日常维护保养,并填写设备使用相关表格。

子任务一　熟悉切削用量相关知识，掌握切削用量的选择

一、切削用量相关知识

（一）切削运动和工件表面

切削加工的目的是用金属切削刀具把工件毛坯上预留的金属材料（余量）切除，以获得图纸所要求的零件。在切削过程中，刀具和工件之间必须有相对运动，这种相对运动就称为切削运动。按切削运动在切削加工中的功用不同分为主运动和进给运动，如图 3-2 所示。

1. 主运动

主运动是由机床提供的主要运动，它使刀具和工件之间产生相对运动，从而使刀具前刀面接近工件并切除切削层，是切削过程中切下切屑所需的运动。其特点是切削速度最高，消耗的机床功率也最大。

2. 进给运动

进给运动又称走刀运动，是由机床提供的使刀具与工件之间产生附加的相对运动，即进给运动是切削过程中使金属层不断地投入切削，从而加工出完整表面所需的运动。其特点是消耗的功率比主运动小得多。

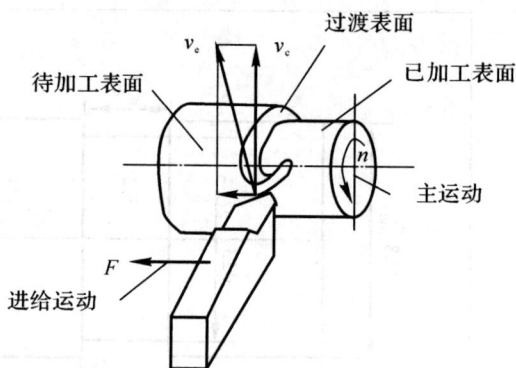

图 3-2　切削运动和工件表面

3. 加工中的工件表面

切削过程中，工件上多余的材料不断地被刀具切除而转变为切屑，因此，工件在切削过程中形成了 3 个不断变化着的表面。

（1）已加工表面：工件上经刀具切削后产生的表面。

（2）待加工表面：工件上有待切除切削层的表面。

（3）过渡表面：工件上由切削刃形成的那部分表面。

（二）切削用量的概念

切削用量是表示切削运动、调整机床、计算切削加工的时间定额和核算工序成本等必需的参量，使用它可以对切削加工中的运动进行定量的描述。它包括背吃刀量（切削深度）、进给量和切削速度三要素。

1. 背吃刀量（切削深度）a_p

背吃刀量是指工件上已加工表面和待加工表面间的垂直距离，也就是每次进给时车刀切入工件的深度（单位：mm）。

车外圆时的切削深度可按下边的公式计算：

$$a_p = \frac{d_w - d_m}{2} \tag{3-1}$$

式中　d_m——已加工表面直径；

　　　d_w——待加工表面直径。

在工艺系统刚度和车床功率允许的情况下，尽可能选取较大的背吃刀量，以减少进给

次数。

2.进给量 f 或进给速度 F

进给量 f：工件每转一周，车刀沿进给方向移动的距离，它是衡量进给运动大小的参数（单位：mm/r），如图 3-3 所示。

进给速度 F：车刀在 1 min 内沿进给方向移动的距离（单位：mm/min）。

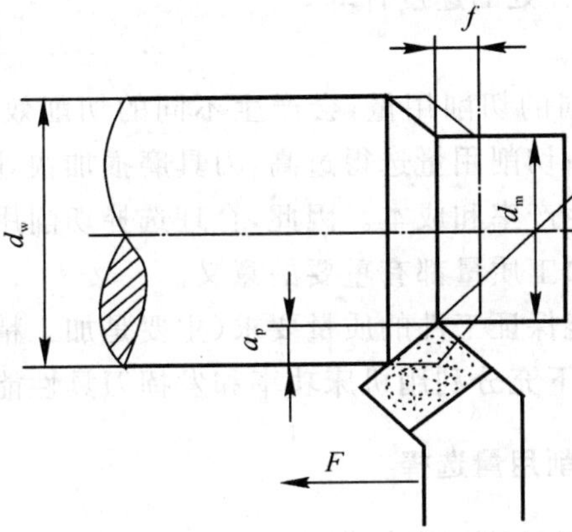

图 3-3 进给量或进给速度

它们之间的关系是：

$$F = n \times f \tag{3-2}$$

式中 f—— 每转进给量，mm/r；

n—— 主轴转速，r/min。

进给速度的大小直接影响表面粗糙度的值和车削效率，因此进给速度的确定应在保证表面质量的前提下，选择较高的进给速度。一般根据零件的表面粗糙度、刀具及工件材料等因素，查阅切削用量手册选取。

3.切削速度 v_c

切削速度是指在进行切削加工时，刀具切削刃上某一点相对于待加工表面在主运动方向上的瞬时速度。也可以理解为车刀在 1min 内车削工件表面的理论展开直线长度。它是衡量主运动大小的参数（单位：m/min）

$$v_c = \frac{\pi d_w n}{1000} \tag{3-3}$$

式中 d_w—— 切削刃选定点处所对应的工件的最大回转直径，mm；

n—— 主轴转速，r/min。

在实际生产中，往往是已知工件直径，并根据工件材料、刀具材料和加工要求等因素选定切削速度，再将切削速度换算成车床主轴转速，以便调整机床，因此主轴转速应根据已经选定的背吃刀量、进给量及刀具耐用度选择，可用经验公式计算，也可根据生产实践经验在机床说明书允许的切削速度范围内查阅有关切削用量手册选取。

注意：由于数控车床的主轴交流伺服电机的变频调速，在低速输出时力矩小，切削力较大时可能出现闷车现象，因此切削速度选择不能太低。

实际编程中，切削速度 v_c 确定后，要按下式计算出机床主轴转速 n(r/min)，并填入程序单中：

$$n = \frac{1000v_c}{\pi d_w} \qquad\qquad (3-4)$$

在转速 n 一定时，切削刃上各点的切削速度不同。按照金属切削行业的应用习惯，在计算时，应取最大切削速度。如外圆车削时，按待加工表面上的速度计算；内孔车削时，按已加工表面上的速度计算；钻孔时，按钻头外径处的速度计算。

（三）合理选择切削用量的意义

在相同的加工条件下，选用不同的切削用量，会产生不同的切削效果。切削用量选得过低，降低了生产率，增加了生产成本；切削用量选得过高，刀具磨损加快，降低了加工质量，增加了磨刀时间和材料消耗，也会影响生产率和成本。因此，合理选择切削用量，对提高生产率，保证必要的刀具寿命和经济性，保证加工质量都有重要的意义。

合理的选择切削用量应该是：能保证工件的质量要求（主要是加工精度和表面粗糙度），并在工艺系统强度和刚性许可的条件下充分利用机床功率和发挥刀具性能时的最大切削用量。

二、常用外圆车刀、切槽刀的切削用量选择

在加工 45 # 中碳钢材料时，使用经济型数控车床进行加工，按照零件粗精加工阶段的不同，外圆车刀、切断刀的切削用量参考如下：

（一）外圆车刀的切削用量选择

1. 粗加工

（1）背吃刀量的选择：在机床、刀具等工艺系统刚度允许的情况下，尽可能一次切去全部粗加工余量，即选择背吃刀量（切削深度）值等于余量值。一般地，使用中小型数控车床时，背吃刀量 a_p 的数值在 2～5mm 之间。

（2）进给量的选择：受刀具、工件材料的影响，且机床最大进给速度受机床刚度和进给系统的性能限制，粗车时进给量一般取 0.2～0.8mm/r。

（3）切削速度的选择：一般取 60～120m/min，当刀具性能和机床刚度较好时，可取更大的数值。

2. 精加工

（1）背吃刀量的选择：精加工余量一般只有 0.2～0.8mm，故背吃刀量 a_p 的数值在 0.1～0.4mm 之间。

（2）进给量的选择：受工件表面粗糙度以及刀具刀尖圆弧半径的影响，精车时进给量一般取 0.05～0.2mm/r。

（3）切削速度的选择：一般取 120～200m/min，当刀具性能和机床刚度较好时，可取更大的数值。

（二）切断刀的切削用量

（1）背吃刀量的选择：背吃刀量 a_p 的数值等于刀头宽度，也等于加工余量数值，根据被切断工件的直径计算，一般在 2～5mm 之间。

（2）进给量的选择：受刀头宽度和刀头长度的影响，精车时进给量 f 一般取 0.1～0.2mm/r。

（3）切削速度的选择：一般取 60～100m/min，当刀具性能和工艺系统刚度较好时，可取更大的数值。

注意:在实际生产时,切断时的切削用量可按经验取为同等情况下外圆车刀粗车时切削用量的 2/3～3/4。

√ 拓展提高

一、选择切削用量的一般原则

1.切削用量与生产率的关系

衡量生产率高低的指标之一是基本时间 t_m。在工件毛坯确定的情况下,提高切削用量 v_c,f,a_p 中任何一个要素,都可以缩短基本时间,提高生产率。但在提高切削用量时必须考虑机床功率、工艺系统的刚性和刀具寿命等能否承受。一般状态下,粗精加工所能达到的尺寸精度及表面加工质量如下:

粗加工:表面粗糙度 $Ra=80\sim10\mu m$,精度为 IT12～IT15 级;

半精加工:表面粗糙度 $Ra=10\sim1.25\mu m$,精度为 IT8～IT10 级;

精 加 工:表面粗糙度 $Ra=1.25\sim0.32\mu m$,精度为 IT6～IT7 级;

精细加工:表面粗糙度 $Ra=0.32\sim0.08\mu m$,精度高于 IT5 级。

2.合理选择切削用量的

(1)切削用量与刀具寿命。

1)切削深度的增加不是缩短刀具寿命的主要因素,在刀具强度范围内,每增加 50% 的切削深度,刃口磨损加快 15%。

2)进给速度的增加影响刀具寿命的比例,大约为每提高 20% 的走刀量,刃口磨损加剧 20%。

3)切削速度明显地影响刀具寿命,每提高 20% 的线速度,刀具寿命缩短 50%。

(2)切削用量选择的关键因素。

1)综合切削参数的选用很大程度上取决于加工类型。

2)粗加工中的机床功率、稳定性、加工状态。

3)精加工中的精度、表面粗糙度、切屑的控制。它们主要由进给速度、刀尖半径的综合因素及切削速度来决定。

4)精加工中切削速度是影响生产率的主要因素,其次是进给速度。

3.切削用量选择原则

(1)高生产效率与刀具寿命的平衡。

(2)工件材料类型、状态、硬度(工件硬则 v_c 小)。

(3)刀具材料对加工材料及刀片断屑槽型与零件粗精加工的匹配。

(4)机床功率、主轴转速、稳定性等方面的能力(功率小则 a_p,f 小)。

(5)避免产生切削热、积屑瘤的倾向。

(6)有关断续切削和振动方面的加工状态。

(7)切屑控制和表面粗糙度。

二、切削用量的选择

1. 背吃刀量（切削深度）的选定

(1)粗加工时,在机床、刀具等工艺系统刚度允许的情况下,尽可能一次切去全部粗加工余量,即选择背吃刀量（切削深度）值等于余量值。

(2)毛坯粗大必须切除较多余量时,应考虑机床、刀具、工件的系统刚性和机床的有效功率,尽可能选择较大的背吃刀量（切削深度）和最少的进给次数。

(3)切削表面有硬皮的铸锻件或切削不锈钢等冷硬较严重的材料时,应尽量使背吃刀量（切削深度）超过硬皮或冷硬层厚度,以预防刀尖过早磨损或损坏。

(4)粗加工时,背吃刀量（切削深度）也不可选得太大,否则会引起振动,如果超过机床和刀具能力就会损坏机床和刀具。

(5)半精加工时,余量一般约为 $1\sim3mm$（单边）,如余量大于 $2mm$,则应分在两次行程中切除:第一次为 $(2/3\sim3/4)$ 余量,第二次为 $(1/3\sim1/4)$ 余量。如余量小于 $2mm$,亦可一次切除。

(6)精加工时,精加工余量可按工艺手册和刀具厂家的刀具选择手册相结合来选定,一般约为 $0.2\sim0.5mm$（单边）,应在一次行程中切除精加工余量。精车余量一般不小于 $0.2mm$。

(7)数控仿行加工中,背吃刀量（切削深度）是变化的,应注意最大背吃刀量（切削深度）处不超过刀具强度允许值。

2. 进给量的选择

当背吃刀量（切削深度）选定后,进给量直接决定了切削面积,因而决定了切削力的大小。因此进给量的大小受到机床的有效功率和扭矩、机床刚度、刀具强度和刚度、工件刚度、工件表面粗糙度和精度、断屑条件等的限制。一般在上述条件允许的情况下,进给量也应尽可能选大些,但选得太大,会引起机床薄弱地方的震动、刀具损坏、工件弯曲、工件表面粗糙度变粗等。进给量的选择可按工艺手册或刀具厂家的刀具选择手册选定,一般粗车时取 $0.3\sim0.8mm/r$,精车时取 $0.08\sim0.3mm/r$。

3. 切削速度的选择

当背吃刀量（切削深度）、进给速度选定后,切削速度应在考虑提高生产率、延长刀具寿命、降低制造成本的前提下,根据下列因素来选择:

(1)刀具材料:硬质合金、陶瓷刀具比高速钢刀具切削速度高许多。

(2)工件材料:切削强度和硬度较高的工件时,因刀具易磨损,所以切削速度应选得低些。脆性材料如铸铁,虽强度不高,但切削时形成崩碎切屑,热量集中在刀刃附近不易传散。因此,切削速度应取低些。切削有色金属和非金属材料,可选高一些。

(3)表面粗糙度:表面粗糙度质量要求较高的工件,切削速度应取高一些。

(4)背吃刀量（切削深度）和进给量:当背吃刀量（切削深度）和进给量增大时,切削热和切削力都较大,所以应适当降低切削速度。反之,可适当提高。

总的来说,实际生产中,情况比较复杂,切削用量一般可根据工艺手册或刀具厂家的刀具选择手册的推荐值范围进行调整,粗加工时选择切削用量的顺序,应把背吃刀量（切削深度）放在首位,其次是进给量,最后是切削速度。精加工时,应尽可能提高切削速度,进给量因受工件精度和表面粗糙度要求的不同,选择范围较广,但当表面粗糙度质量要求较高时,进给量更应取得小些,背吃刀量由精加工余量给定。

实际工作中,用户要根据被加工的材料、硬度、切削状态、材料种类、进给量、切深等选择使用的切削速度。最适合的加工条件是在这些因素的基础上选定的。有规则的、稳定的磨损达到寿命才是理想的条件。而刀具寿命的选择与刀具磨损、被加工尺寸变化、表面质量、切削噪声、加工热量等有关,因此在确定实际加工条件时,需要根据具体情况进行研究。

具体情况见表 3-1 至表 3-4。

表 3-1　主轴转速 n、工件直径 ϕ、切削速度 v_c 之间的参考换算表

$n/(r \cdot min^{-1})$　　$v_c/(m \cdot min^{-1})$　　　ϕ/mm	30	40	50	100	150	200	300	400	500	600
12	795	1060	1326	2625	3979	5305	7957	10610	13262	
16	597	795	995	1989	2984	3978	5968	7957	9947	11936
20	477	637	796	1591	2387	3183	4774	6366	7957	9549
25	382	509	637	1273	1910	2546	3919	5092	6366	7636
32	298	398	497	994	1492	1989	2984	3978	4774	5968
40	239	318	398	795	1194	1591	2387	3183	3978	4774
50	191	255	318	635	955	1272	1909	2546	3183	3819
63	151	202	253	505	758	1010	1515	2021	2526	3031
80	119	159	199	397	597	795	1193	1591	1989	2387
100	95	127	159	318	477	636	952	1273	1591	1909
125	76	109	124	255	382	509	794	1018	1237	1521
160	60	80	99	198	298	397	596	795	994	1193
175	55	71	91	182	273	363	544	727	909	1091
200	48	64	80	160	239	318	476	636	795	954

表 3-2　涂层硬质合金刀片切削用量推荐表

被加工材料		布氏硬度 HB	YB415,KC910, ZC312N,GC415	YB125,KC810, ZC302N,GC425	YB435,KC935, ZC314N,GC435
			进给量/(mm/r)		
			0.1-0.4-0.8	0.1-0.4-0.8	0.2-0.5-1.0
			切削速度/(m/min)		
碳素钢	$w(C)=0.35\%$	125	480-340-250	440-300-210	320-230-160
	$w(C)=0.5\%$	150	440-310-230	400-270-200	300-210-150
	$w(C)=0.6\%$	200	380-270-200	340-230-180	260-180-130

续 表

被加工材料		布氏硬度 HB	YB415,KC910,ZC312N,GC415	YB125,KC810,ZC302N,GC425	YB435,KC935,ZC314N,GC435
			进给量/(mm/r)		
			0.1—0.4—0.8	0.1—0.4—0.8	0.2—0.5—1.0
			切削速度/(m/min)		
合金钢	退火状态	180	380—260—190	290—190—140	200—140—90
	淬火并回火	275	260—180—130	200—130—95	130—95—65
	淬火并回火	300	240—165—120	185—120—90	125—90—60
	淬火并回火	350	215—145—105	160—105—75	110—75—55
高合金钢	退火状态	200	350—230—170	265—175—130	175—115—80
	淬火状态	325	170—110—75	95—65—50	85—55—40
不锈钢	马氏体/铁素体	100	295—240—170	265—195—155	220—175—145
	奥氏体	175	285—240—160	240—190—140	195—160—125
铸铁	低合金	180	260—185—145	190—130—100	135—105—75
	高合金	200	255—160—120	160—115—85	120—90—60
	高合金	225	190—130—95	135—90—70	95—70—55

表 3-3 P 类(钨钴钛类 YT)硬质合金刀片切削用量推荐表

被加工材料		布氏硬度 HB	进给量/(mm/r)			
			0.1—0.3—0.5	0.2—0.4—0.6	0.2—0.5—1.0	0.3—0.6—1.2
			切削速度/(m/min)			
碳素钢	$w(C)=0.35\%$	125	390—270—225	355—260—195	190—135—95	160—115—85
	$w(C)=0.5\%$	150	355—250—205	265—190—155	169—125—95	155—105—80
	(C)=0.6%	200	315—220—175	230—170—115	140—95—80	125—100—70
合金钢	退火状态	180	250—170—140	150—135—95	125—105—90	95—70—50
	淬火并回火	275	170—115—90	120—90—65	85—65—50	70—50—35
	淬火并回火	350	135—90—70	85—70—50	70—45—35	55—40—25
高合金钢	退火状态	200	220—140	130—95	105—70	85—65—40
	淬火状态	325	100—65	80—65	55—40	40—30—20
不锈钢	马氏体铁素体	100	230—190	150—125	110—80	120—100—80
	奥氏体	175	200—175	115—95	90—60	120—100—75
铸铁	低合金	200	150—105	150—115—85	90—70—50	60—50—35
	高合金	225	120—85	120—90—65	70—50—30	45—35—25

表 3-4 K 类(钨钴类 YG)硬质合金刀片切削用量推荐表

表 3-4 K 类(钨钴类 YG)硬质合金刀片切削用量推荐表

被加工材料		布氏硬度 HBS	进给量/(mm/r)		
			0.1—0.3—0.5	0.2—0.5—1.0	0.2—0.5—1.0
			切削速度 m/min		
硬钢	淬硬钢	55HRC	36—25	26—15—10	31—20—15
	锰钢	250	57—43—28	62—37—15	47—28—20
冷硬铸铁		400	30—16	16—10	23—14
硬塑料			670—460	340—200	550—420
锻铁	铁素体	130	180—146—117	100—70—42	190—155—125
	珠光体	230	120—95—83	70—58—28	120—92—52
球墨铸铁	铁素体	160	185—140—115	110—75—42	175—130—82
	珠光体	250	165—125—105	95—76—36	155—115—72
铝合金	不可热处理	60	2400—1950—1550	1650—1200—950	2200—1750—1400
	可热处理	100	810—600—460	470—320—220	780—550—400
低合金铸铁		180	230—170—130	130—87—52	205—140—86
高合金铸铁		260	165—115—90	92—62—38	155—110—56

注:表 3-2~表 3-4 摘录自《数控刀具材料选用手册》,邓建新,赵军编著,机械工业出版社 2005 年 4 月出版。

课内练习

1.解释切削用量三要素的概念。

(1)背吃刀量:

(2)进给量:

(3)切削速度:

2.在车床上加工一轴类零件,将毛坯直径 $\phi45mm$ 一刀车到 $\phi37mm$,试计算其背吃刀量是多少。

3.在某数控车床上加工一轴类零件,粗车时切削速度取为 90m/min,零件毛坯直径为 $\phi45mm$,试计算其主轴转速是多少。

4.在某数控车床上加工一轴类零件,精车时其主轴转速为 650r/min,被加工零件直径为 $\phi85mm$,试计算其切削速度是多少。

子任务二 常用指令格式及其编程方法

一、延时暂停指令 G04

格式:(1)G04 X __ ;

　　　(2)G04 P __ ;

其中 X 的时间单位为秒(s)。P 的时间单位为毫秒(ms)。根据不同数控系统使用其中的一种。该指令的作用是使程序在所指定的时间内暂停进给动作,一般在车沟槽、锪孔时为保证槽底轮廓平整光滑、尺寸合格建议使用,延时时间过后,继续执行后面的程序段。

如图 3-4 所示,加工沟槽时,切到槽底时使用 G04 暂停指令,可以保证沟槽底部平整光滑,圆度精度有保障。

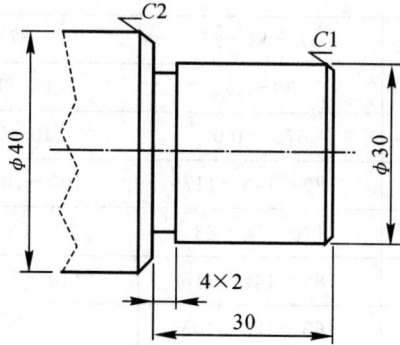

图 3-4 切槽暂停

程序如下:

程　序	注　释
...	...
T0202;	选择 2 号切槽刀
M03 S700;	主轴转速 700r/min
G00 X45. Z-30.;	定位至切槽位置上
G01 X26. F0.15;	切槽至直径 $\phi26$mm 处
G04 P200;	暂停 0.2s
G01 X45.;	X 坐标退出沟槽
...	...

二、外圆柱面单一固定循环指令 G80/G90

使用单一固定循环可以将一系列连续加工动作,如:切入—切削—退刀—返回,用一个循环指令完成,从而简化程序。功能:适用于简单轮廓的零件毛坯在余量较大时进行的编程加工,以去除大部分毛坯余量。

指令格式如下:

FANUC 0i Mate TC 数控系统	华中世纪星 HNC-21T 数控系统
G90 X(U)_ Z(W)_ F_	G80 X(U)_ Z(W)_ F_
X 和 Z:圆柱面切削的终点坐标值。 U 和 W:圆柱面切削的终点相对于循环起点坐标增量,根据加工方向其坐标值有"+"、"-"	X 和 Z:圆柱面切削的终点坐标值。 U 和 W:圆柱面切削的终点相对于循环起点坐标增量,根据加工方向其坐标值有"+"、"-"

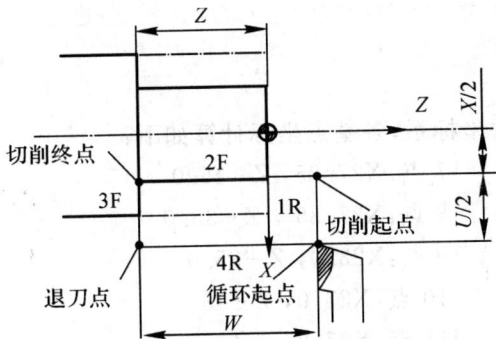

图 3 - 5　圆柱循环切削过程

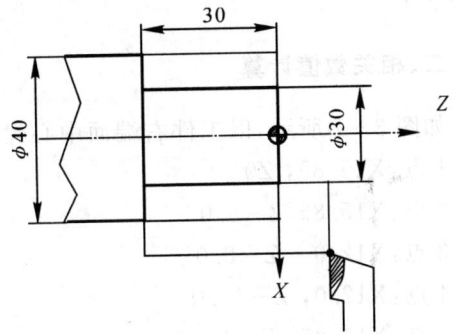

图 3 - 6　车外圆程序示例

由图 3 - 5 所示可以看出,该循环为一矩形,1R,4R 为快速移动,2F,3F 为切削进给,即指令中的 F 只对中间两步起作用。在加工中只要确定循环起点坐标和切削终点坐标,其动作即为以循环起点和切削终点为对角线的矩形。

例 3 - 1　应用切削圆柱面循环功能加工如图 3 - 6 所示工件,指令如下:

FANUC 0i Mate TC 数控系统	华中世纪星 HNC - 21T 数控系统	注　释
O2003;	O2003	程序名
T0101;	T0101	选择刀具
M03 S1000;	M03 S1000	主轴正转
G00 X45. Z3. M08;	G00 X45 Z3 M08	快速定位到循环起点,开切削液
G90 X36. Z - 30. F0.3;	G80 X36 Z - 30 F0.3	矩形循环切削
X32.;	X32	第二次循环
X30.;	X30	第三次循环
G00 X100. Z100. M09;	G00 X100 Z100 M09	快速退刀,关切削液
M05;	M05	主轴停止
M30;	M30	程序结束返回开始

课内练习

1. 请描述 G04 指令的格式,说明其一般用于什么场合。
2. 请说明 G80 指令的动作,并画出其循环路线。

子任务三　连接销轴的编程与加工操作

一、图样分析(零件结构及技术要求)

该零件由外圆柱面、阶台、沟槽组成,其几何形状为圆柱形的轴类零件,零件尺寸精度要求为:径向尺寸公差为 0.029,轴向尺寸为自由公差,表面粗糙度 $Ra = 1.6\mu m$,无热处理要求,采用粗、精加工即可保证加工质量。工件毛坯为 $\phi30$ 的 45♯ 中碳钢棒料,材料切削性能好,比较容易加工。

二、相关数值计算

如图 3 - 7 所示,以工件右端面中心建立工件坐标系,各基点坐标计算如下:

1 点:X15.85, Z0 　　　　　　　7 点:X27.85, Z - 15.0

2 点:X15.85, Z - 8.0 　　　　　　8 点:X27.85 , Z - 35.0

3 点:X12.0 , Z - 8.0 　　　　　　9 点:X23.0, Z - 35.0

4 点:X12.0, Z - 11.0 　　　　　10 点:X23.0, Z - 43.0

5 点:X15.85, Z - 11.0 　　　　11 点:X27.85 , Z - 43.0

6 点:X15.85, Z - 15.0 　　　　12 点:X27.85, Z - 63.0

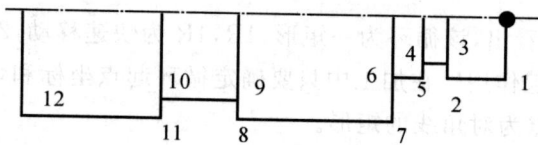

图 3 - 7　基点坐标计算

三、数控加工工艺分析

1. 使用设备

CAK6136 数控车床(华中世纪星 HNC - 21T 数控系统,前置四方电动刀架)。

2. 加工所用的刀具、量具

外圆车刀、切断刀、游标卡尺、外径千分尺。

3. 工件装夹方案

工件毛坯为 45# 中碳钢棒料,工件加工长度 63mm,采用三爪卡盘,需二次装夹,先夹棒料左端,伸出长度 72mm,车削外圆、沟槽,再切断,调头装夹 φ28 处,控制总长 63mm,即可完成所有表面的加工。

4. 加工路线及刀具切削用量安排

因零件加工数量为 1000 件,属于中等批量生产,粗车、精车分开才能既满足加工质量要求又提高效率和降低成本。

(1)T01:95°外圆粗车刀,切削速度为 100m/min,按 φ30 直径计算主轴转速为 1063r/min。

(2)T02:93°外圆精车刀,切削速度为 150m/min,按 φ30 直径计算主轴转速为 1595r/min。

(3)T03:切槽刀,刀头宽 3mm,切削速度为 40m/min,按 φ23 直径计算主轴转速为 555r/min。

(4)T04:切断刀,刀头宽 3mm,切削速度为 70m/min,按 φ30 直径计算主轴转速为 750r/min。

5. 填写数控加工工序卡,说明详细的工步、刀具、切削用量等(见表 3 - 5)

表3-5　数控加工工序卡片

数控加工工序卡片		工序名称		工序号
		数车加工		0301

材料名称	材料牌号	工序简图		
45钢棒料	45#			
机床名称	机床型号			
数控车床	CK6136			
夹具名称	夹具编号			
三爪卡盘				
备注				

工步	工作内容	刀号及刀具规格	主轴转速 r/min	进给量 mm/r	背吃刀量 mm
1	车端面	T01:95°外圆粗车刀	1063	0.15	
2	外圆粗车	T01:95°外圆粗车刀	1063	0.25	2
3	外圆精车	T02:93°外圆精车刀	1595	0.1	0.25
4	车外径沟槽	T03:切槽刀	555	0.1	
5	切断	T04:切断刀	750	0.15	
6	调头装夹控制总长	T01 95°外圆粗车刀	1063	手动	
更改标记		数量	文件号	签字	日期

6. 加工过程及程序编制(见表3-6)

表3-6　连接销轴工步程序单

序号	工步	工步图	程序
1	选择刀具, 建立工件坐标系, 车端面		O0301; T0101; M03 S1063; G00 X32.0 Z2.0; G00 X32.0 Z0; G01 X-1.0 Z0 F0.15; G00 X32.0 Z2.0;

续表

序号	工步	工步图	程序
2	外圆轮廓粗车		G80 X28.5 Z-67.0 F0.25; G80 X22.5 Z-15.0 F0.25; G80 X16.5 Z-15.0 F0.25; G00 X100.0 Z100.0;
3	外圆轮廓精车		T0202; M03 S1595; G00 X32.0 Z2.0; G00 X16.0 Z0.5; G01 X16.0 Z-15.0 F0.1; G01 X28.0 Z-15.0 F0.1; G01 X28.0 Z-68.0 F0.1; G01 X32.0 Z-68.0 F0.1; G00 X100.0 Z100.0;
4	切槽		T0303; M03 S497; G00 X32.0 Z-11.0; G01 X12.0 Z-11.0 F0.1; G04 P100; G01 X32.0 Z-11.0 F0.1; G01 X32.0 Z-45.0 F0.1; G01 X23.0 Z-45.0 F0.1; G01 X32.0 Z-45.0 F0.1; G00 X32.0 Z-42.5; G01 X23.0 Z-42.5 F0.1; G01 X32.0 Z-42.5 F0.1; G00 X32.0 Z-40.0; G01 X23.0 Z-40.0 F0.1; G01 X32.0 Z-40.0 F0.1; G00 X32.0 Z-38.0; G01 X23.0 Z-38.0 F0.1; G01 X32.0 Z-38.0 F0.1; G00 X100.0 Z100.0;
5	切断		T0404; M03 S750; G00 X45.0 Z-68.0; G01 X0 Z-68.0 F0.15; G01 X40.0 Z-68.0; G00 X100.0 Z100.0; M05; M30;

续 表

序号	工 步	工 步 图	程 序
6	调头控制总长		手动控制总长 63mm

课内练习

1. 根据对中等批量加工零件工艺的反思与改进，考虑单件生产的工艺问题，学生对加工的装夹方案、刀具、程序、工艺流程等进行改进，以小组合作的形式进行讨论，填写单件加工工序卡。

数控加工工序卡片		工序名称		工序号
材料名称	材料牌号	工序简图		
机床名称	机床型号			
夹具名称	夹具编号			
备注				

工步	工作内容	刀号及刀具规格	主轴转速 r/min	进给量 mm/r	背吃刀量 mm
1					
2					
3					
4					
5					
6					

更改标记	数量	文件号	签字	日期

2. 将连接销轴的加工程序简化(注意模态指令的应用)，编制单件加工的程序。

程　序	注　释

任务四 球头手柄的加工

任务介绍

该零件为某机械加工企业生产的球头手柄,订单数量为 1500 件,毛坯为 $\phi35\times70$ 的 45#中碳钢。

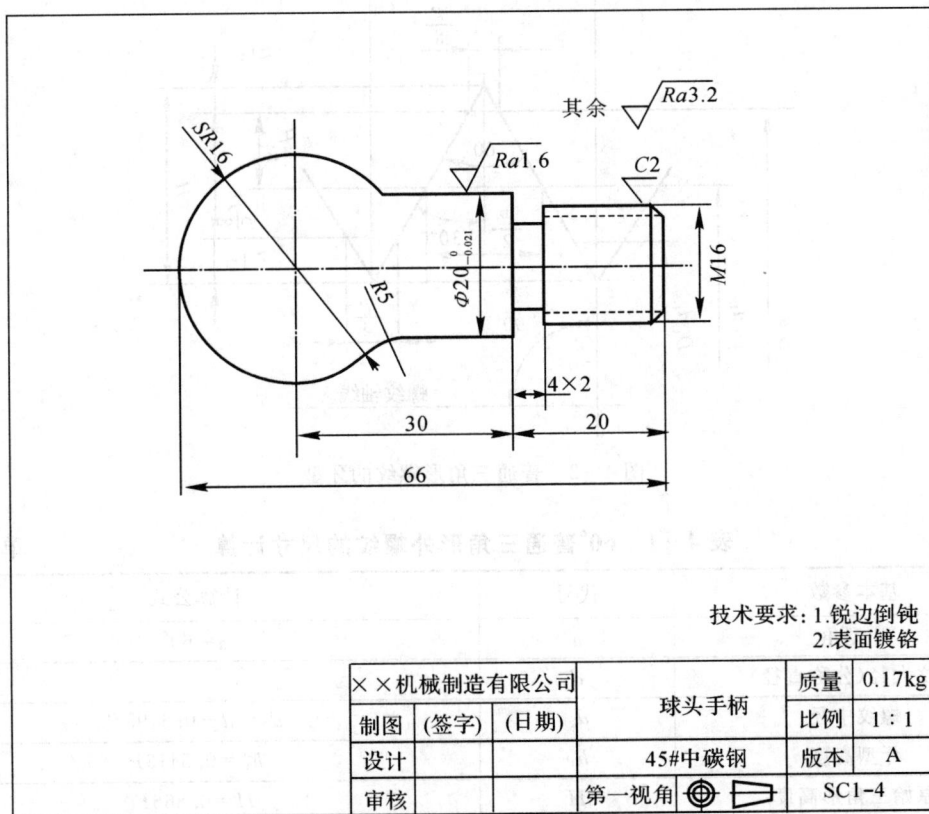

图 4-1 球头手柄零件图

学习目标

(1)掌握螺纹尺寸的计算、螺纹车刀的角度,能正确刃磨和装夹螺纹车刀;

(2)熟悉 G02,G03,G32 指令格式,并能正确使用进行程序编写;

(4)能够在 MDI 模式和手动模式下,正确对刀及设置外螺纹刀的刀偏参数;

(5)能读懂球头手柄图纸,填写工序卡、刀具卡,能正确录入、校验程序;

(6)能够按照安全操作流程在单段和自动模式下完成球头手柄加工;

(7)能正确使用游标卡尺、外径千分尺、螺纹千分尺、螺纹环规测量球头手柄;

(8)对机床进行日常维护保养,并填写设备使用相关表格。

子任务一 螺纹尺寸计算、螺纹车刀几何角度、螺纹车刀的刃磨及装夹

一、60°普通三角形外螺纹的尺寸计算

1.尺寸计算

60°普通三角形外螺纹的牙型如图4-2所示,尺寸计算见表4-1。

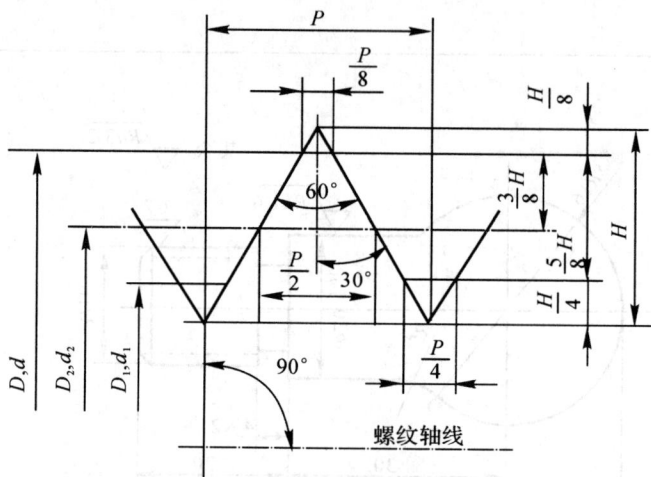

图4-2 普通三角形螺纹的牙型

表4-1 60°普通三角形外螺纹的尺寸计算

单位:mm

基本参数	代号	计算公式
牙型角	α	$\alpha = 60°$
螺纹大径(公称直径)	d	
螺纹中径	d_2	$d_2 = d - 0.6495P$
牙型高度	h_1	$h_1 = 0.5413P$
原始三角形高度	H	$H = 0.866P$
螺纹小径	d_1	$d_1 = d - 1.0825P$

2.粗牙螺纹的螺距

粗牙螺纹的螺距是不直接标注的,其中 M5~M27 是经常使用的螺纹,表4-2列出了 M5~M27普通粗牙螺纹的螺距。

表4-2 M5~M27 普通螺纹的粗牙螺距表

单位:mm

螺纹代号	螺距 P	螺纹代号	螺距 P	螺纹代号	螺距 P
M5	0.8	M12	1.75	M20	2.5
M6	1.0	M14	2.0	M22	2.5
M8	1.25	M16	2.0	M24	3.0
M10	1.5	M18	2.5	M27	3.0

二、三角形外螺纹车刀的几何形状

一般地,硬质合金螺纹车刀的径向前角为 $0°$,后角为 $4°\sim6°$,在车削较大螺距($P>2\text{mm}$)以及材料硬度较高的螺纹时,在车刀的两侧切削刃上磨出宽度为 $0.2\sim0.4\text{mm}$,刀刃前角为 $-5°$ 的倒棱。螺纹车刀的刀尖角直接决定螺纹的牙型角,它对保证螺纹精度有很大的关系,因为在切削力作用下牙型角会扩大,所以其刀尖角要适当减小 $30'$,且刀尖处应倒圆 $R\approx0.12P$,如图4-3所示。

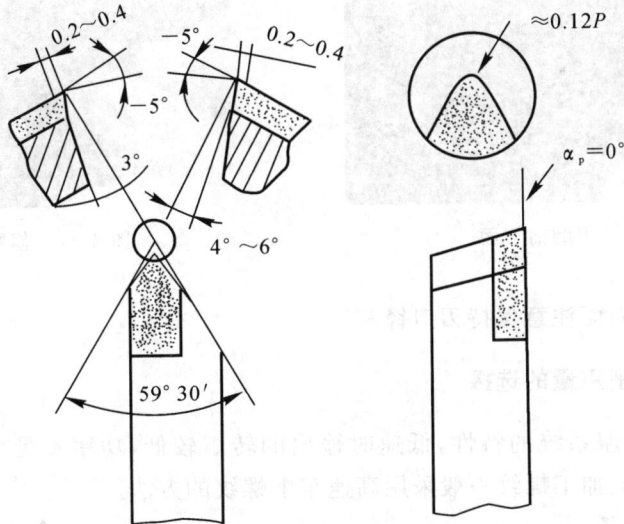

图 4-3 三角形外螺纹车刀

三、外螺纹车刀的刃磨

(1)站于砂轮机侧面,双手持刀,刀柄与砂轮外圆水平方向成 $30°$ 夹角,刀头朝上粗磨左侧后刀面,磨出牙型半角和左侧后角,如图 4-4 所示。

(2)同理,粗磨左侧后刀面,磨出牙型半角和左侧后角,保证 $60°$ 刀尖角左右对称,如图4-5所示。

图 4-4 刃磨左侧后角

图 4-5 刃磨左侧后角

(3)粗精磨前刀面,必要时可刃磨径向前角10°~15°,如图4-6所示。

(4)精磨两侧后刀面的后角,使用螺纹样板检测刀尖角,保证60°正确。

(5)修磨刀尖,车刀刀尖对准砂轮外圆,后角保持不变,当刀尖接触砂轮时作圆弧摆动,磨出约0.12P的刀尖圆弧,如图4-7所示。

图4-6 刃磨前刀面

图4-7 修磨刀尖圆弧

(6)用油石研磨刀面注意保持刃口锋利。

四、螺纹车刀切削用量的选择

由于数控车床伺服系统的特性,低速时输出的转矩较低,功率不足会影响螺纹的加工质量,因此在数控车床上加工螺纹一般采用高速车削螺纹的方法。

1.切削速度的选择

一般车螺纹的切削速度取同等外径尺寸加工的切削速度的1/2~2/3,或参考经验公式:

主轴转速:

$$n = 1200/P - 80 \tag{4-1}$$

主要适用于经济型数控车床车螺纹时,计算主轴转速n来调整机床转速。

2.背吃刀量的选择

表4-3 常用普通螺纹切削的进给次数与背吃刀量

公制普通螺纹　牙深:0.6495×P　(P为螺距)							
螺距/mm	1.0	1.5	2	2.5	3	3.5	4
牙深(半径值)/mm	0.649	0.974	1.299	1.624	1.949	2.273	2.598
切削次数及背吃刀量(直径值) 1次	0.7	0.8	0.9	1.0	1.2	1.5	1.5
2次	0.4	0.6	0.6	0.7	0.7	0.7	0.8
3次	0.2	0.4	0.6	0.6	0.6	0.6	0.6
4次		0.16	0.4	0.4	0.4	0.6	0.6
5次			0.1	0.4	0.4	0.4	0.4
6次				0.15	0.4	0.4	0.4
7次					0.2	0.2	0.4
8次						0.15	0.3
9次							0.2

车螺纹时,要经过多次进给才能完成车削。粗车第一刀时,由于总的切削面积不大,可以选择相对较大的背吃刀量,以后每次的背吃刀量应逐渐减小。精车时,背吃刀量更小,以获取较小的表面粗糙度值。表4-3列出了常用普通螺纹切削的进给次数与背吃刀量,供参考。

3. 车削三角形外螺纹前对工件的要求

三角形螺纹具有螺距小、一般螺纹长度较短、自锁性好的特点,在机械制造业中应用十分广泛,常用于机械零部件的连接、紧固。

车削是三角形螺纹的常用加工方法之一,车削三角形螺纹的基本要求是,中径尺寸应符合相应的精度要求;牙型角必须准确,两牙型半角应相等;牙型两侧面的表面粗糙度值要小;螺纹轴线与工件轴线应保持同轴。

车削的三角形外螺纹,工艺结构上一般都有退刀槽,以方便螺纹车削时车刀的顺利退出和保证在螺纹的全长范围内牙型的完整。有的三角形外螺纹,在结构上则无退刀槽,螺纹末端有不完整的螺尾部分。

车削三角形外螺纹前对工件的主要要求有:

(1)为保证车削后的螺纹牙顶处有 $0.125P$ 的宽度,螺纹车削前的外圆直径应车至比螺纹公称直径小约 $0.13P$。

(2)外圆端面处倒角至略小于螺纹小径。

(3)有退刀槽的螺纹,螺纹车削前应先切退刀槽,槽底直径应小于螺纹小径,槽底宽约等于 $2\sim3P$。

(4)车削脆性材料(如铸铁)时,螺纹车削前的外圆表面,其表面粗糙值要小,以免在车削螺纹时牙顶发生崩裂。

五、螺纹的车削

(一)三角形外螺纹车刀的装夹

(1)应使螺纹车刀刀尖与工件轴线等高,否则会影响螺纹的截面形状,一般可根据尾座顶尖高度调整和检测,也可通过试切工件中心对中心高低比较。

(2)螺纹车刀刀尖角的平分线要与工件轴线垂直。为了使车刀安装正确,可采用样板对刀,如果车刀装得左右歪斜,车出来的牙形就会偏左或偏右。如图4-8所示。

(3)螺纹车刀伸出不宜过长,一般伸出长度为 25~30mm。

(4)高速车削螺纹时,为了防止振动和扎刀,装刀时刀尖可略高于工件中心,一般高出约 0.1~0.3mm。

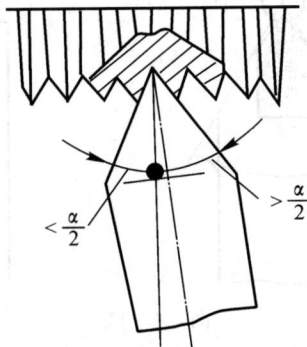

图 4-8　装刀歪斜

(二)外螺纹的车削方法

1.直进切削法

直进切削法是在车削螺纹时车刀的左右两侧都参加切削,每次加深吃刀时,只由刀架作横向进给(X坐标轴),直至把螺纹工件车好为止,如图4-9所示。这种方法能保证牙型清晰,且车刀两侧刃所受的轴向切削分力有所抵消。但用这种方法车削时,排出的切屑会绕在一起,造成排屑困难。如果进给量过大,车刀的受热和受力情况严重,刀尖容易磨损,还会产生扎刀现象,使螺纹的表面粗糙度不易保证。直进切削法一般用在车削螺距$P<2.5$mm和脆性材料的工件。

2.斜进法

斜进法就是在每次往复行程中,除横溜板作横向进给(X坐标轴)外,纵溜板也作纵向进给(Z坐标轴),不易扎刀,切削轻快,如图4-10所示。一般用于车削螺距$P>2.5$mm的工件。

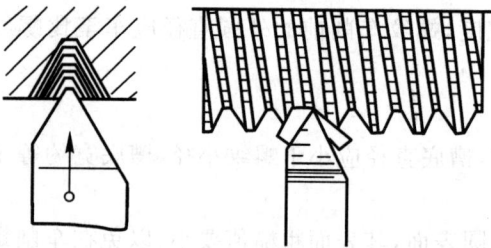

图4-9 螺纹车削直进法

图4-10 螺纹车削斜进法

课内练习

1.在图4-11中标出螺纹车刀的几何角度。

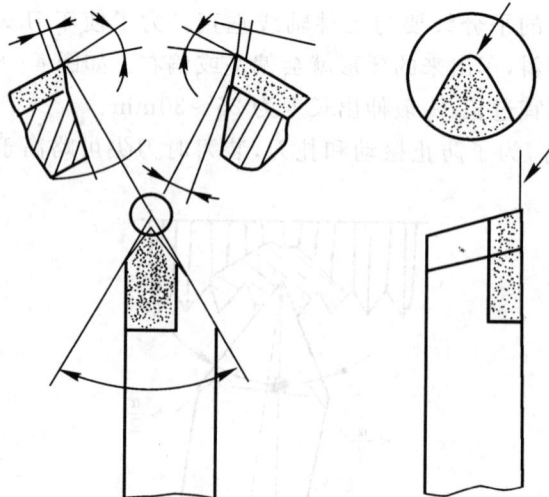

图 4-11

2.按照上图螺纹车刀的角度,独立刃磨一把螺纹车刀,并通过测量保证几何角度正确。

子任务二　常用指令的编程格式及编程方法

一、圆弧插补指令(G02/G03)

1.指令格式

(1)G02/G03 X ＿＿　Z ＿＿　R ＿＿　F ＿＿;

(2)G02/G03 X ＿＿　Z ＿＿　I ＿＿　K ＿＿　F ＿＿;

其中:G02 表示顺时针圆弧插补;G03 表示逆时针圆弧插补;X ＿＿ Z ＿＿ 为圆弧的终点坐标值;R ＿＿ 为圆弧半径;I ＿＿,K ＿＿表示圆弧中心相对于圆弧起点在 X,Z 轴上的坐标增量值。

2.指令说明

(1)圆弧顺逆的判断方法:是从第三轴 Y 轴的正方向看向负方向,顺时针为 G02,逆时针为 G03,如图 4-11 所示。

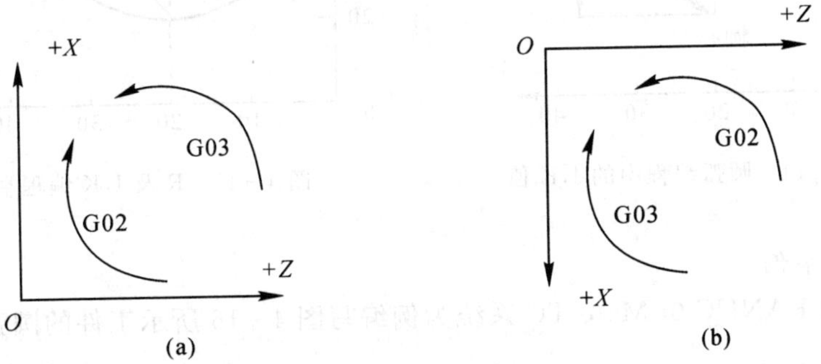

图 4-12　圆弧顺逆的判断

(a) 后置刀架,*X* 轴朝上;　(b)前置刀架,*X* 轴朝下

(2)圆弧半径的确定:R ＿＿ 为圆弧半径,当圆心角 $\alpha \leqslant 180°$ 时,用"＋R"表示;当圆心角 $\alpha >$ 180°时,用"－R"表示,该方式不能描述整圆,如图 4-13 所示。

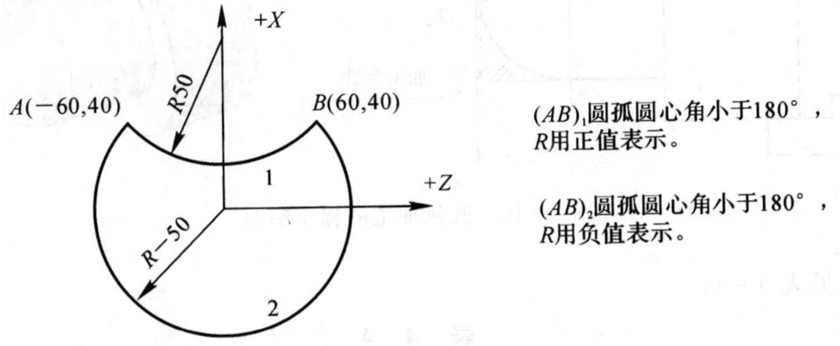

图 4-13　圆弧指令中 R 的使用

例 4-1　如图 4-5 中轨迹 *AB*,用 R 指令格式编写的程序段如下:

(*AB*)1　G03 X60.0 Z40.0 R50.0 F100;

(*AB*)2　G03 X60.0 Z40.0 R-50.0 F100;

(3)I,K 值判断：I,K 表示圆弧中心相对于圆弧起点在 X,Z 坐标轴上的坐标增量值，既可用于表示部分圆弧也可表示整圆，如图 4-14 所示。

例 4-2 如图 4-15 所示轨迹 AB，$A(40,37.32)$，$B(40,2.68)$，用圆弧指令编写的程序段如下所示：

$(AB)1$　　G03 X40.0 Z2.68 R20.0 F0.1；

　　　　　　G03 X40.0 Z2.68 I−10.0 K−17.32 F0.1；

$(AB)2$　　G02 X40.0 Z2.68 R20.0 F0.1；

　　　　　　G02 X40.0 Z2.68 I10.0 K−17.32 F0.1；

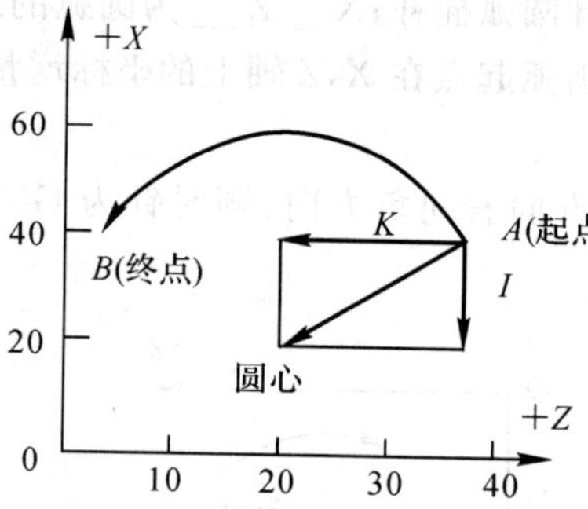

图 4-14　圆弧编程中的 I,K 值

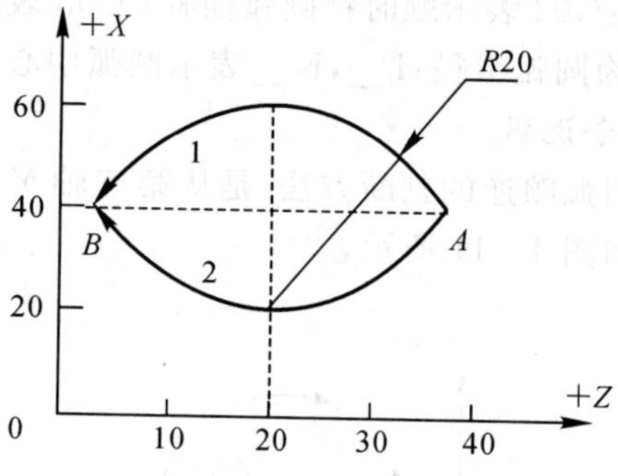

图 4-15　R 及 I,K 编程举例

3.圆弧编程举例

例 4-3　以 FANUC 0i Mate TC 系统为例编写图 4-16 所示工件的圆弧加工程序（外圆轮廓已加工完成）。

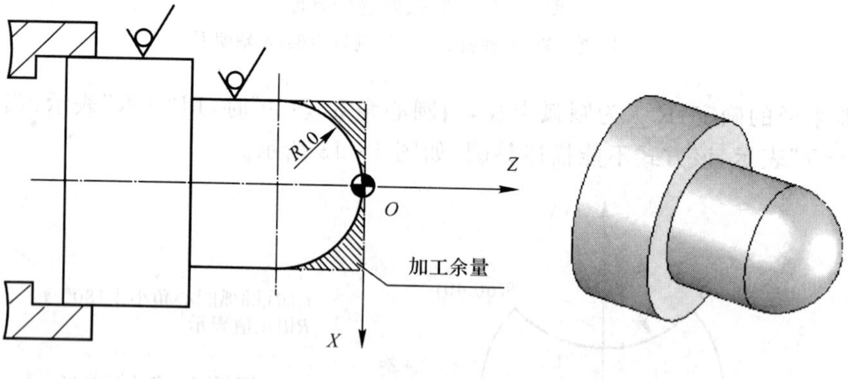

图 4-16　圆弧加工的程序编制

解　程序见表 4-4。

表　4-4

FANUC 0i Mate TC 数控系统	注　释
O4001；	程序名
T0101；	选择 01 号刀具
S1000 M03；	主轴正转 1000r/min

续　表

FANUC 0i Mate TC 数控系统	注　释
G00 X50. Z50.；	定位
X0 Z3.；	切至 Z0 端面
G03 X26. Z-10. R13. F0.2；	逆时针圆弧 R13.
G01 Z-12.；	车外圆至 Z-12.
G00 X30.；	退至 X30.
Z5.；	退至 Z5.
X0；	进至 X0
Z1.；	进至 Z1.
G03 X22. Z-10. R11.；	逆时针圆弧 R11.
G01 Z-12.；	车外圆至 Z-12.
G00 X30.；	退至 X30.
Z5.；	退至 Z5.
X0；	进至 X0
Z0；	进至 Z0
G03 X20. Z-10. R10. F0.1；	逆时针圆弧 R10.
G01 Z-12.；	车外圆至 Z-12.
G00 X100.；	快速退刀
Z100.；	
M05；	主轴停止
M30；	程序结束并返回开头

例 4-4　如图 4-17 所示滚轴零件，外圆轮廓已加工好，试按 FANUC 0i(或 HNC-21T)系统的格式，编写其内凹圆弧的加工程序。

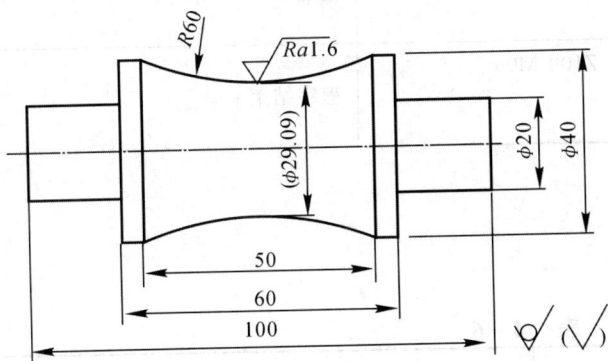

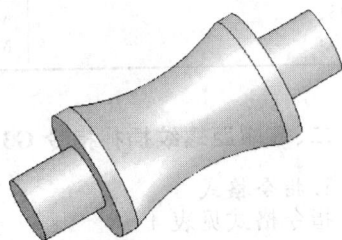

图 4-17　滚轴零件图

材料：45#中碳钢

解　采用 X 向偏移的方法进行分层切削，分 3 次粗加工和 1 次精加工，其切削轨迹如图 4-18 所示，精加工余量为 0.5mm。

编制加工程序见表 4-5。

数控车削加工

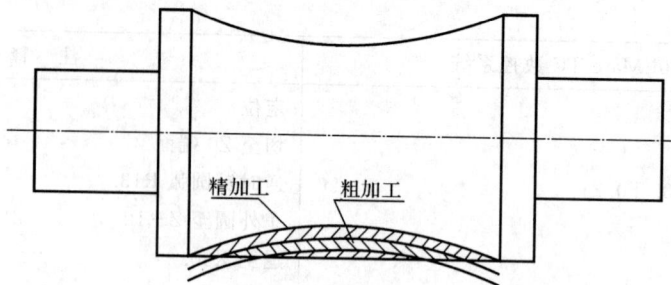

图 4-18　内圆弧切削轨迹

表　4-5

FANUC 0i Mate TC 系统	华中世纪星 HNC-21T 系统	注　释
O4004； T0101； M03 S1000； G00 X100.0 Z100.0 M08； 　X52.0 Z-25.0；	O4004 T0101 M03 S1000 G00 X100 Z100 M08 　X52 Z-25	加工左端内轮廓 换1号外圆车刀 主轴正转,1000r/min 刀具至目测安全位置 刀具定位
G01 X47.0 F0.15； G02 Z-75.0 R60.0； G00 X43.0 Z-25.0；	G01 X47 F0.15 G02 Z-75 R60 G00 X43 Z-25	第一次分层切削
G02 Z-75.0 R60.0； G00 X42.0 Z-25.0； G01 X40.5；	G02 Z-75 R60 G00 X42 Z-25 G01 X40.5	第二次分层切削
G02 Z-75.0 R60.0； G00 X42.0 Z-25.0；	G02 Z-75 R60 G00 X42 Z-25	第三次分层切削
M03 S1500 F0.1；	M03 S1500 F0.1	换精加工转速和进给量
G01 X40.0； G02 Z-75.0 R60.0； G01 X42.0；	G01 X40 G02 Z-75 R60 G01 X42	精加工
G00 X100.0 Z100.0 M09； M05； M30；	G00 X100 Z100 M09 M05 M02	程序结束

二、等螺距螺纹插补指令 G32

1. 指令格式

指令格式见表 4-6。

表　4-6

FANUC 0i Mate TC 系统	华中世纪星 HNC-21/22T 系统
G32 X__ Z__ F__； X,Z 为螺纹终点坐标 F 为螺纹导程	G32 X__ Z__ R__ E__ P__ F__ X,Z 为螺纹终点坐标 R 为 Z 向退尾量,E 为 X 向退尾量,R,E 可省略 P 为多线螺纹切削起始点的主轴转角 F 为螺纹导程

使用 G32 指令能加工圆柱螺纹、圆锥螺纹和端面螺纹。

说明：

1)切削螺纹时,一定要保证主轴转速不变,即必须使用恒线速度,故不能用 G96 指令而只能用 G97 指令。

2)在车螺纹期间进给速度倍率、主轴速度倍率无效(固定 100%)。

3)加工螺纹时,由于伺服系统本身具有滞后特性,会在起始段和停止段发生螺纹的螺距不完整的现象,有退刀槽时应考虑刀具的引入距离 δ_1 和切出距离 δ_2($\delta_1 \geqslant 1.5P$ 的刀具引入距离和 $\delta_2 \geqslant 0.5P$ 的刀具切出距离);没有退刀槽时一般按 45°退刀收尾。

4)因受机床结构及数控系统的影响,车螺纹时主轴的转速有一定的限制。

5)螺纹加工中的走刀次数和进刀量(背吃刀量)会直接影响螺纹的加工质量。

例 4-5 如图 4-19 所示,外轮廓已加工,试用 G32 指令进行圆柱螺纹的程序编制。

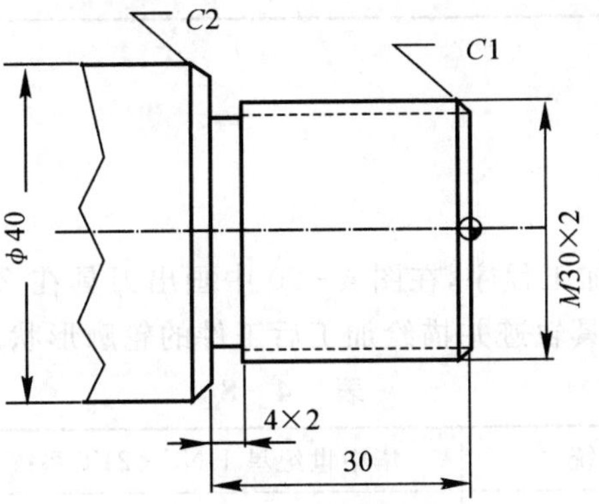

图 4-19 外螺纹的加工

解 设定引入距离 δ_1 为 3mm,切出距离 δ_2 为 1mm。螺纹牙底直径＝大径－1.3P＝30－1.3×2＝27.4mm,查表 4-3 进给次数为 5 次,主轴转速取 600r/min。程序见表 4-7。

表 4-7

程序内容	含 义
O4002;	程序号
……	
G00 X29.1 Z3.;	快速走到螺纹车削始点(29.1,3.)
G32 Z-27. F2.;	第一次螺纹车削
G00 X32.;	快速沿 X 方向退回
Z3.;	快速沿 Z 方向退回
X28.5;	快速到第二车削始点(28.5,3.)
G32 Z-23. F2.;	第二次螺纹车削
G00 X32.;	快速沿 X 方向退回
Z3.;	快速沿 Z 方向退回
X27.9;	快速到第二车削始点(27.9,3.)
G32 Z-27. F2.;	第三次螺纹车削
G00 X32.;	快速沿 X 方向退回

续表

程序内容	含义
Z3. ;	快速沿 Z 方向退回
X27.5 ;	快速到第二车削始点(27.5,3.)
G32 Z-27. F2. ;	第四次螺纹车削
G00 X32. ;	快速沿 X 方向退回
Z3. ;	快速沿 Z 方向退回
X27.4 ;	快速到第二车削始点(27.4,3.)
G32 Z-27. F2. ;	第五次螺纹车削
G00 X32. ;	快速沿 X 方向退回
Z100. ;	快速沿 Z 方向退回结束螺纹加工
……;	

课内练习

根据表 4-8 数控车削加工程序，在图 4-20 中画出刀具在 ZOX 坐标平面内从轮廓车削的起点 A 到其终点 H 的刀具轨迹并描绘加工后工件的轮廓形状。

表 4-8

FANUC 0i-Mate TC 系统	华中世纪星 HNC-21T 系统	程序说明
O4003 ;	O4003	程序号
T0101 ;	T0101	换刀
M03 S1000 ;	M03 S1000	主轴正转，1000r/min
G00 X100.0 Z100.0 ;	G00 X100 Z100	
G00 X65.0 Z5.0 ;	G00 X65 Z5	
X0 ;	X0	刀具定位
G01 Z0 F0.1 ;	G01 Z0 F0.1	A 点
G03 X29.33 Z-33.60 I0 K-20.0 ;	G03 X29.33 Z-33.6 I0 K-20	B 点
G02 X24.0 Z-41.79 R10.0 ;	G02 X24 Z-41.79 R10	C 点
G01 Z-45.0 ;	G01 Z-45	D 点
G02 X34.0 Z-50.0 R5.0 ;	G02 X34 Z-50 R5	E 点
G01 X40.0 ;	G01 X40	F 点
X50.0 Z-70.0 ;	X50 Z-70	G 点
X65.0 ;	X65	H 点
G00 X100.0 Z100.0 ;	G00 X100 Z100	退刀
M05 ;	M05	主轴停转
M02 ;	M02	程序结束

提示：该加工程序从 A 点到 H 点的刀位点运动轨迹如图 4-20 所示。

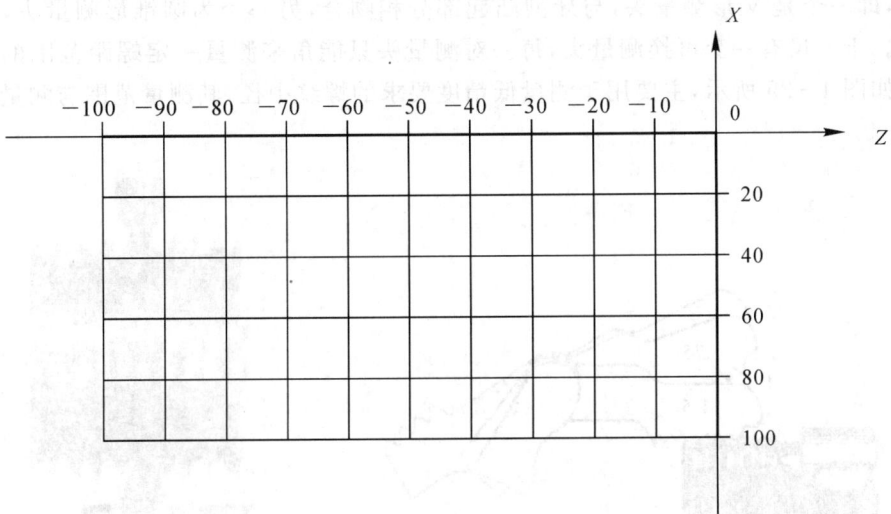

图　4-20

子任务三　球头手柄的编程与加工操作

一、螺纹的测量

车削螺纹时,应根据不同的质量要求和生产批量,选择不同的测量方法。普通螺纹是多参数要素,常见的有两类测量方法:单项测量和综合检测。单项测量就是用游标卡尺或外径千分尺检测螺纹大径,如图 4-21 所示;用钢直尺或游标卡尺或螺纹样板测量螺距(导程),如图 4-22、图 4-23 所示;用螺纹千分尺测量螺纹的中径,如图 4-24 所示。综合检测就是用量规对影响螺纹互换性的几何参数偏差的综合结果进行检验。其中包括:使用普通螺纹量规和止规,分别对被测螺纹的作用中径(含底径)和单一中径进行检验;使用光滑极限量规对被测螺纹的实际顶径进行检验。

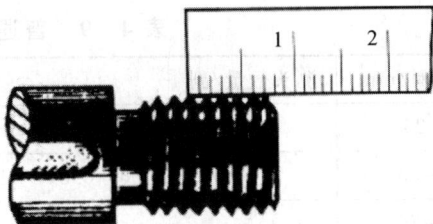

图 4-21　螺纹大径测量　　　　图 4-22　钢直尺测量螺距

(一)螺纹千分尺

螺纹千分尺属于专用的螺旋测微量具,只能用于测量螺纹中径。螺纹千分尺的结构与外径百分尺相似,所不同的是螺纹千分尺具有特殊的测量头,测量头的形状做成与螺纹牙形相吻合的形状,即一个是 V 形测量头,与牙型凸起部分相吻合,另一个为圆锥形测量头,与牙型沟槽相吻合。千分尺有一套可换测量头,每一对测量头只能角来测量一定螺距范围的螺纹。螺纹千分尺如图 4-25 所示,主要用于测量低精度要求的螺纹中径,其测量范围与测量螺距的范围见表 4-9。

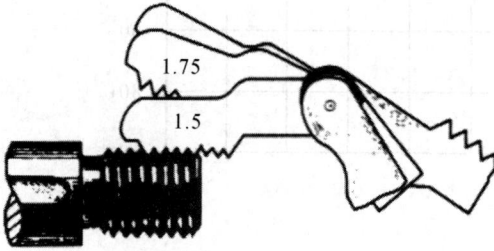

图 4-23 螺纹规测量螺距

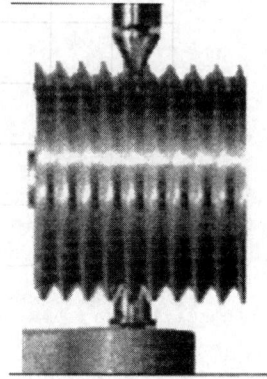

图 4-24 螺纹千分尺测量中径

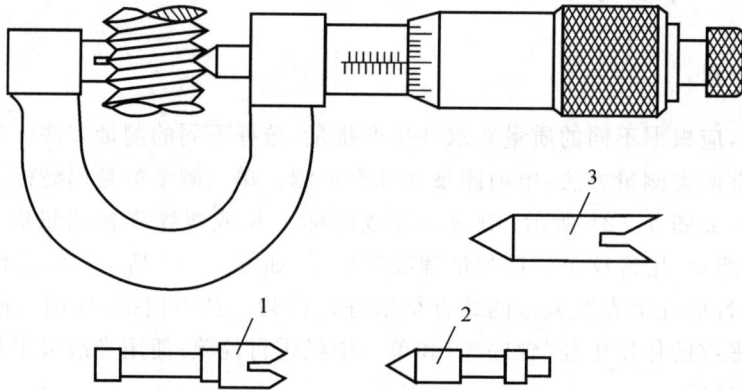

图 4-25 螺纹千分尺

1,2—量头; 3—校正规

表 4-9 普通螺纹中径测量范围

测量范围/mm	测头数量/副	测头测量螺距的范围/mm
0~25	5	0.4~0.5,0.6~0.8,1~1.25,1.5~2,2.5~3.5
25~50	5	0.6~0.8,1~1.25,1.5~2,2.5~3.5,4~6
50~75	4	1~1.25,1.5~2,2.5~3.5,4~6
75~100		
100~125	3	1.5~2,2.5~3.5,4~6
125~150		

测量步骤如下：

(1)根据被测螺纹的螺距,选取一对测量头。

(2)装上测量头并校准千分尺的零位。

(3)将被测螺纹放入两测量头之间,找正中径部位。

(4)分别在同一截面相互垂直的两个方向上测量中径,取它们的平均值作为螺纹的实际中径。

(二)螺纹环规

螺纹环规用于测量外螺纹尺寸的正确性,通端为一件,止端为一件。止端环规在外圆柱面上有凹槽,如图 4-26 所示。

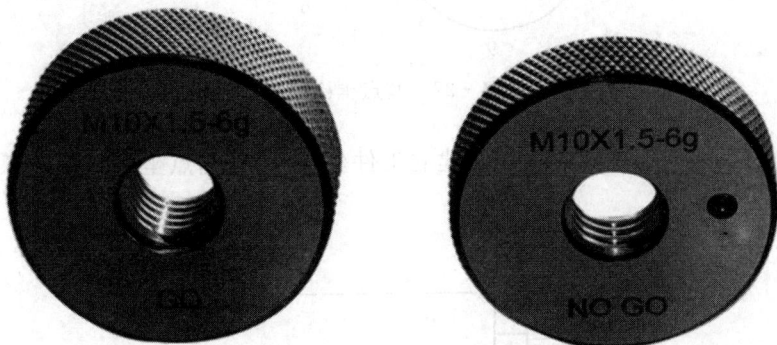

图 4-26　螺纹环规

1.检验测量过程

(1)首先要清理干净被测螺纹油污及杂质,然后在螺纹环规(通端)与被测螺纹对正后,旋转螺纹环规或被测件,使其在自由状态下旋转并通过全部螺纹长度判定为合格,否则以不通判定。

(2)在螺纹环规(止端)与被测螺纹对正后,旋转螺纹环规或被测件,旋入螺纹长度在 2 个螺距之内止住,表明被测螺纹的作用中径没有超过其最大实体牙型的中径,且单一中径没有超出其最小实体牙型的中径,那么就可以保证旋合性和连接强度,则被测螺纹中径合格。不可强行用力通过,否则判为不合格品。

(3)只有当通规和止规联合使用,并分别检验合格,才表示被测工件合格。

2.维护与保养

螺纹环规使用完毕后,应及时清理干净测量部位附着物,存放在规定的量具盒内。生产现场在用环规应摆放在工艺定置位置,轻拿轻放,以防止磕碰而损坏测量螺纹表面。严禁将环规强制旋入螺纹,避免造成早期磨损,确保塞规的准确性。长时间不使用,应涂上防锈油。

二、球头手柄的编程与加工

(一)图样分析(零件结构及技术要求)

该零件由外圆柱面、圆弧、沟槽、螺纹组成,其几何形状为外轮廓的螺纹轴类零件,零件尺寸精度要求为:径向尺寸公差为 0.021,轴向没有要求(自由公差),表面粗糙度 $Ra=1.6\mu m$,需采用粗、精加工。工件毛坯为 $\phi35\times70$ 的 45♯中碳钢棒料,材料切削性能好,比较容易加工。

（二）相关数值计算

如图 4-27 所示，以工件右端面中心建立工件坐标系，各基点坐标计算如下：

1 点：X12.0，Z0 6 点：X19.99，Z-20.0
2 点：X16.0，Z-2.0 7 点：X19.99，Z-35.303
3 点：X16.0，Z-16.0 8 点：X22.857，Z-38.802
4 点：X12.0，Z-16.0 9 点：X32.0，Z-50.0
5 点：X12.0，Z-20.0

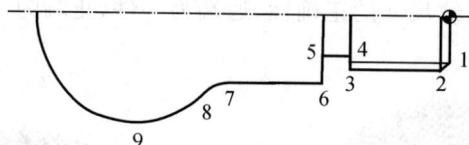

图 4-27　基点坐标计算

如图 4-28 所示，以工件左端面中心建立工件坐标系，各基点坐标计算如下：

A 点：X0，　Z0
B 点：X32.0　Z0

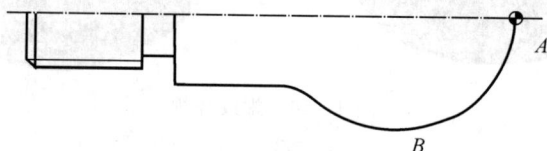

图 4-28　基点坐标计算

（三）数控加工工艺分析

1．使用设备

CAK6136 数控车床（华中世纪星 HNC-21T 数控系统，前置四方电动刀架）。

2．加工所用的刀具、量具

外圆车刀、切断刀、螺纹车刀、游标卡尺、外径千分尺、螺纹千分尺。

3．工件装夹方案

工件毛坯为 45# 中碳钢棒料，工件加工长度为 66mm，采用三爪卡盘二次装夹才能完成所有外圆表面的加工，先装夹左端 15mm 长度，伸出 55mm，车外圆、圆弧、沟槽、螺纹，调头使用轴套装夹 φ28 外圆阶台，主轴孔内安装定位轴堵限位，车平端面控制总长 66mm，再车圆弧，完成加工。

4．加工路线及刀具切削用量安排

因零件加工数量为 1500 件，属于中等批量生产，为满足加工质量要求，并提高生产效率，分两道工序两台数控车床加工，每台加工一端。

（1）T01：95°外圆粗车刀，切削速度为 100m/min，按 φ30 直径计算主轴转速为 994r/min，进给量为 0.25mm/r，背吃刀量为 2.0mm；

（2）T02：93°外圆精车刀，切削速度为 150m/min，按 φ30 直径计算主轴转速为 1492r/min，进给量为 0.1mm/r，精车余量为 0.5mm。

（3）T03：切槽刀，刀头宽 3mm，切削速度为 70m/min，按 $\phi30$ 直径计算主轴转速为 479r/min，进给量为 0.1mm/r。

（4）T04：60°螺纹车刀，计算主轴转速为 1200/2－80＝520r/min，进给螺距为 2.0mm/r。

5.填写数控加工工序卡，说明详细的工步、刀具、切削用量等（见表 4－10）

表 4－10 数控加工工序卡片

数控加工工序卡片		工序名称		工序号	
		数车加工		0401	

材料名称	材料牌号	工序简图
45 钢棒料	45#	
机床名称	机床型号	
数控车床	CAK6136	
夹具名称	夹具编号	
三爪卡盘		
备注		

工序简图其余 Ra3.2，Ra1.6，C2，SR16，R5，$\phi20_{-0.021}^{0}$，M16，4×2，30，20，66

工步	工作内容	刀号及刀具规格	主轴转速 r/min	进给量 mm/r	背吃刀量 mm
1	车端面	T01；95°外圆粗车刀	994	0.15	
2	外圆粗车	T01；95°外圆粗车刀	994	0.25	
3	外圆精车	T02；93°外圆精车刀	1492	0.1	0.25
4	车外径沟槽	T03；切槽刀	497	0.1	
5	车螺纹	T04；60°螺纹车刀	520		
6	调头装夹，控制总长	T01；95°外圆粗车刀	994	0.15	
7	粗车圆弧	T01；95°外圆粗车刀	994	0.25	
8	精车圆弧	T02；93°外圆精车刀	1492	0.1	0.25
更改标记	数量	文件号	签字	日期	

6. 加工过程及程序编制(见表 4-11)

表 4-11 球头手柄加工程序单

序号	工 步	工 步 图	程 序
1	选择刀具,建立工件坐标系,车端面		O0401 T0101 M03 S994 G00 X37.0 Z2.0 G00 Z0 G01 X-1.0 F0.15
2	外圆轮廓粗车		G00 X37. Z2.0 G80 X32.5 Z-51.0 F0.25 X28.5 Z-42.19 X24.5 Z-39.32 X20.5 Z-35.303 X16.5 Z-20
3	外圆轮廓精车		T0202 M03 S1492 G00 X37.0 Z2.0 G00 X10.8 Z0.5 G01 X15.8 Z-2.0 F0.1 Z-20.0 X19.99 Z-35.303 G02 X22.857 Z-38.802 R5 G03 X32 Z-50 R16 G01 X37 G00 X100.0 Z100.0
4	切槽		T0303 M03 S497 G00 X24.0 Z-13.0 G01 X12.0 F0.1 G04 P100 G01 X25.0 G00 X100.0 Z100.0

续 表

序号	工 步	工　步　图	程　序
5	车螺纹		T0404 M03 S520 G00 X18.0 Z4.0 G00 X15.1 G32 X15.1 Z－17.0 F2.0 G01 X18.0 F0.2 G00 Z4.0 X14.4 G32 X14.4 Z－17.0 F2.0 G01 X18.0 F0.2 G00 Z4.0 X14.0 G32 X14.0 Z－17.0 F2.0 G01 X18.0 F0.2 G00 Z4.0 X13.6 G32 X13.6 Z－17.0 F2.0 G01 X18.0 F0.2 G00 Z4.0 X13.4 G32 X13.4 Z－17.0 F2.0 G01 X18.0 F0.2 G00 X100.0　Z100.0
6	调头控制总长		T0101 M03 S497 G00 X37.0 Z0 G01 X0 F0.15 X37.0 Z2.0
7	粗车圆弧		G00　X0 G01 Z6.25 F0.1 G03 X44.5 Z－16.0 R22.25 G01 Z5.0 Z4.25 G03 X40.5 Z－16.0 R20.25 G01 Z3.0 Z2.25 G03 36.5 Z－16.0 R18.25 G01 Z2.0 Z0.25 G03 X32.5 Z－16.0 R16.25

续 表

序号	工 步	工 步 图	程 序
8	精车圆弧		T0202 M03 S1492 G00 X37.0 Z2.0 X - 2.0 G01 Z0 F0.1 X0 G03 X32.0 Z - 16.0 R16.0 G01 Z - 18.0 X35.0 G00 X100.0 Z100.0 M05 M30

课内练习

1. 根据对中等批量加工零件工艺的反思与改进,考虑单件生产的工艺问题,学生对加工的装夹方案、刀具、程序、工艺流程等进行改进,以小组合作的形式进行讨论,填写单件加工工序卡。

数控加工工序卡片		工序名称		工序号	
材料名称	材料牌号	工序简图			
机床名称	机床型号				
夹具名称	夹具编号				
备注					

工步	工作内容	刀号及刀具规格	主轴转速 r/min	进给量 mm/r	背吃刀量 mm
1					
2					
3					
4					
5					
6					
7					
8					
9					
10					
更改标记	数量		文件号	签字	日期

2.编制单件加工的程序。

程　序	注　释

模块练习

1.图 4－29 示工件采用 $\phi35$ 的 45 圆钢棒料，选择合适的编程方法，设切削速度 v_c 为 120m/min，计算主轴转速，计算各基点坐标，用 G00，G01 编制加工程序。

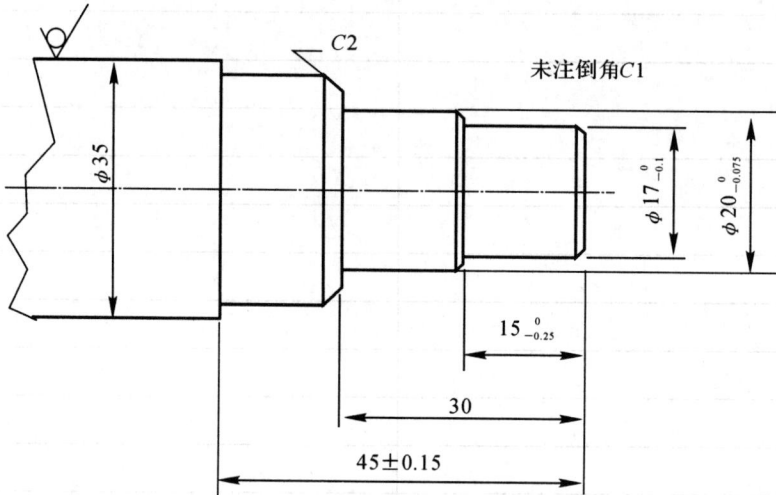

图　4－29

2.图 4－30 所示工件采用 $\phi35$ 的 45 圆钢棒料，选择合适的编程方法，设 v_c 为 150m/min，计算主轴转速，计算各基点坐标，用 G00，G01，G02 编制加工程序。

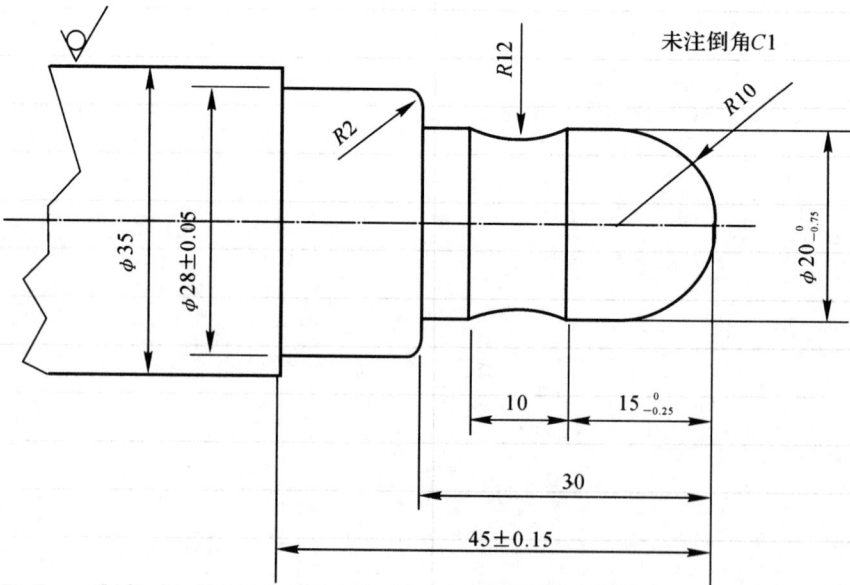

图　4－30

3.编制图 4－31 所示工件的加工程序。毛坯为 $\phi30mm$ 的棒料，材料为 45♯中碳钢。

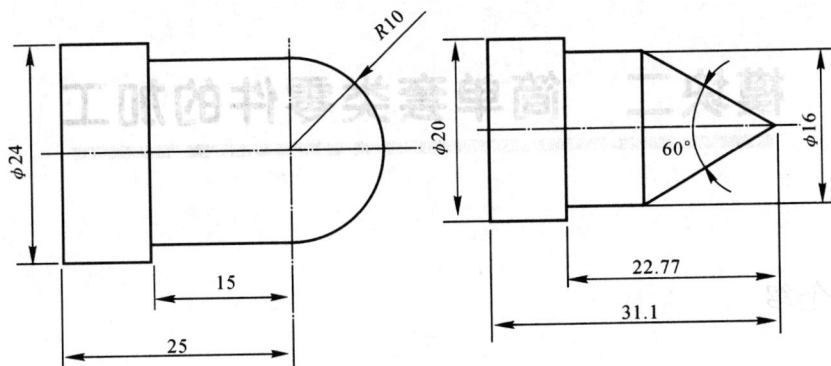

图 4-31

4. 编制图 4-32 所示零件的加工程序。毛坯为 $\phi30mm$ 的棒料，材料为 45＃中碳钢。

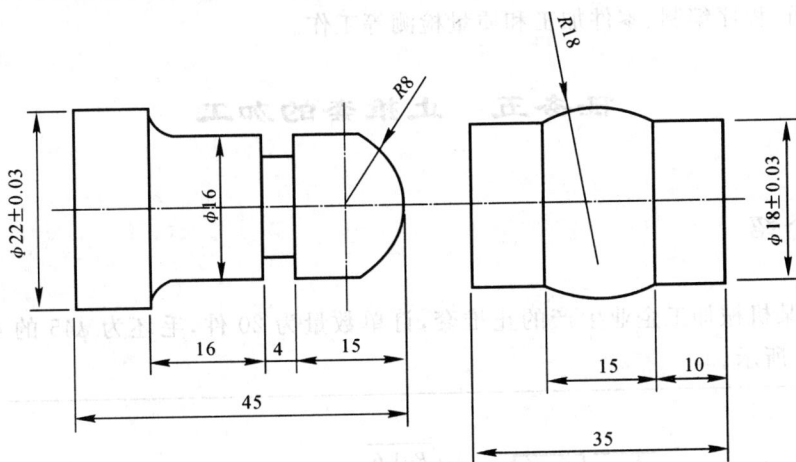

图 4-32

5. 图 4-33 所示工件采用 $\phi40$ 的铝合金圆棒料，选择合适的编程方法，设 v_c 为 200m/min，计算主轴转速，计算各基点坐标，用 G00，G01，G32 编制车外圆、切槽、车螺纹的加工程序。

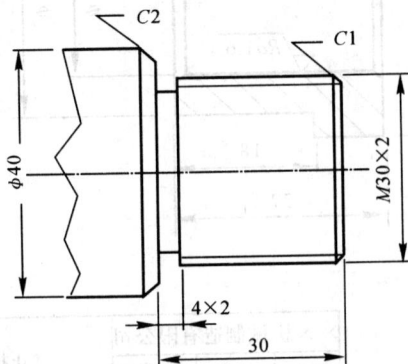

图 4-33

模块二　简单套类零件的加工

模块介绍

本模块主要任务是能够完成简单套类零件的加工。通过本模块的学习,能够按照数控车床操作规程的要求,正确进行工件定位装夹;内轮廓加工刀具的选择、刃磨和装夹;熟悉内孔测量量具的功能和测量方法;能够完成简单内轮廓(内孔、内沟槽、内圆锥、内圆弧、三角形内螺纹)的工艺分析、程序编制、零件加工和质量检测等工作。

任务五　止推套的加工

任务介绍

该零件为某机械加工企业生产的止推套,订单数量为 20 件,毛坯为 $\phi45$ 的 45# 中碳钢。零件如图 5-1 所示。

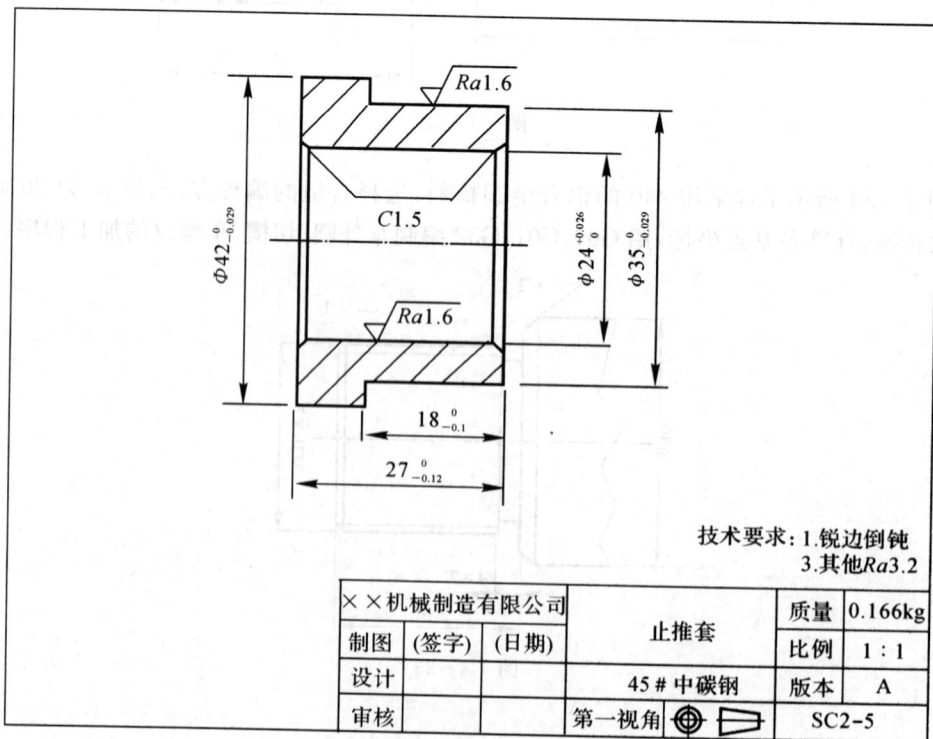

技术要求:1.锐边倒钝
　　　　　3.其他Ra3.2

××机械制造有限公司			止推套	质量	0.166kg
制图	(签字)	(日期)		比例	1:1
设计			45# 中碳钢	版本	A
审核			第一视角 ⊕ ◁		SC2-5

图 5-1　止推套零件图

(1)了解内孔加工刀具的几何形状,掌握刀具刃磨方法,能够正确装夹刀具;

(2)掌握 G80,G81 指令格式和编程方法,能够正确编写程序;

(3)能够按照安全操作流程在数控车床上完成止推套加工;

(4)能正确使用游标卡尺、内径千分尺测量止推套;

(5)能对机床进行日常维护保养,并填写设备使用相关表格。

子任务一　内孔加工刀具的几何形状、刃磨及装夹

一、中心钻、麻花钻

(一)中心钻

中心钻用于加工中心孔,常用中心钻的型号及角度分别如图 5-2、图 5-3 所示。

图 5-2　中心钻常用型号

(a)不带护锥 A 型中心钻;　(b)带护锥 B 型中心钻

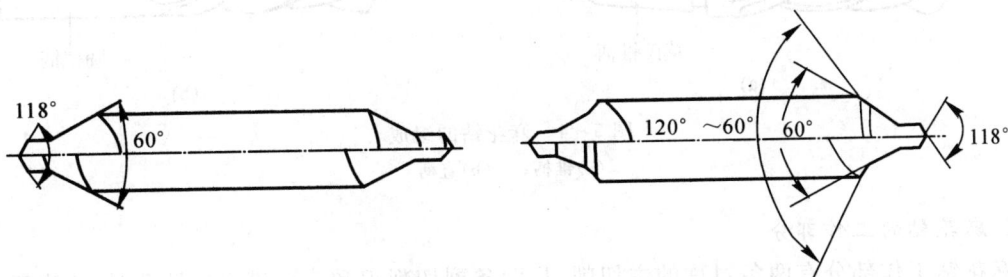

图 5-3　中心钻的角度

1. A 型中心钻

A 型中心钻由圆柱部分和圆锥部分组成,圆锥为 60°,一般适用于不需多次安装或不保留中心孔的零件。

2. B 型中心钻

B 型中心钻是在 A 型中心钻的圆锥处多一个 120°护锥,目的是保护 60°圆锥,不使其敲毛碰伤,一般适用于多次安装的零件。

3.钻中心孔的方法

(1)中心钻在钻夹头上装夹。按逆时针方向旋转钻夹头的外套,使钻夹头的三爪松开,把中心钻插入,然后用钻夹头扳手以顺时针方向转动钻夹头的外套,把中心钻夹紧。

(2)钻夹头在尾座锥孔中安装。先擦净钻夹头柄部和尾座锥孔,然后用轴向力把钻夹头装紧。

(3)找正尾座中心。工件装夹在卡盘上旋转,移动尾座使中心钻接近工件端面,观察中心钻头部是否与工件旋转中心一致,并找正,然后紧固尾座。

(4)转速的选择和钻削。由于中心孔直径小,钻削时应取较高的转速。进给量应小而均匀。钻毕应稍停留中心钻,然后退出,使中心孔圆整、光滑。

(二)麻花钻

在数控车床上钻孔主要采用标准麻花钻。

1.麻花钻的组成

(1)柄部:夹持部分,装夹时起定心作用,钻削时起传递转矩的作用。有莫氏锥柄和直柄两种。

(2)颈部:直径较大的麻花钻在颈部标有直径、材料牌号和商标。直径小的麻花钻没有明显的柄部。

(3)工作部分:分为切削部分和导向部分。切削部分主要起切削作用。导向部分在钻削时起到保持钻削方向、修光孔壁的作用,也是切削的后备部分。如图5-4所示。

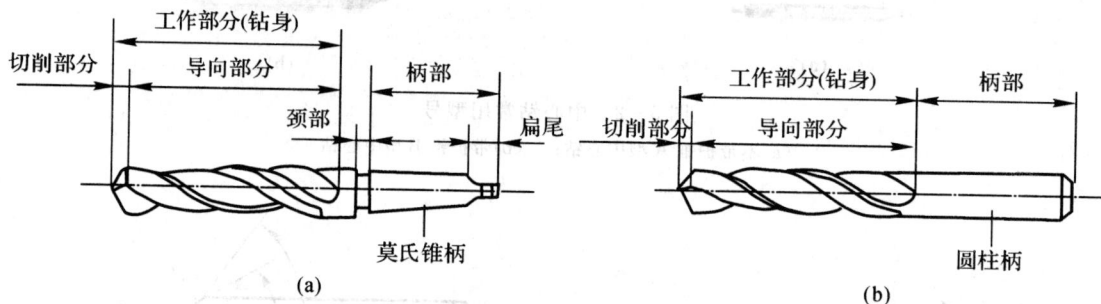

图 5-4　麻花钻的组成

(a)锥柄;　(b)直柄

2.麻花钻的工作部分

麻花钻工作部分有两条对称的主切削刃、两条副切削刃和一条横刃。钻孔时,相当于正反两把车刀同时切削,因此其几何角度与车刀基本相同,但也具有其特殊性。如图5-5所示。

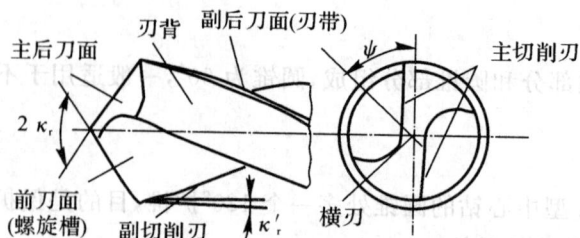

图 5-5　麻花钻切削部分的几何形状和切削角度

（1）顶角 $2\kappa_r$：在通过麻花钻轴线并与两主切削刃平行的平面上，两主切削刃投影间的夹角称为顶角。标准顶角 $2\kappa_r$ 一般为 $118°\pm2°$。

（2）横刃斜角 ψ：麻花钻两主切削刃的连线称为横刃，也是两主后刀面的交线。横刃担负着钻心处的切削任务。横刃太短会影响麻花钻的钻尖强度，横刃太长会使轴向进给力增大，对钻削不利。

在垂直于麻花钻轴线的端面投影中，横刃与主切削刃之间的夹角称为横刃斜角。它的大小由后角决定，后角大时，横刃斜角减小，横刃变长；后角小时，情况相反。横刃斜角 ψ 一般为 $55°$。

（3）棱边：在麻花钻的导向部分有两条略带倒锥的刃带，即棱边。它减小了钻削时麻花钻与孔壁之间的摩擦。

3. 钻孔方法

（1）选用麻花钻。

1）选用直径合适的钻头。对于尺寸精度为 IT11～IT12，表面粗糙度 $Ra=12.5\sim25\mu m$ 的孔，根据孔的直径，可以用钻头直接钻出，无须进一步加工。而高于以上精度的内孔，需要通过钻孔、车孔等加工才能完成。根据零件图样的要求，相应选择比孔小 $2\sim3mm$ 的钻头。

2）选用长度合适的钻头。钻头的长度过长，刚性差，钻孔时易晃动，导致钻孔直径偏大；钻头过短，排屑困难。一般钻头工作部分长度比孔深长 $20mm$ 即可。

（2）装夹钻头。

1）直柄麻花钻。用钻夹头装夹钻头，将钻夹头的锥柄插入尾座锥孔。

2）锥柄麻花钻。若麻花钻的锥柄和尾座套筒锥孔的规格相同，可直接将麻花钻插入尾座套筒锥孔中。若麻花钻的锥柄和尾座套筒锥孔的规格不相同，可增加一个合适的莫氏过渡锥套插入尾座套筒锥孔中。

麻花钻的装夹如图 5-6 所示。

 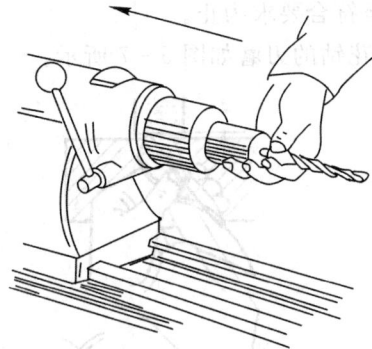

(a)　　　　　　　　　(b)

图 5-6　麻花钻的装夹

(a)钻夹头装夹；　(b)尾座装夹

4. 切削用量的选择

（1）用高速钢麻花钻钻削钢料时，切削速度一般取 $15\sim30m/min$；钻铸铁时，取 $10\sim25m/min$；钻铝合金时，取 $75\sim90m/min$。硬质合金钻头，切削速度取 $60\sim100m/min$。

（2）进给量 f 近似等于 $(0.01\sim0.02)d$，例如用直径为 $12\sim15mm$ 的麻花钻钻钢料时，选进给量为 0.15～0.3mm/r,钻铸铁时进给量可略大些。

注意:进给量太大,钻头易折断;进给量太小,钻头易磨损。

(3)背吃刀量等于钻头直径的一半。

注意:

1)钻孔前,中心处不允许留有凸头,否则麻花钻不能自动定心,可能使麻花钻折断。

2)必须浇注充分的切削液,以防麻花钻过热而退火。

(三)麻花钻的刃磨

1.刃磨麻花钻的要求

麻花钻一般只需刃磨两个主后面,并同时磨出顶角、后角和横刃斜角。

(1)主切削刃对称。钻孔时由两主切削刃完成,一旦不对称,两刃受力不平衡,会导致钻头歪斜,钻出的孔径扩大,轴线歪斜。

(2)顶角角度正确。顶角的大小影响钻头前端的强度和轴向抗力。顶角大,强度大,轴向抗力大。刃磨时,可根据材料、零件结构的特点,选择合适的顶角角度,如顶角偏小,主切削刃是凸弧线;顶角偏大,主切削刃是凹弧线。

(3)后角适当。后角过小,刀刃不锋利,钻孔困难;后角过大,横刃斜角小,横刃变长,影响另一切削刃。

(4)横刃斜角 ψ 一般为 55°。主切削刃、刀尖和横刃应锋利,不允许有钝口、崩刃。

2.刃磨麻花钻的步骤

(1)右手握钻头前端,左手握钻头柄部。

(2)钻头的一条主切削刃比砂轮水平略高一些,钻头轴线与砂轮外圆圆周的夹角等于顶角的一半,钻头柄部略微向下倾斜。

(3)双手转动钻头,主切削刃轻触砂轮,然后右手缓慢上抬钻头,左手稍下压,使钻头绕其轴线旋转,从而刃磨钻头的后刀面。磨好一条主切削刃后,转动180°,再刃磨另一条主切削刃,直至符合要求为止。

麻花钻的刃磨如图5-7所示。

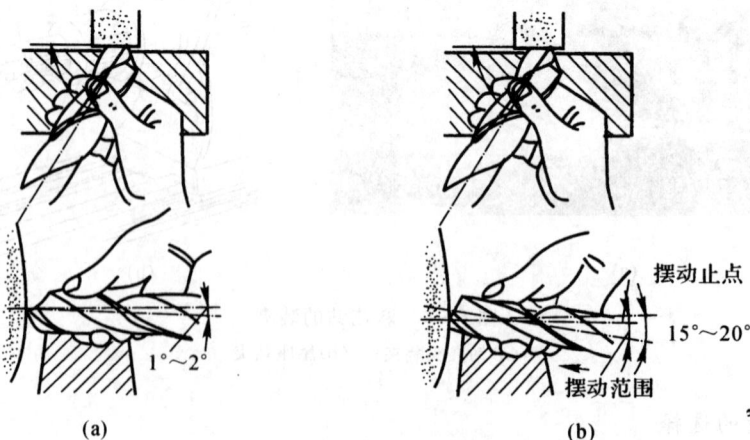

图5-7 麻花钻的刃磨

(a)摆正位置; (b)刃磨主切削刃

注意：

1）刃磨时切削刃的高度应略高于砂轮中心平面，以免磨出负后角。

2）钻尾作上下摆动，并略作旋转。注意不能摆动太大而高出水平面，以免磨出负后角。

3）两条主切削刃应交替刃磨，使之对称。

二、内孔车刀

根据内孔加工的不同，内孔车刀分为通孔车刀和盲孔车刀，如图 5-8 所示。

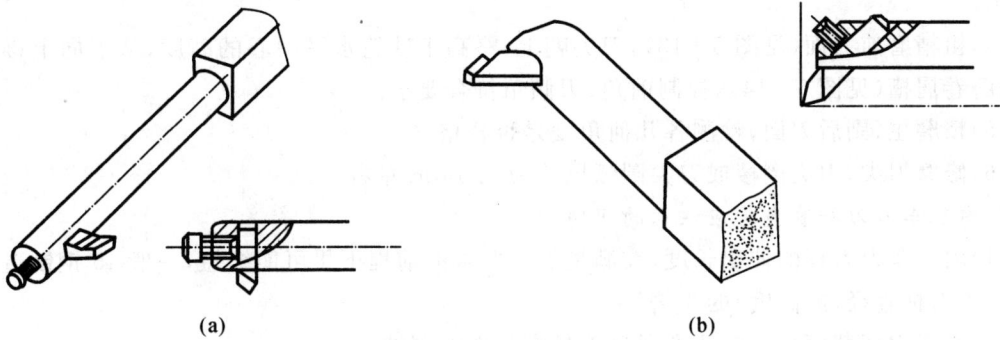

图 5-8　内孔车刀的几何形状

(a)通孔车刀；　(b)盲孔车刀

(一)通孔车刀

通孔车刀的几何形状如图 5-9(a)所示，其切削部分基本上与外圆车刀相似，主要用来加工通孔，为了减少径向切削抗力，防止车孔时振动，主偏角 κ_r 一般在 $60°\sim75°$ 之间，副偏角 κ_r' 一般为 $15°\sim30°$。为了防止内孔车刀后刀面与孔壁的摩擦，但又不使后角太大，一般磨成两个后角，$\alpha_{o1}=6°\sim12°$，$\alpha_{o2}=30°$，如图 5-9(b)所示。

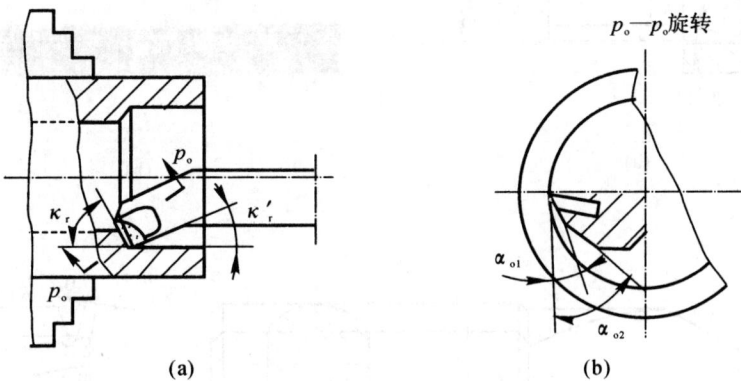

图 5-9　通孔车刀的几何角度

(a)通孔车刀；　(b)内孔车刀的双后角

(二)盲孔车刀

盲孔车刀用来车削盲孔或台阶孔，切削部分的几何形状基本上与外圆车刀基本相似。它的主偏角 κ_r 大于 $90°$，一般在 $92°\sim95°$ 之间，副偏角 κ_r' 一般为 $5°\sim10°$，后角的要求与通孔车刀一样，不同之处在于车削盲孔时，刀尖处于刀杆的最前端，刀尖与刀杆外端间的距离应小于内孔半径,否则孔的底平面就无法车平。车内孔阶台时,只要没有碰撞即可,如图 5-10 所示。

(三)内孔车刀的刃磨与装夹

1. 内孔车刀的刃磨

(1)根据内孔深度,确定刀头刃磨长度尺寸。

(2)粗磨主后刀面(见图 5-11),刀杆与砂轮夹角为副偏角 6°,刀面外倾,控制主后角和副偏角。

(3)粗磨副后刀面(见图 5-12),刀杆与砂轮夹角为主偏角 93°,刀面外倾,控制副后角和主偏角。

(4)粗精磨前刀面(见图 5-13),刀尖朝上,略高于砂轮水平中心的高度,从下向上接触砂轮;修磨卷屑槽(见图 5-14),控制前角、刃倾角符合要求。

(5)精磨主、副后刀面,检测各几何角度是否合格。

(6)修磨刀尖,刀尖倒棱或刀尖圆弧尺寸为 0.5mm 左右。

2. 内孔车刀刀杆装夹时应注意的问题

(1)内孔车刀刀杆的伸出长度,在满足加工要求的前提下尽可能缩短,一般 45 钢制造的刀杆应小于刀柄直径(或高度)的 4 倍。

(2)选择刀杆截面尺寸应注意保证刀具有足够的刚性。

(3)选择刀具几何形状和角度时,在槽型、刀尖圆弧及材质上比外圆车刀有更严的要求。

(4)对于深孔加工,孔径小于 50mm 时,应选用有切削液输送孔的刀柄。

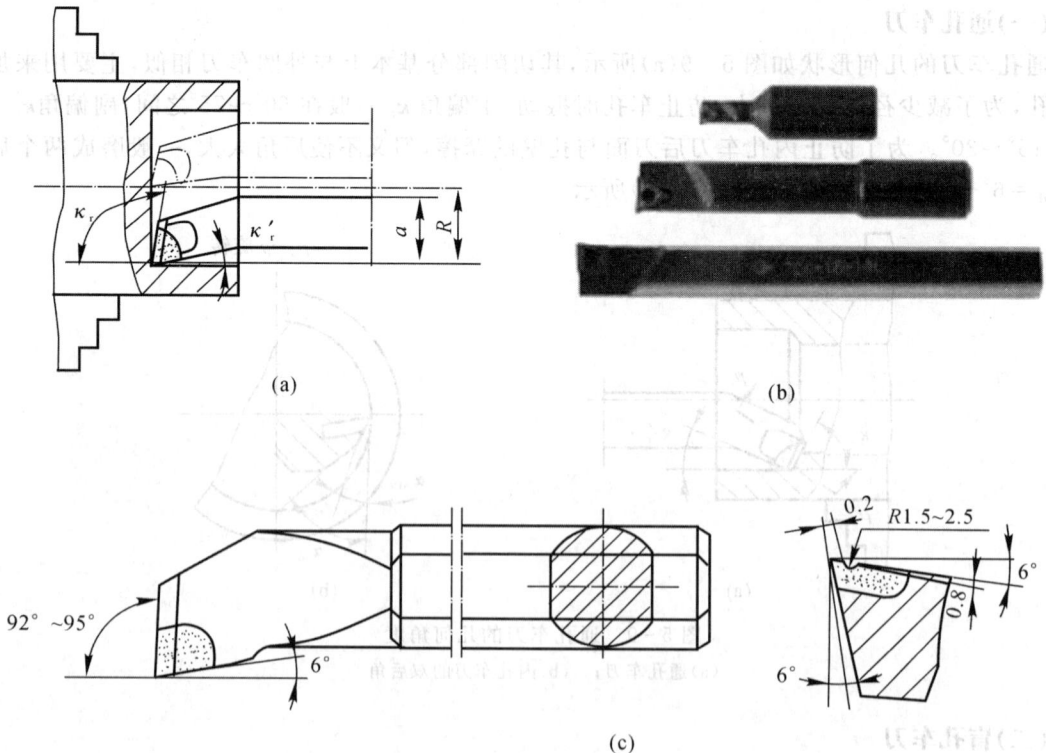

(a)

(b)

(c)

图 5-10 盲孔车刀几何角度

(a)车盲孔; (b)不同规格的盲孔车刀; (c)盲孔车刀几何角度

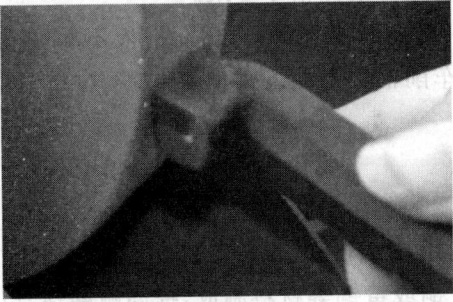

图 5-11　刃磨主后刀面

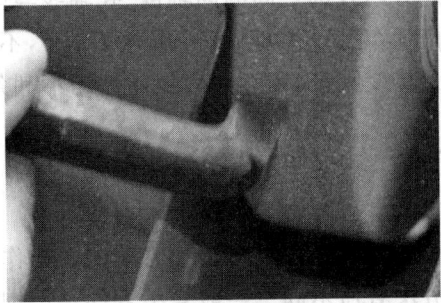

图 5-12　刃磨副后刀面

图 5-13　刃磨前刀面

图 5-14　修磨卷屑槽

√ 拓展提高

套类零件一般指带有内孔的零件,其轴向(纵向)尺寸 L 一般略小于或等于径向尺寸 D,这两个方向的尺寸相差不大,零件的外圆直径 D 与内孔直径 d 相差较小,并以内孔结构为主要特征。如图 5-1 所示。

一、套类零件的功用和结构特点

套类零件是机械加工中经常碰到的一种零件,它的应用范围很广,通常起支承或导向作用,在工作中承受轴向力或径向力。例如车床主轴的轴承孔、床尾套类孔等。由于功用不同,套类零件的结构和尺寸有着很大的差别,但结构上有共同的特点:零件的主要表面为同轴度要求较高的内、外旋转表面;零件壁的厚度较薄易变形。套类零件的主要表面是内孔面和外圆面,其主要技术要求如下:

1. 内孔面

它是零件起支承或导向作用的最主要表面,通常与运动着的轴、活塞等配合。内孔的尺寸精度一般为 IT6～IT9,形状精度一般控制在孔径公差以内,表面粗糙度 $Ra=1.6\sim0.16\mu m$。

2. 外圆面

它一般是套类零件的支承表面,常以过盈配合同其他零件的孔相连接。外径的尺寸精度通常为 IT6～IT7;形状精度控制在外径公差以内,表面粗糙度 $Ra=3.2\sim0.63\mu m$。另外对于零件还有内外圆之间的同轴度、孔轴线与端面的垂直度等形位精度要求。

由于车削该类零件时,孔内尺寸小,不易排屑而损伤加工表面;冷却润滑液不易注入而使工件过热变形,因此车削套类零件的不利条件多于车削轴类零件。

二、套类零件的加工

1.套类零件的毛坯和加工余量

套类零件在各种机械中有不同的工作条件和使用要求,因此不同套类零件所用的材料及加工方法有所不同。一般套类零件是用钢、铸铁、青铜或黄铜等材料制成,提高耐磨性,以延长零件的使用寿命。

套类零件的毛坯加工余量在铸或锻时已确定,其毛坯选择与其结构和尺寸等因素有关。孔径较小(如 $d<20\text{mm}$)的套类一般选择热轧或冷拉棒料,也可采用实心铸铁。孔径较大时,常采用无缝钢管或带孔的铸件、锻件。大量生产时,可采用冷挤压和粉末冶金等先进的毛坯制造工艺,既提高生产率又节约金属材料。

2.工序间的加工余量

如果要在实心材料上加工出内孔来,就需要经过钻、镗、铰或磨等工序。在一个工序完成时,必须为下一工序留下足够的加工余量。

3.套类零件的装夹

由于套类零件有各种不同形状和尺寸,精度要求也不相同,所以它也有各种不同的安装方法。常见装夹夹具有:三爪卡盘、软爪、开缝套筒、轴向夹紧装置、芯轴等。

4.车削步骤的选择

车内孔时,车削步骤的选择原则除了与车外圆有共同点之外,还有下列几点:

(1)车削短小的套类零件时,为了保证内外圆同轴度,最好采用在一次安装中完成所有表面的加工。这种方法工序比较集中,可消除工件的安装误差,获得较好的相对位置精度。

(2)长径比较大的套类零件,为了保证内外圆同轴度,加工外圆时,一般要用中心架,粗加工后用镗削,半精加工多采用铰孔方式,但必须注意,在半精镗孔时应留铰孔或磨削余量。

(3)内沟槽应在半精车以后精车之前切割,但必须注意余量。

三、防止套类变形的工艺措施

套类零件的结构特点是孔壁一般较薄,加工中常因夹紧力、切削力、内应力和切削热等因素的影响而产生变形。防止变形应注意以下几点:

(1)粗、精加工应分开进行,使粗加工产生的变形在精加工中可以得到纠正。

(2)减少夹紧力的影响,工艺上可采取以下措施:改变夹紧力的方向,即径向夹紧改为轴向夹紧。如果需径向夹紧时,可使用过渡套夹紧工件,或者做出工艺突变或工艺螺纹以减少夹紧变形。

(3)为减少热处理的影响,热处理工序应置于粗、精加工之间,以便使热处理引起的变形在精加工中予以纠正。套类零件热处理后一般产生较大的变形,所以精加工的余量要适当放大。

(4)精车时要注意夹紧力必须合适,防止装夹变形,同时尽量采用开缝套筒或大接触面卡爪。

课内练习

1.标注出图 5-15 中 φ20 麻花钻的几何形状和角度。

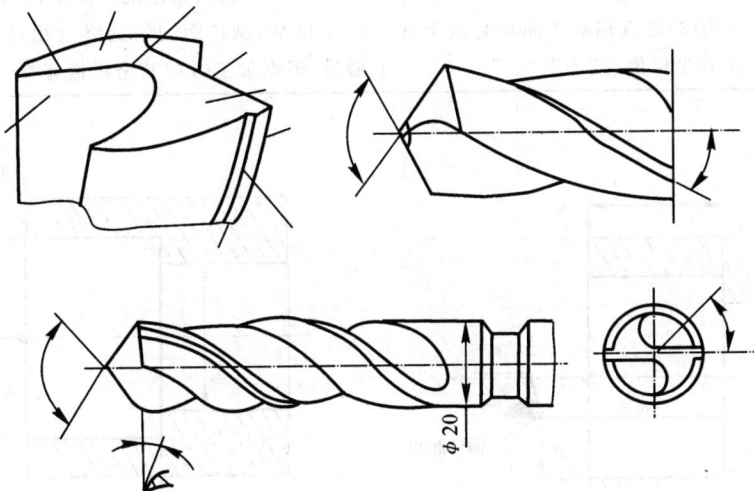

图 5-15

2.刃磨一把直径 φ10mm 的麻花钻,测量其角度并试钻孔。

3.标注出图 5-16 中盲孔车刀的几何形状和角度。

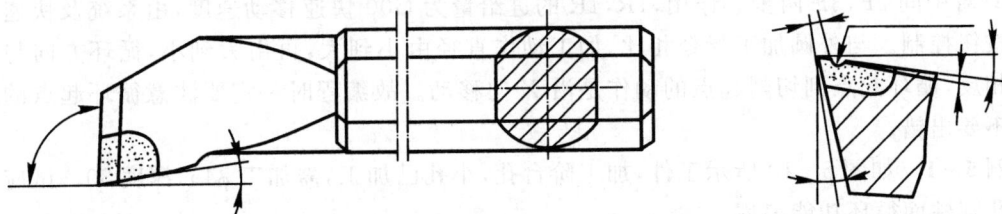

图 5-16

4.刃磨一把车削内孔直径为 φ40mm(底孔为 φ25mm),孔深 50mm 的盲孔车刀。

子任务二 G80 与 G81 指令格式与编程方法

一、内圆柱面单一循环 G80 指令格式与编程方法

使用单一固定循环可以将一系列连续加工动作(如图 5-17 所示:定位切入—切削—退刀—返回),用一个循环指令完成,从而简化程序。

功能:适用于在零件的内孔圆柱面上毛坯余量较大的粗车,以去除大部分毛坯余量。

指令格式见表 5-1。

表 5-1

FANUC 0i Mate TC 数控系统	华中世纪星 HNC-21/22T 数控系统
G90 X(U)＿ Z(W)＿ F ＿	G80 X(U)＿ Z(W)＿ F ＿
X 和 Z,圆柱面切削的终点坐标值。 U 和 W,圆柱面切削的终点相对于循环起点坐标增量,根据加工方向其坐标值有"＋"、"－"	X 和 Z,圆柱面切削的终点坐标值。 U 和 W,圆柱面切削的终点相对于循环起点坐标增量,根据加工方向其坐标值有"＋"、"－"

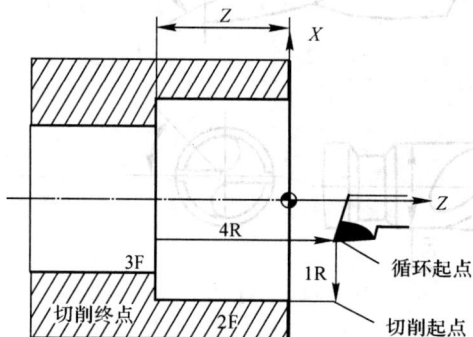

图 5-17 内圆柱面单一循环切削过程

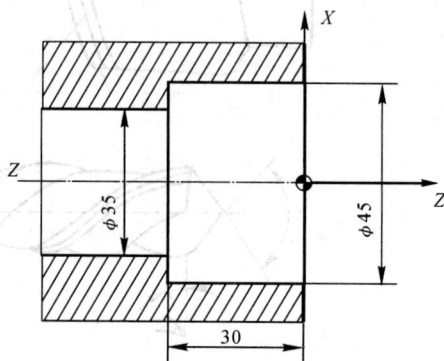

图 5-18 车内孔程序示例

由图 5-17 可以看出,该循环为一矩形,1R,4R 为快速移动,2F,3F 为切削进给,即指令中的 F 只对中间 2F,3F 两步起作用,1R,4R 的进给量为 G00 快速移动速度,由系统及快速移动倍率按钮控制。与外圆加工指令相比,加工动作直径由小到大,再由大到小,循环方向与外圆加工相反,循环起点到切削起点的动作是沿 X 向移动。故编程时一定要注意循环起点的位置坐标不要出错。

例 5-1 如图 5-18 所示工件,加工阶台孔,小孔已加工,需加工 φ45,深度 30。试应用切削内孔圆柱面循环功能编程。

解 程序见表 5-2。

表 5-2

FANUC 0i Mate TC 数控系统	华中世纪星 HNC-21T 数控系统	注释
O2003;	％2003	程序名
T0101;	T0101	选择刀具
M03 S800;	M03 S800	主轴正转
G00 X32.	G00 X32	
Z3. M08	Z3 M08	快速定位到循环起点,开切削液
G90 X40. Z-30. F0.3;	G80 X40 Z-30 F0.3	矩形循环切削
X44. ;	X44	第二次循环
X45. ;	X45	第三次循环
G00 Z100.	G00 Z100	
X100. M09	X100 M09	快速退刀、关切削液
M05;	M05	主轴停止
M30;	M30	程序结束返回开始

二、单一端面循环 G81 指令格式与编程方法

指令格式见表 5-3。

表　5-3

FANUC 0i Mate TC 数控系统	华中世纪星 HNC-21T 数控系统
G94 X(U)_ Z(W)_ F_	G81 X(U)_ Z(W)_ F_
X 和 Z,端面切削的终点坐标值。 U 和 W,端面切削的终点相对于循环起点坐标增量,根据加工方向其坐标值有"+"、"−"	X 和 Z,圆柱面切削的终点坐标值。 U 和 W,圆柱面切削的终点相对于循环起点坐标增量,根据加工方向其坐标值有"+"、"−"

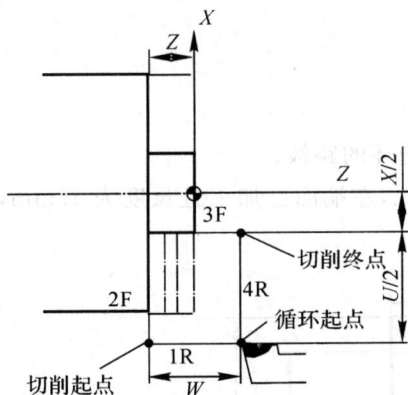

图 5-19　端面循环切削过程

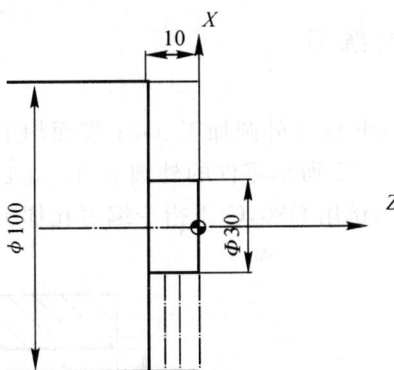

图 5-20　车端面程序示例

由图 5-19 可以看出,该循环为一矩形,1R,4R 为快速移动,2F,3F 为切削进给,即指令中的 F 只对中间两步起作用。其切削方向与 G80 指令不同,G80 指令循环起点到切削起点的动作是沿 X 向移动,G81 指令循环起点到切削起点的动作是沿 Z 向移动,方向不同,编程时一定要注意坐标数值是否正确。

单一端面循环指令主要用于直径较大的轴、套类零件端面车削,在使用端面车刀的前提下,可以采用较大背吃刀量进行加工,有利于提高加工效率。

例 5-2　应用端面切削循环功能加工如图 5-20 所示工件。

解　程序见表 5-4。

表　5-4

FANUC 0i Mate TC 数控系统	华中世纪星 HNC-21/22T 数控系统	注　释
O2005;	O2005	程序名
T0101;	T0101	选择刀具
M03 S600;	M03 S600	主轴正转
G00 X105. Z4. M08;	G00 X105 Z4 M08	快速定位到循环起点,开切削液

续 表

FANUC 0i Mate TC 数控系统	华中世纪星 HNC - 21/22T 数控系统	注 释
G94 X30. Z - 3. F0.2;	G81 X30 Z - 3 F0.2	端面矩形切削循环
Z - 6.;	Z - 6	第二次循环
Z - 9.;	Z - 9	第三次循环
Z - 10.;	Z - 10	第四次循环
G00 X100. Z100 M09;	G00 X100 Z100 M09	快速退刀、关切削液
M05;	M05	主轴停止
M30;	M30	程序结束返回开始

课内练习

1. 试画出 G80 外圆加工、G81 端面加工指令循环的路线。

2. 图 5 - 21 所示零件的外圆 $\phi48_{-0.029}^{0}$ 已经加工,左端面已加工且长度为 37mm,并已预钻孔 $\phi27$mm,试用 G80,G81 指令编写孔加工程序。

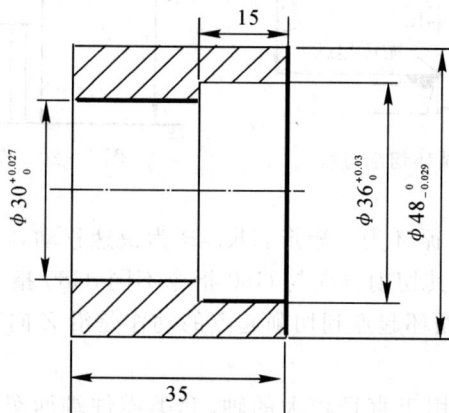

图 5 - 21

子任务三 止推套的加工

一、图样分析(零件结构及技术要求)

该零件由外圆柱面、沟槽、螺纹组成,其几何形状为圆柱形的螺纹轴类零件,零件尺寸精度要求为:径向尺寸公差为 0.029,轴向没有要求(自由公差),表面粗糙度 $Ra=1.6\mu$m,需采用粗、精加工。工件毛坯为 $\phi45$ 的 $45\#$ 中碳钢棒料,材料切削性能好,易加工,属于单件小批量生产。

二、相关数值计算

如图 5 - 22 所示示,以工件右端面中心建立工件坐标系,各基点坐标计算如下:

A 点:X34.987,Z0
B 点:X34.987,Z-17.95
C 点:X41.987 ,Z-17.95
D 点:X41.987,Z-26.94
1 点:X27.013,Z0
2 点:X24.013,Z-1.5
3 点:X24.013,Z-25.54
4 点:X27.013,Z-26.94

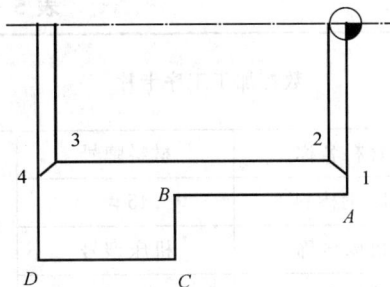

图 5-22　工件基点坐标计算

三、数控加工工艺分析

1.使用设备

CAK6136 数控车床(华中世纪星 HNC-21T 数控系统,前置四方电动刀架)。

2.加工所用的刀具、量具

外圆车刀、切断刀、内孔车刀、游标卡尺、外径千分尺、内径千分尺。

3.工件装夹方案

工件毛坯为中碳钢棒料,工件加工长度 27mm,采用三爪卡盘,需二次装夹,先装夹左端,伸出长度 45mm,车削外圆、台阶、内孔,切断后再掉头装夹 ϕ28 处,车削端面、孔口倒角即可完成所有表面的加工。

4.内孔车刀切削用量的选择

车孔的关键技术是解决车孔刀的刚度和排屑问题。内孔车削时,车刀刀杆细长,刚性差,冷却、排屑、测量都比较困难,因此车孔时的切削用量应选得比车外圆小一些。

(1)切削速度一般比车外圆时低 10%~20%,常选用 v_c=70~110m/min。

(2)进给量比车外圆时低 20%~40%,常选用 f=0.05~0.2mm/r。

(3)背吃刀量可根据孔深、孔径、材料的不同进行选择,一般可取 1~3mm。

5.刀具及切削用量选择

(1)T01:95°外圆粗车刀,切削速度为 100m/min,按 ϕ30 直径计算主轴转速为 994r/min,进给量为 0.25mm/r,背吃刀量为 2.0mm。精车切削速度为 150m/min,按 ϕ30 直径计算主轴转速为 1492r/min,进给量为 0.1mm/r,精车余量为 0.5mm。

(2)T02:切断刀,刀头宽 3mm,切削速度为 50m/min,按 ϕ45 直径计算主轴转速为 497r/min,进给量为 0.1mm/r。

(3)T03:93°内孔粗车刀,切削速度为 70m/min,按 ϕ24 直径计算主轴转速为 757r/min,进给量为 0.2mm/r,背吃刀量为 1.5mm。精车切削速度为 110m/min,按 ϕ24 直径计算主轴转速为 1190r/min,进给量为 0.08mm/r,背吃刀量为 0.25mm。

(4)T04:A3 中心钻,切削速度为 40m/min,按 ϕ20 直径计算主轴转速为 1060r/min。

(5)T05:ϕ20 麻花钻,切削速度为 30m/min,按 ϕ20 直径计算主轴转速为 597r/min,

6.工序

根据工序卡表 5-5,说明详细的工步、刀具、切削用量、每工步加工余量等内容。

表 5-5　数控加工工序卡片

数控加工工序卡片		工序名称	工序号
		数车加工	0501

材料名称	材料牌号	工序简图	
45 钢棒料	45#		
机床名称	机床型号		
数控车床	CAK6136		
夹具名称	夹具编号		
三爪卡盘			
备注			

工序简图（尺寸标注）：$\phi 42_{-0.029}^{0}$，$C1.5$，$Ra1.6$，$\phi 24_{0}^{+0.026}$，$\phi 35_{-0.029}^{0}$，$18_{-0.1}^{0}$，$27_{-0.12}^{0}$

工步	工作内容	刀号及刀具规格	主轴转速 r/min	进给量 mm/r	背吃刀量 mm
1	车端面	T01:95°外圆粗车刀	994	0.15	
2	钻中心孔	T04:A3 中心钻	1060	手动	
3	钻孔	T05:ϕ20 麻花钻	597	手动	
4	外圆粗车	T01:95°外圆粗车刀	994	0.25	
5	外圆精车	T01:93°外圆精车刀	1492	0.1	0.25
6	内孔粗车	T03:93°内孔粗车刀	757	0.2	1.5
7	内孔精车	T03:93°内孔粗车刀	1190	0.08	0.25
8	切断	T02:切断刀	497	0.1	
9	调头装夹控制总长	T01:95°外圆粗车刀	994	手动	
10	内孔倒角				

更改标记	数量	文件号	签字	日期

7. 加工过程

加工过程及程序编制见表 5-6。

表 5 - 6　工步-程序对照表

序号	工　步	工　步　图	程　序
1	选择刀具,建立工件坐标系,车端面		O0501 T0101 M03 S994 G00 X47.0 Z2.0 G80 X - 1.0 Z0 G00 X100.0 Z100.0
2	钻中心孔		手动
3	钻孔		手动钻孔,深 30mm
4	粗车外圆		T0101 M03 S994 G00 X47.0 Z2.0 G80 X42.5 Z - 33.0 F0.25 X38.5 Z - 18.0 X35.5
5	精车外圆		M03 S1492 G00 X47.0 Z2.0 G01 34.987 F0.21 Z - 18.0 X41.987 Z - 33.0 X47.0 G00 X100.0 Z100.0

续表

序号	工 步	工 步 图	程 序
6	粗车内孔		T0303 M03 S757 G00 X19.5 Z2.0 G80 X23.0 Z−28.0 F0.2 X23.5 G00 X100.0 Z100.0
7	精车内孔		T0505 M03 S1190 G00 X20.0 Z2.0 G01 X28.013 F0.1 Z0.5 X24.013 Z−1.5 Z−28.0 X22.0 F0.3 Z5 G00 X100.0 Z100.0
8	切断控制总长		T0202 M03 S497 G00 X45.0 Z−31.0 G01 X22.0 F0.1 X46.0 G00 X100.0 Z100.0
9	掉头控制总长		T0101 M03 S997 G00 X477.0 Z2.0 G81 X−1.0 Z0 F0.15 G00 X100.0 Z100.0

续 表

序号	工 步	工 步 图	程 序
10	内孔倒角		T0303 M03 S1190 G00 X20.0 Z2.0 X28.013 Z0.5 G01 X23.013 Z−2.0 F0.15 Z5.0 G00 X100.0 Z100.0 M05 M30

✓ 拓展提高

三爪内径千分尺

三爪内径千分尺适用于测量中小直径的精密内孔,尤其适于测量深孔的直径。测量范围(mm):6~8,8~10,10~12,11~14,14~17,17~20,20~25,25~30,30~35,35~40,40~50,50~60,60~70,70~80,80~90,90~100。三爪内径千分尺的零位,必须在标准孔内进行校对。

三爪内径千分尺的工作原理:图5-23所示为测量范围11~14mm的三爪内径千分尺,当顺时针旋转测力装置6时,就带动测微螺杆3旋转,并使它沿着螺纹轴套4的螺旋线方向移动,于是测微螺杆端部的方形圆锥螺纹就推动3个测量爪1作径向移动。扭簧2的弹力使测量爪紧紧地贴合在方形圆锥螺纹上,并随着测微螺杆的进退而伸缩。

三爪内径千分尺的方形圆锥螺纹的径向螺距为0.25mm。即当测力装置顺时针旋转一周时测量爪1就向外移动(半径方向)0.25mm,3个测量爪组成的圆周直径就要增加0.5mm。即微分筒旋转一周时,测量直径增大0.5mm,而微分筒的圆周上刻着100个等分格,所以它的读数值为0.5mm÷100=0.005mm。

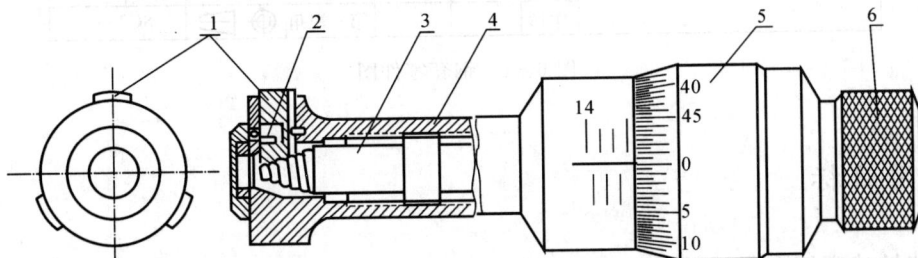

图5-23 三爪内径千分尺

✒ **课内练习**

1. 车削内孔时的关键技术是什么？其切削用量的基本选择原则是什么？

2. 若止推套零件的生产批量为 5000 件，为减少原材料消耗，提高生产效率，保证加工质量，试确定零件毛坯尺寸，编制其合理的加工工艺。

任务六 钢套的加工

👥 **任务介绍**

该零件为某机械加工企业生产的钢套，订单数量为 50 件，毛坯为 $\phi45$ 的 45# 中碳钢棒料。零件如图 6-1 所示。

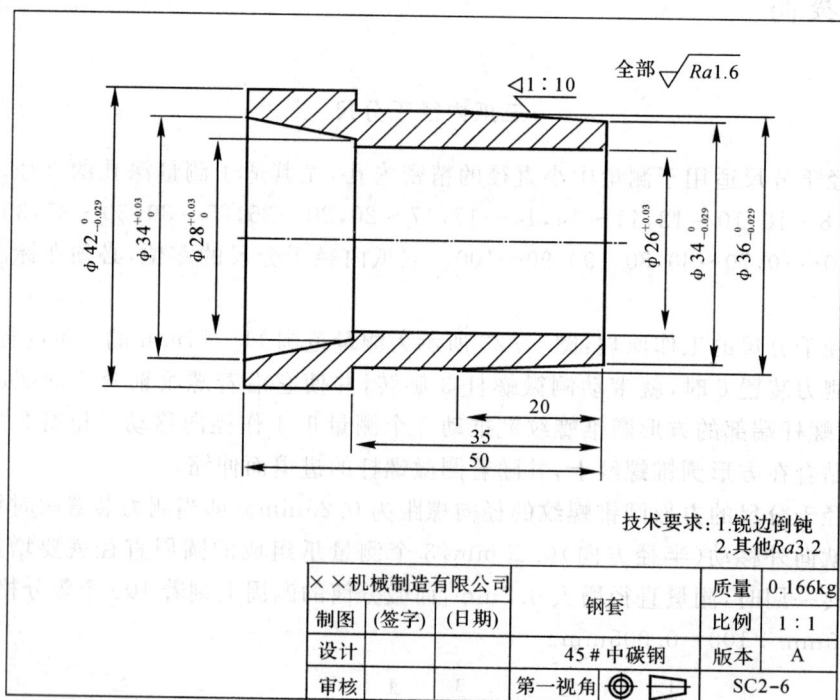

图 6-1 钢套零件图

🏠 **学习目标**

(1) 能够读懂钢套图纸，了解加工工艺；

(2) 能正确编写钢套的加工程序；

(3) 能够利用仿真软件完成钢套模拟加工；

（4）能够在 MDI 模式和手动模式下，正确对刀及设置相应参数；

（5）能够按照安全操作流程在单段和自动模式下完成钢套加工；

（6）能正确使用游标卡尺、外径千分尺测量钢套；

（7）对机床进行日常维护保养，并填写设备使用相关表格。

子任务一　圆锥的尺寸计算及 G80/G81 指令的使用

一、圆锥轮廓的尺寸计算及加工方法

圆锥面具有配合紧密、定位准确、装卸方便等优点，并且即使发生磨损，仍能保持精密的定心和配合作用，因此应用广泛。加工圆锥时，除了对尺寸精度、形位精度和表面粗糙度有要求外，还有角度（或锥度）的精度要求。

由圆锥表面与一定尺寸所限定的几何体称为圆锥。圆锥分为外圆锥和内圆锥两种。

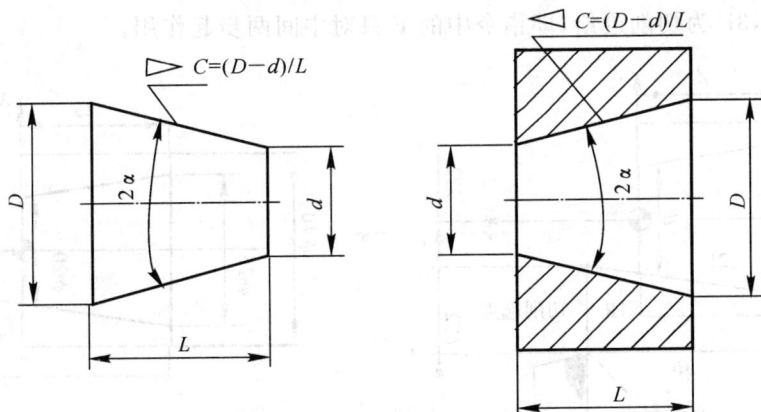

图 6-2　圆锥各部分的尺寸

圆锥各部分的尺寸如图 6-2 所示。

（1）圆锥角 2α，在通过圆锥轴线的截面内，两条素线之间的夹角。

$$\tan\alpha = C/2 = (D-d)/2L$$

（2）最大圆锥直径 D，简称大端直径。

$$D = d + 2L\tan\alpha$$

（3）最小圆锥直径 d，简称小端直径。

$$D = D - 2L\tan\alpha$$

（4）圆锥长度 L，最大圆锥直径与最小圆锥直径之间的轴向距离。

（5）锥度 C，最大圆锥直径与最小圆锥直径之差对圆锥长度之比。

$$C = (D-d)/L = 2\tan\alpha$$

有配合要求的圆锥，一般标注锥度符号，且方向与圆锥倾斜方向一致，如图 6-2 所示。

二、内外圆锥 G80/G90 指令格式及编程方法

指令格式见表 6-1。

表 6－1

FANUC 0i Mate TC 数控系统	华中世纪星 HNC－21/22T 数控系统
G90 X(U)_ Z(W)_ R_ F_	G80 X(U)_ Z(W)_ I_ F_
X 和 Z,圆锥面切削的终点坐标值。 U 和 W,圆锥面切削的终点相对于循环起点坐标增量,根据加工方向其坐标值有"＋"、"－"。 R,圆锥面切削起点相对于终点的半径差。如果切削起点的 X 向坐标小于终点的 X 向坐标,R 值为负,反之为正	X 和 Z,圆锥面切削的终点坐标值。 U 和 W,圆锥面切削的终点相对于循环起点坐标增量,根据加工方向其坐标值有"＋"、"－"。 I,圆锥面切削起点相对于终点的半径差。如果切削起点的 X 向坐标小于终点的 X 向坐标,I 值为负,反之为正

1. 外圆锥切削循环

由图 6－3 可以看出,该循环为一梯形,切削时按照逆时针进给,X 坐标由大到小,1R,4R 为快速移动,2F,3F 为切削进给,即指令中的 F 只对中间两步起作用。

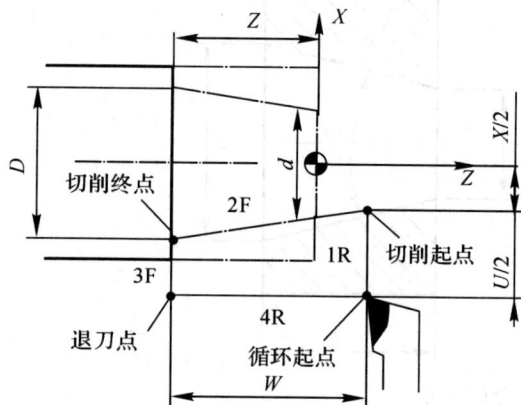

图 6－3 G80 外圆锥循环切削过程

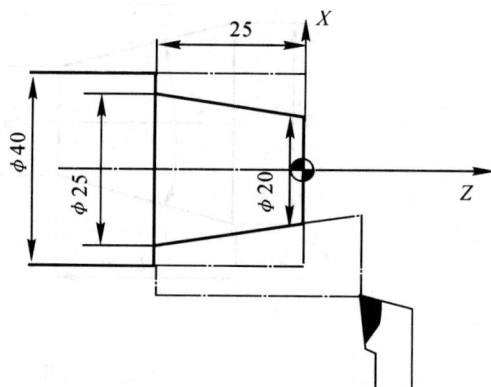

图 6－4 车外圆锥程序示例

为保证圆锥轮廓正确,加工时切削起点应在被加工轮廓的延长线上,因此就要按照相关公式计算该点的坐标值,若计算错误则被加工圆锥的锥度出错,影响加工精度。

注意:该循环指令中的 R 或 I 地址为非模态,在使用时必须在每一行程序段中都要输入该地址值,否则运动轨迹就不是圆锥而是圆柱。

例 6－1 应用圆锥面切削循环功能加工如图 6－4 所示工件。

解 设切削起点 Z 坐标为 Z＋5,计算得 X 坐标为 19mm,I＝－3,程序见表 6－2.

表 6－2

FANUC 0i Mate TC 数控系统	华中世纪星 HNC－21/22T 数控系统	注释
O2004;	O2004	程序名
T0101;	T0101	选择刀具
M03 S1000;	M03 S1000	主轴正转
G00 X45. Z5. M08;	G00 X45 Z5 M08	快速定位到循环起点,开切削液

续　表

FANUC 0i Mate TC 数控系统	华中世纪星 HNC－21/22T 数控系统	注释
G90 X40. Z－25. R－3. F0.2；	G80 X40 Z－25 I－3 F0.2	梯形循环切削
X35. R－3.；	X35 I－3	第二次循环
X30. R－3.；	X30 I－3	第三次循环
X25. R－3.；	X25 I－3	第四次循环
G00 X100. Z100.；	G00 X100 Z100	快速退刀、关切削液
M05；	M05	主轴停止
M30；	M30	程序结束返回开始

2. 内圆锥切削循环

由图 6-5 可以看出，该循环为一梯形，切削时按照顺时针进给，X 坐标由小到大，1R,4R 为快速移动，2F,3F 为切削进给，即指令中的 F 只对中间两步起作用。

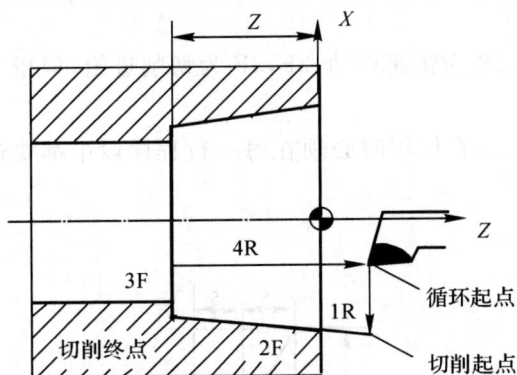

图 6-5　G80 内圆锥循环切削过程

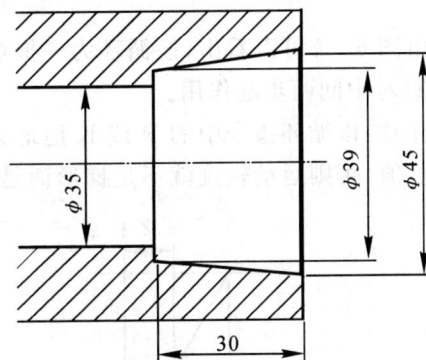

图 6-6　车内圆锥程序示例

例 6-2　应用圆锥面切削循环功能加工如图 6-6 所示工件。

解　设切削起点 Z 坐标为 Z+5mm，计算得 X 坐标为 46mm，I=-3，程序见表 6-3。

表　6-3

FANUC 0i Mate TC 数控系统	华中世纪星 HNC－21/22T 数控系统	注释
O2004；	O2004	程序名
T0101；	T0101	选择刀具
M03 S1000；	M03 S1000	主轴正转
G00 X30. Z5. M08；	G00 X30 Z5 M08	快速定位到循环起点，开切削液
G90 X34. Z－30. R－3. F0.2；	G80 X34 Z－30 I－3 F0.2	梯形循环切削
X36. R－3.；	X36 I－3	第二次循环
X38. R－3.；	X38 I－3	第三次循环
X39. R－3.；	X39 I－3	第四次循环
G00 X100. Z100.；	G00 X100 Z100	快速退刀、关切削液
M05；	M05	主轴停止
M30；	M30	程序结束返回开始

三、端面圆锥 G81/G94 指令格式及编程方法

指令格式见表 6-4。

表 6-4

FANUC 0i Mate TC 数控系统	华中世纪星 HNC-21/22T 数控系统
G94 X(U)_ Z(W)_ R_ F_	G81 X(U)_ Z(W)_ K_ F_
X 和 Z,端面切削的终点坐标值。 　U 和 W,端面切削的终点相对于循环起点坐标增量,根据加工方向其坐标值有"+"、"−"。 　R,圆锥面切削的起点相对于终点的 Z 向距离。如果切削起点的 Z 向坐标小于终点的 Z 向坐标,R 值为负,反之为正	X 和 Z,端面切削的终点坐标值。 　U 和 W,端面切削的终点相对于循环起点坐标增量,根据加工方向其坐标值有"+"、"−"。 　K,圆锥面切削的起点相对于终点的 Z 向距离。如果切削起点的 Z 向坐标小于终点的 Z 向坐标,K 值为负,反之为正

由图 6-7 可以看出,该循环为一梯形,1R,4R 为快速移动,2F,3F 为切削进给,即指令中的 F 只对中间两步起作用。

注意:该循环指令中的 R 或 K 地址为非模态,在使用时必须在每一行程序段中都要输入该地址值,否则运动轨迹就不是梯形而是矩形。

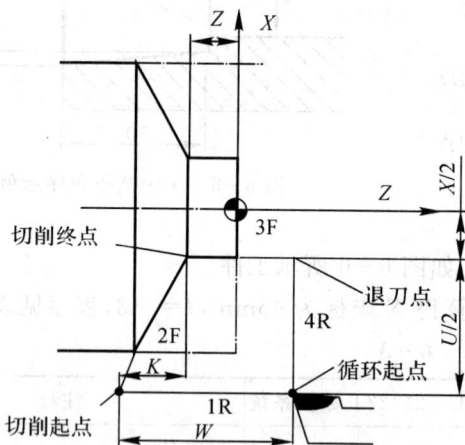

图 6-7　圆锥端面循环切削过程

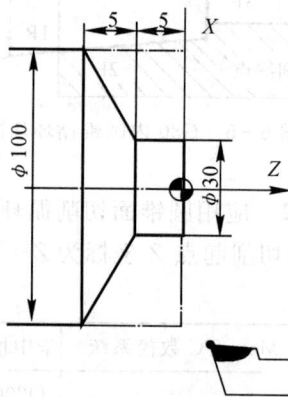

图 6-8　车圆锥端面程序示例

例 6-3　应用端面切削循环功能加工如图 6-8 所示工件。

解　设切削起点 X 坐标为 114mm,计算得 Z 坐标为 −11mm,程序见表 6-5。

表 6-5

FANUC 0i Mate TC 数控系统	华中世纪星 HNC-21T 数控系统	注　释
O2006;	O2006	程序名
T0101;	T0101	选择刀具
M03 S600;	M03 S600	主轴正转

续表

FANUC 0i Mate TC 数控系统	华中世纪星 HNC-21T 数控系统	注　释
G00 X114. Z5. M08;	G00 X114 Z5 M08	快速定位到循环起点,开切削液
G94 X30. Z1. R-6. F0.1;	G81 X30 Z1 K-6 F0.1	梯形切削
Z-2. R-6.;	Z-2 K-6	第二次循环
Z-5. R-6.;	Z-5 K-6	第三次循环
G00 X100. Z100 M09;	G00 X100Z100 M09	快速退刀、关切削液
M05;	M05	主轴停止
M30;	M30	程序结束返回开始

课内练习

1. 请描述 G80 外圆锥加工指令格式,并画出其循环加工路线。

2. 请描述 G80 内圆锥加工指令格式,并画出其循环加工路线。

3. 请描述 G81 端面圆锥加工指令格式,并画出其循环加工路线。

子任务二　量具的使用和钢套的编程与加工

一、内径百分表

(一)内径百分表的结构

内径百分表是内量杠杆式测量架和百分表的组合,如图6-9所示。用以测量或检验零件的内孔、深孔直径及其形状精度。

内径百分表测量架的内部结构,由图6-9可见。在三通管3的一端装着活动测量头1,另一端装着可换测量头2,垂直管口一端,通过连杆4装有百分表5。活动测头1的移动,使传动杠杆7回转,通过活动杆6,推动百分表的测量杆,使百分表指针产生回转。由于杠杆7的两侧触点是等距离的,当活动测头移动1mm时,活动杆也移动1mm,推动百分表指针回转一圈。所以,活动测头的移动量,可以在百分表上读出来。两触点量具在测量内径时,不容易找正孔的直径方向,定心护桥8和弹簧9就起了一个帮助找正直径位置的作用,使内径百分表的两个测量头正好在内孔直径的两端。活动测头的测量压力由活动杆6上的弹簧控制,保证测量压力一致。

内径百分表活动测头的移动量,小尺寸的只有0~1mm,大尺寸的可有0~3mm,它的测量范围是由更换或调整可换测头的长度来达到的。因此,每个内径百分表都附有成套的可换测头。

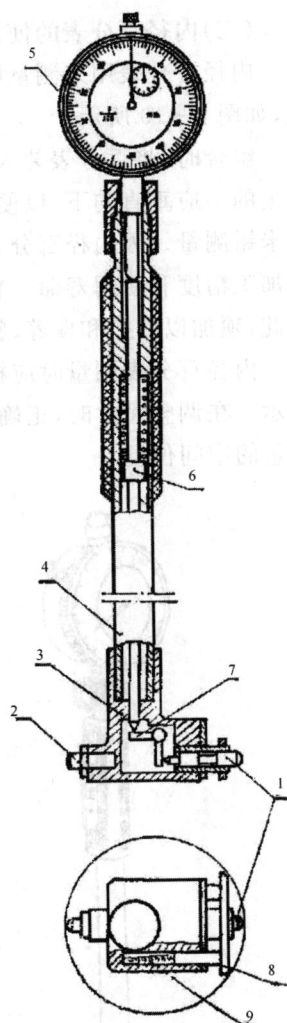

图6-9　内径百分表

国产内径百分表的读数值为 0.01mm,测量范围(mm)有 10～18;18～35;35～50;50～100;100～160;160～250;250～450。

　　用内径百分表测量内径是一种比较量法,测量前应根据被测孔径的大小,在专用的环规或百分尺上调整好尺寸后才能使用。调整内径百分尺的尺寸时,选用可换测头的长度及其伸出的距离(大尺寸内径百分表的可换测头,是用螺纹旋上去的,故可调整伸出的距离,小尺寸的不能调整),应使被测尺寸在活动测头总移动量的中间位置。

　　内径百分表的示值误差比较大,如测量范围为 35～50mm 的,示值误差为±0.015mm。为此,使用时应当经常的在专用环规或百分尺上校对尺寸(习惯上称校对零位),必要时可用量块校对零位,并增加测量次数,以便提高测量精度。

　　内径百分表的指针摆动读数,刻度盘上每一格为 0.01mm,盘上刻有 100 格,即指针每转一圈为 1mm。

(二)内径百分表的使用方法

　　内径百分表用来测量圆柱孔,它附有成套的可调测量头,使用前必须先进行组合和校对零位,如图 6-10 所示。

　　组合时,将百分表装入连杆内,使小指针指在 0～1 的位置上,长针和连杆轴线重合,刻度盘上的字应垂直向下,以便于测量时观察,装好后应予紧固。粗加工时,最好先用游标卡尺或内卡钳测量。因内径百分表同其他精密量具一样属贵重仪器,其好坏与精度直接影响到工件的加工精度和使用寿命。粗加工时工件加工表面粗糙不平而测量不准确,也易使测头磨损。因此,须加以爱护和保养,精加工时再进行测量。

　　内径百分表测量时应根据被测孔径大小用外径千分尺调整好尺寸后才能使用,如图6-11所示。在调整尺寸时,正确选用可换测头的长度及其伸出距离,应使被测尺寸在活动测头总移动量的中间位置。

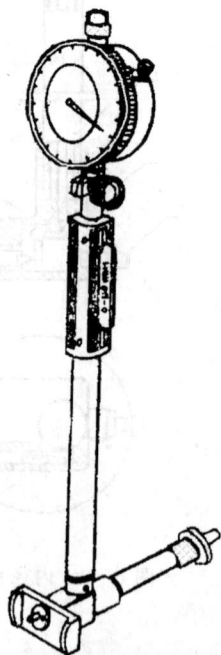

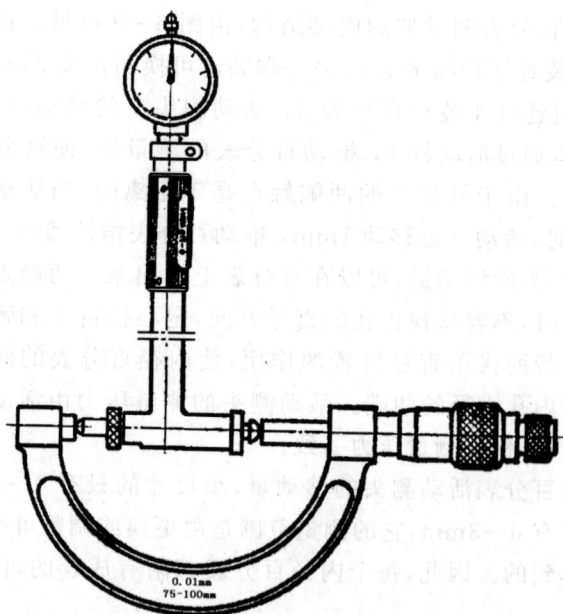

图 6-10　内径百分表　　　　　　　图 6-11　用外径千分尺调整尺寸

测量时,连杆中心线应与工件中心线平行,不得歪斜,同时应在圆周上多测几个点,找出孔径的实际尺寸,看是否在公差范围以内,如图6-12所示。

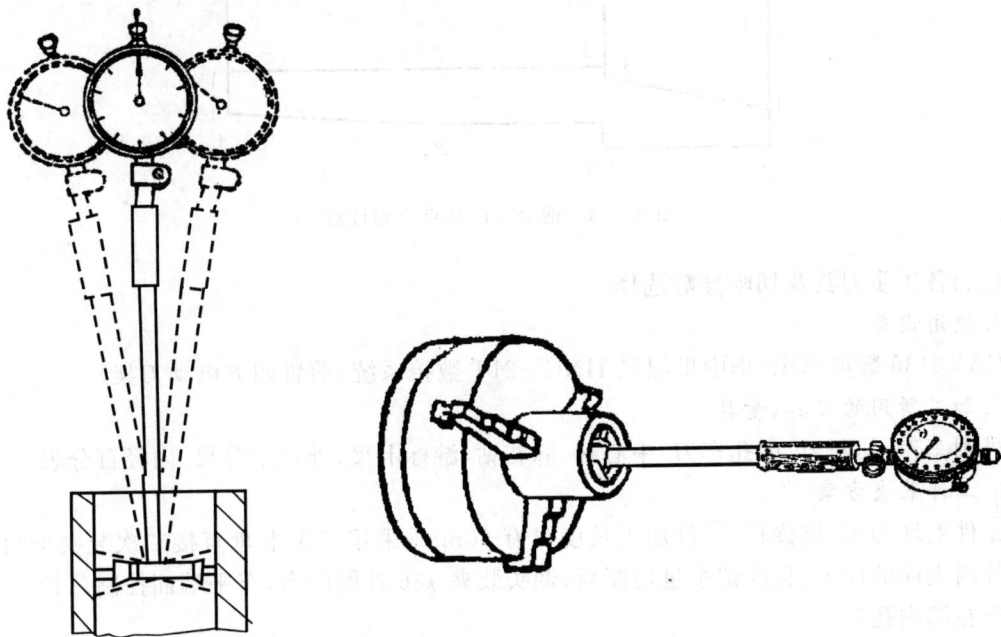

图6-12　内径百分表的使用方法

二、钢套零件的编程与加工

(一)图样分析(零件结构及技术要求)

该零件由外圆柱面、外圆锥面、内孔圆柱面、内孔圆锥面组成,其几何形状为圆柱形的套类零件,零件尺寸精度要求为:径向尺寸公差为0.029,轴向为自由公差,表面粗糙度 $Ra=1.6\mu m$,需采用粗、精加工。工件毛坯为 $\phi30\times80$ 的中45♯碳钢棒料,材料切削性能好,易加工。

(二)相关数值计算

如图6-13所示,以工件右端面中心建立工件坐标系,各基点坐标计算如下:

1点:X26.015,Z0

2点:X26.015,Z-35.0

3点:X28.015 ,Z-35.05

4点:X34.015,Z-50.0

A点:X33.987,Z0

B点:X35.987,Z-20.0

C点:X35.987,Z-35.0

D点:X41.987,Z-35.0

E点:X41.987,Z-50.0

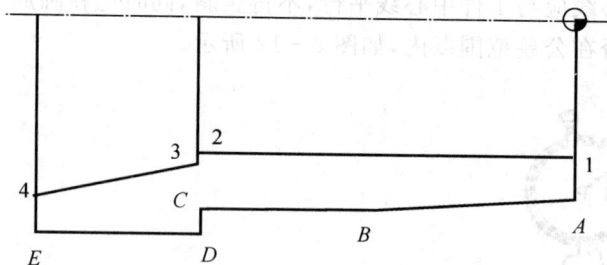

图 6-13   钢套零件基点坐标计算

(三)各工步刀具及切削参数选择

1.使用设备

CAK6136 数控车床(华中世纪星 HNC-21T 数控系统,前置四方电动刀架)。

2.加工所用的刀具、量具

外圆车刀、切断刀、内孔车刀、中心钻、麻花钻、游标卡尺、外径千分尺、内径百分表。

3.工件装夹方案

工件毛坯为 45 钢棒料,工件加工长度只有 50mm,采用三爪卡盘直接二次装夹即可完成所有外圆表面的加工,长度留余量切断后,调头装夹 $\phi36$ 外圆阶台,车平端面控制总长 50mm,粗精车左端内孔。

4.加工路线及刀具切削用量安排

因零件加工数量为 50 件,属于单件小批量生产,粗精车工序集中既满足质量加工要求又提高效率和降低成本。

(1)T01:95°外圆粗车刀,粗车切削速度为 100m/min,按 $\phi45$ 直径计算主轴转速为 994r/min,进给量为 0.25mm/r,背吃刀量为 2.0mm。精车切削速度为 150m/min,按 $\phi45$ 直径计算主轴转速为 1492r/min,进给量为 0.1mm/r,精车余量为 0.5mm。

(2)T02:93°内孔车刀,最小切削直径 $\phi22$mm,刀头伸出长度 40mm,粗车切削速度为 50m/min,按 $\phi34$ 直径计算主轴转速为 497r/min,进给量为 0.15mm/r,背吃刀量为 1.5mm。精车刀切削速度为 100m/min,按 $\phi34$ 直径计算主轴转速为 994r/min,进给量为 0.08mm/r,精车余量为 0.5mm。

(3)T04:切断刀,刀头宽 5mm,切削速度为 50m/min,按 $\phi45$ 直径计算主轴转速为 497r/min,进给量为 0.1mm/r。

(4)T04:A3 中心钻,切削速度为 40m/min,按 $\phi12$ 直径计算主轴转速为 1060r/min。

(5)T05:$\phi22$ 麻花钻,切削速度为 30m/min,按 $\phi22$ 直径计算主轴转速为 597r/min。

5.工序

根据表 6-6 工序卡说明详细的工步、刀具、切削用量、每工步加工余量等内容。

表6-6　数控加工工序卡片

数控加工工序卡片		工序名称	工序号
		数车加工	0606

材料名称	材料牌号	工序简图
45 钢棒料	45#	
机床名称	机床型号	
数控车床	CK6141	
夹具名称	夹具编号	
三爪卡盘		
备注		

工步	工作内容	刀号及刀具规格	主轴转速 r/min	进给量 mm/r	背吃刀量 mm
1	车端面	T01:95°外圆粗车刀	994	0.15	
2	钻中心孔	T06:A3 中心钻	1060	手动	
3	钻孔	T07:φ22 麻花钻	597	手动	
4	外圆粗车	T01:95°外圆车刀	994	0.25	2
5	外圆精车	T01:93°外圆车刀	1492	0.1	0.25
6	内孔粗车	T03:93°内孔车刀	497	0.2	1.5
7	内孔精车	T03:93°内孔车刀	994	0.08	0.5
6	切断	T04:切断刀	497	0.1	
7	车端面控制总长	T01:95°外圆车刀	994	手动	
8	内孔粗车	T03:93°内孔车刀	497	0.15	1.5
9	内孔精车	T03:93°内孔车刀	994	0.08	0.5

更改标记	数量	文件号	签字	日期

6.加工工步

加工工步及程序对照表见表 6-7。

表 6-7　工步及程序对照表

序号	工　步	工　步　图	程　序
1	选择刀具,建立工件坐标系,车端面		O0606 T0101 M03 S994 G00 X47.0 Z2.0 G81 X-1.0 Z0 F0.15 G00 X100.0 Z30.0
2	钻中心孔		手动用 A3 中心钻钻孔
3	钻孔		手动钻孔直径为 20,长度为 53
4	粗车外圆		T0101 M03 S994 G00 X47.0 Z5.0 G80 X42.5 Z-54.0 F0.25 　　X38.5 Z-35.0 　　X36.5 G80 X36.5 Z-20 I-2.125
5	精车外圆		M03 S1492 G00 X47.0 Z5.0 G01 X33.487 F0.1 　　X35.987 Z-20 　　Z-35.0 　　X41.987 　　Z-54.0 　　X46.0 G00 X100.0 Z100.0

续　表

序号	工　步	工　步　图	程　序
6	粗车内孔		T0303 M03 S497 G00 X19.5 Z2.0 G80 X23 Z－51.0 F0.2 　　X25.5
7	精车内孔		M03 S994 G80 X26.015 Z－51.0 F0.08
8	切断		T0404 M03 S497 G00 X47.0 Z－54.0 G01 X30.0 F0.01 　　X46.0 G00 X100.0 Z100.0
9	车平端面控制总长		手动车平端面,控制总长 50mm
10	粗车内孔		T0303 M03 S497 G00 X21.0 Z5.0 G80 X26.0 Z－15.0 I－4.0 F0.2 G80 X27.5 Z－15.0 I－4.0

续 表

序号	工 步	工 步 图	程 序
11	精车内孔		M03 S994 G00 X20.0 Z5.0 　　X36.015 G01 X28.015 Z－15.0 F0.08 　　X25.0 　　Z5.0 F0.3 G00 X100.0 Z100.0 M05 M30

📝 课内练习

1.试描述使用内径百分表的测量方法及其操作步骤。

2. 根据对单件小批量生产加工零件工艺的反思与改进,考虑大批量生产零件的加工工艺问题,要求对加工的装夹方案、刀具、程序、工艺流程等进行改进,以小组合作的形式进行讨论,最终填写批量生产加工工序卡。

机械加工工艺过程卡		产品名称	零件名称	零件图号		
材料名称牌号		毛坯种类和规格		总工时		(不填)
工序	工序名称	工序简要内容	设备名称型号	夹具	量具	工时

任务七　螺母的加工

🏃 任务介绍

该零件为某机械加工企业生产的螺母,订单数量为 20 件,毛坯为 $\phi40\times62$ 的 45♯中碳钢。零件如图 7-1 所示。

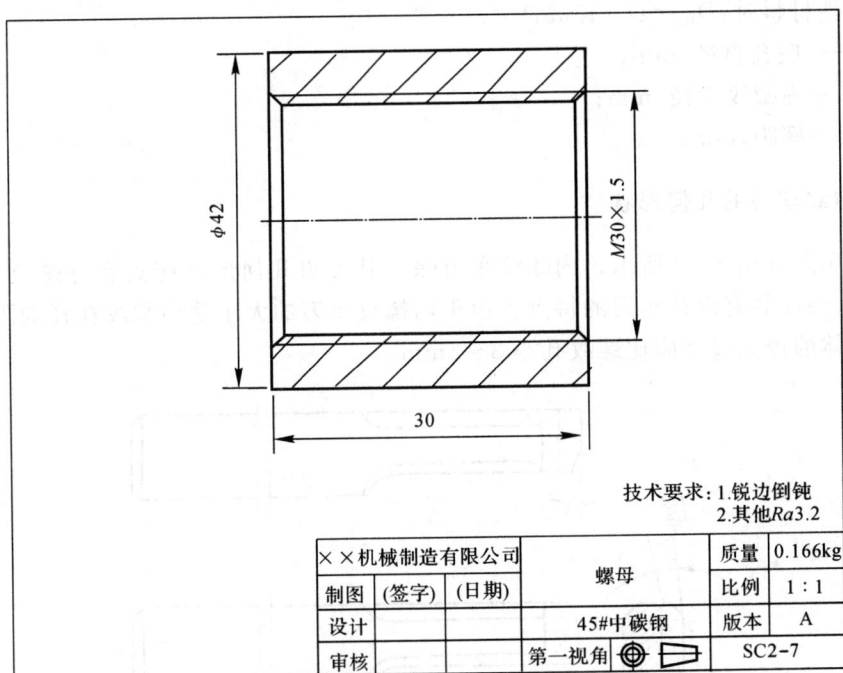

图 7-1　螺母零件图

🗄 学习目标

(1)能够读懂螺母图纸,了解加工工艺;

(2)能够利用仿真软件完成螺母模拟加工;

(3)能够在 MDI 模式和手动模式下,正确对刀及设置相应参数;

(4)能够按照安全操作流程在单段和自动模式下完成螺母加工;

(5)能正确使用游标卡尺、内径千分尺、螺纹塞规测量螺母;

(6)对机床进行日常维护保养,并填写设备使用相关表格。

子任务一　内螺纹车刀的几何形状、刃磨和装夹

一、内螺纹的尺寸计算

普通三角形内螺纹的尺寸与外螺纹的尺寸计算相同,因内外螺纹配合有一定间隙,且车削时的挤压作用使内孔直径缩小(塑性材料比较明显),所以车削内螺纹前的孔径应略大于螺纹小径的基本尺寸。车削内螺纹时,一般先钻孔、扩孔或车孔,底孔孔径可按以下公式计算:

车削塑性材料时:$D_孔 = D - P$

车削脆性材料时:$D_孔 = D - 1.05P$

式中　$D_孔$——底孔直径,mm;

D——内螺纹大径,mm;

P——螺距,mm。

二、内螺纹车刀的几何形状

内螺纹车刀如图 7-2 所示。内螺纹车刀除了其刀刃几何形状应具有外螺纹车刀的几何形状特点外,还应具有内孔车刀的特点。由于内螺纹车刀的大小受内螺纹孔径的限制,所以内螺纹车刀刀体的径向尺寸应比螺纹孔小 3～5mm。

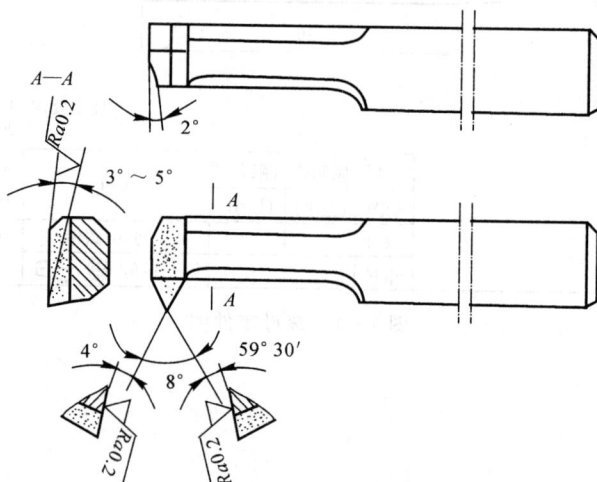

图 7-2　内螺纹车刀的几何角度

三、内螺纹车刀的刃磨与装夹

(1)根据螺纹长度及牙型深度,确定刀头刃磨尺寸。

(2)粗磨主后刀面(见图 7-3),刀杆与砂轮夹角为刀尖半角 30°,刀面外倾,控制刀尖半角和主后角。

(3)粗磨副后刀面(见图 7-4),刀杆与砂轮夹角为刀尖半角 30°,刀面外倾,控制刀尖半角和副后角。

(4)粗精磨前刀面(见图 7-5),刀尖朝上,略高于砂轮水平中心的高度,从下向上接触

砂轮。

（5）精磨主、副后刀面，刀尖角使用螺纹规检测是否合格。

（6）修磨刀尖（见图 7-6），刀尖倒棱或刀尖圆弧尺寸为 $0.1P$，修磨双重径向后角，防止与孔径的碰撞。

图 7-3　刃磨主后刀面

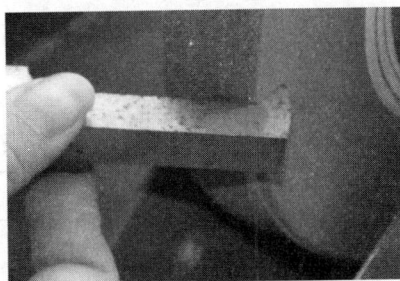

图 7-4　刃磨副后刀面

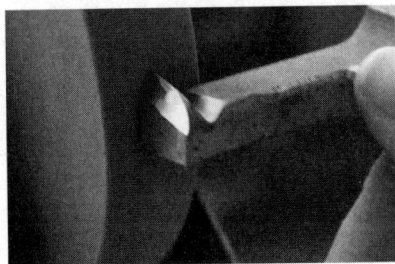

图 7-5　刃磨前刀面

图 7-6　修磨刀尖

课内练习

1. 试标注图 7-7 中硬质合金内孔螺纹车刀的几何角度。

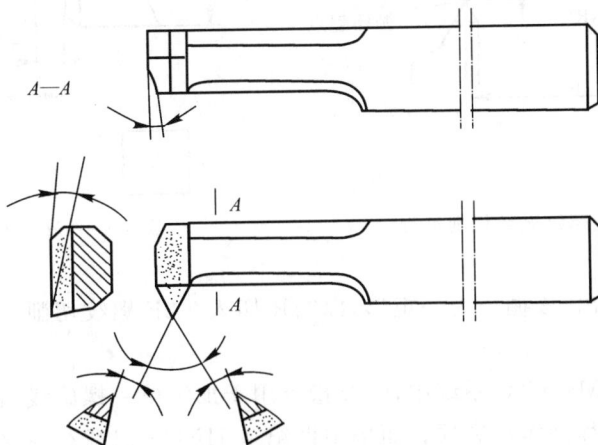

图　7-7

2.请描述内孔螺纹车刀的刃磨步骤。

子任务二　螺纹测量与 G82 螺纹切削单一循环指令的使用

一、螺纹切削单一循环指令 G82

(一)圆柱螺纹切削循环

指令格式见表 7-1。

表　7-1

FANUC 0i Mate TC 数控系统	华中世纪星 HNC-21T 数控系统
G92 X(U)_ Z(W)_ F_	G82 X(U)_ Z(W)_ R_ E_ C_ P_ F_
X 和 Z,螺纹切削的终点坐标值。 U 和 W,螺纹的切削终点相对于起点坐标增量,根据加工方向其坐标值有"+"、"-"。 F,螺纹导程	X 和 Z,螺纹切削的终点坐标值。 U 和 W,螺纹的切削终点相对于起点坐标增量,根据加工方向其坐标值有"+"、"-"。 R,螺纹切削的 Z 向退尾量,可省略。 E,螺纹切削的 X 向退尾量,可省略。 C,螺旋线数,单线可省略。 P,相邻两螺旋线之间的圆心角,单线可省略。 F,螺纹导程

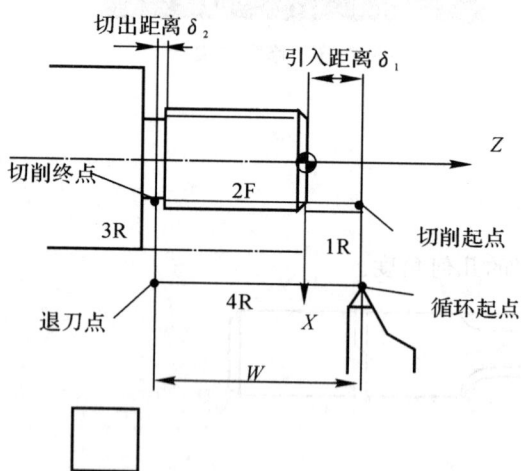

图 7-8　圆柱螺纹循环切削过程

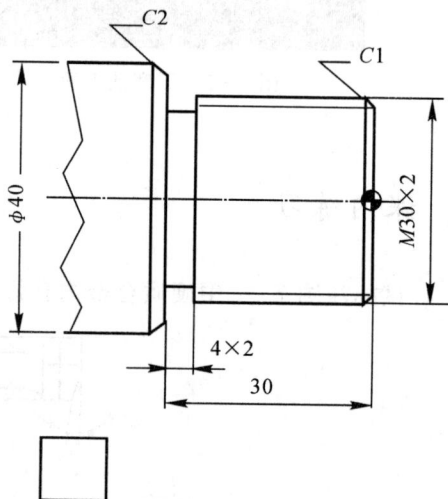

图 7-9　车圆柱螺纹程序示例

由图 7-8 可以看出,该循环为一矩形,以"1R 切入—2F 螺纹切削—3R 退刀—4R 返回"4个动作作为一个循环。

注意:FANUC 0i Mate TC 系统中,G92 指令用于加工单一螺旋线,若要加工多线螺纹,就要多次使用该指令,编程操作较麻烦。而华中世纪星 HNC-21/22T 系统中,G82 指令可以加工多线螺纹,编程较简单,但其中的参数必须在每一行程序段中写出。

例 7-1 应用单一螺纹循环功能加工如图 7-9 所示工件。

解 程序见表 7-20。

表 7-2

FANUC 0i Mate TC 数控系统	华中世纪星 HNC-21T 数控系统	注 释
O2007;	O2007	程序名
T0101;	T0101	选择刀具
M03 S600;	M03 S600	主轴正转
G00 X33.Z5.M08;	G00 X33 Z5 M08	快速定位到循环起点,开切削液
G92 X29.1.Z-27. F2	G82 X29.1 Z-27 F2	螺纹循环切削
X28.5;	X28.5	第二次循环
X27.9;	X27.9	第三次循环
X27.5;	X27.5	第四次循环
X27.4;	X27.4	第五次循环
G00 X100.Z100.M09;	G00 X100 Z100 M09	快速退刀、关切削液
M05;	M05	主轴停止
M30;	M30	程序结束返回开始

若图 7-9 中的螺纹为双线螺纹,其程序见表 7-3。

表 7-3

FANUC 0i Mate TC 数控系统	华中世纪星 HNC-21/22T 数控系统	注 释
O2008;	O2008;	程序名
T0101;	T0101;	选择刀具
M03 S600;	M03 S600;	主轴正转
G00 X33.Z5.M08;	G00 X33.Z5.M08;	快速定位到循环起点,开切削液
G92 X29.1.Z-27. F4;	G82 X29.1 Z-27. C2 P180 F4;	螺纹循环切削
X28.5;	X28.5 Z-27. C2 P180 F4;	第二刀循环
X27.9;	X27.9 Z-27. C2 P180 F4;	第三刀循环
X27.5;	X27.5 Z-27. C2 P180 F4;	第四刀循环
X27.4;	X27.4 Z-27. C2 P180 F4;	第五刀循环
G00 X33.Z7.M08;第二条螺旋线起点	G00 X100.Z100 M09.	快速退刀、关切削液
G92 X29.1.Z-27. F4;螺纹循环	M05;	主轴停止
X28.5;第二刀	M30;	程序结束返回开始
X27.9;第三刀		
X27.5;第四刀		
X27.4;第五刀		
G00 X100.Z100 M09.;退刀		
M05;主轴停止		
M30;程序结束返回开始		

二、螺纹塞规

1.简介

三角形内螺纹一般采用螺纹塞规进行综合检测,螺纹塞规如图 7－10 所示。

图 7－10 螺纹塞规

螺纹塞规是测量内螺纹综合尺寸正确性的量具。此塞规种类可分为普通粗牙、细牙和管螺纹 3 种。螺距为 0.35mm 或更小的,2 级精度及高于 2 级精度的,螺距为 0.8mm 或更小的 3 级精度的螺纹塞规都没有止端测头。

2.螺纹塞规使用方法

使用前:螺纹塞规应经相关检验计量机构检验计量合格后,方可投入生产现场使用。

使用时:应注意被测螺纹公差等级及偏差代号与螺纹塞规标识的公差等级、偏差代号相同。

3.检验测量过程

(1)首先要清理干净被测螺纹油污及杂质,然后在螺纹塞规(通端)与被测螺纹对正后,旋转螺纹塞规或被测件,使其在自由状态下旋转并通过全部螺纹长度判定为合格,否则以不通判定。

(2)在螺纹塞规(止端)与被测螺纹对正后,旋转螺纹塞规或被测件,旋入螺纹长度在 2 个螺距之内止住,表明被测螺纹的作用中径没有超过其最大实体牙型的中径,且单一中径没有超出其最小实体牙型的中径,那么就可以保证旋合性和连接强度,则被测螺纹中径合格。不可强行用力通过,否则判为不合格品。

(3)只有当通规和止规联合使用,并分别检验合格,才表示被测工件合格。

4.维护与保养

螺纹塞规使用完毕后,应及时清理干净测量部位附着物,存放在规定的量具盒内。生产现场在用塞规应摆放在工艺定置位置,轻拿轻放,以防止磕碰而损

坏测量螺纹表面。严禁将塞规强制旋入螺纹,避免造成早期磨损,确保塞规的准确性。长时间不使用,应涂上防锈油。

子任务三 螺母的编程与操作加工

一、图样分析(零件结构及技术要求)

该零件由外圆柱面、沟槽、螺纹组成,其几何形状为圆柱形的螺纹轴类零件,零件尺寸精度要求为:径向尺寸公差为 0.029,轴向为自由公差,表面粗糙度 $Ra＝1.6\mu m$,需采用粗、精加工。工件毛坯为 $\phi 40 \times 62$ 的 45# 中碳钢棒料,材料切削性能好,易加工。

二、相关数值计算

如图 7-11 所示,以工件右端面中心建立工件坐标系,各基点坐标计算如下:

1 点:X30.0, Z0

2 点:X28.5, Z-1.0

3 点:X28.5, Z-29.0

4 点:X30.5, Z-30.0

A 点:X42.0, Z0

B 点:X42.0, Z-30.0

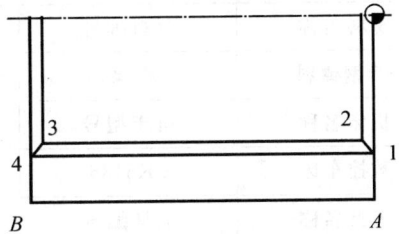

图 7-11　螺母基点坐标计算

三、各工步刀具及切削参数选择

1. 使用设备

CAK6136 数控车床(华中世纪星 HNC-21T 数控系统,前置四方电动刀架)。

2. 加工所用的刀具、量具

外圆车刀、切断刀、内孔车刀、内螺纹车刀、中心钻、麻花钻、游标卡尺、外径千分尺、内径千分尺、螺纹塞规。

3. 工件装夹方案

工件毛坯为 45# 中碳钢棒料,工件加工长度只有 30mm,采用三爪卡盘直接二次装夹即可完成所有外圆表面的加工,长度留余量切断后,调头装夹 φ42 外圆阶台,车平端面控制总长 30mm,车内螺纹倒角。

4. 加工路线及刀具切削用量安排

因零件加工数量为 20 件,属于小批量生产,粗车、精车工序集中既满足加工质量要求又提高效率和降低成本。

(1)T01:95°外圆车刀,切削速度为 100m/min,粗车按 φ45 直径计算主轴转速为 994r/min,进给量为 0.25mm/r,背吃刀量为 2.0mm。精车按 φ45 直径计算主轴转速为 1 492 r/min,进给量为 0.1 mm/r,精车余量为 0.5mm。

(2)T02:93°内孔车刀,最小切削直径 φ22mm,刀头伸出长度 40mm,切削速度为 50m/min,按 φ34 直径计算主轴转速为 497r/min,进给量为 0.15mm/r,背吃刀量为 1.5mm。精车切削速度为 100 m/min,按 φ34 直径计算主轴转速为 994r/min,进给量为 0.08mm/r,精车余量为 0.5mm。

(3)T03:60°内螺纹车刀,计算主轴转速为 1200/1.5-80=720r/min,进给导程为 1.5mm/r。

(4)T04:切断刀,刀头宽 3mm,切削速度为 50m/min,按 φ30 直径计算主轴转速为 497r/min,进给量为 0.1mm/r。

(5)T05:A3 中心钻,切削速度为 40m/min,按 φ12 直径计算主轴转速为 1060r/min。

(6)T06:φ22 麻花钻,切削速度为 30m/min,按 φ22 直径计算主轴转速为 597r/min。

5. 工序

根据表 7-4 工序卡说明详细的工步、刀具、切削用量、每工步加工余量等内容。

数控车削加工

表 7－4 数控加工工序卡片

数控加工工序卡片		工序名称	工序号
		数车加工	0707

材料名称	材料牌号	工序简图
45 钢棒料	45#	
机床名称	机床型号	
数控车床	CK6136	
夹具名称	夹具编号	
三爪卡盘		
备注		

$\phi 42$，$M30\times1.5$，30

工步	工作内容	刀号及刀具规格	主轴转速 r/min	进给量 mm/r	背吃刀量 mm
1	车端面	T01:95°外圆车刀	994	0.15	
2	钻中心孔	T05:A3 中心钻	1060	手动	
3	钻孔	T06:ϕ22 麻花钻	597	手动	
4	内孔粗车	T02:93°内孔车刀	497	0.15	1.5
5	内孔精车	T02:93°内孔车刀	994	0.08	0.5
6	车内螺纹	T03:60°内螺纹车刀	720	1.5	
7	外圆粗车	T01:95°外圆车刀	994	0.25	
8	外圆精车	T01:93°外圆车刀	1492	0.1	0.25
9	切断	T04:切断刀	497	0.1	
10	调头装夹控制总长	T01:95°外圆车刀	994	手动	
11	倒角	T02:93°内孔车刀	994	0.15	

更改标记	数量	文件号	签字	日期

6.加工工序

加工工步及程序编制见表 7－5。

表 7 - 5　工步及程序对照表

序号	工　步	工　步　图	程　序
1	选择刀具,建立工件坐标系,车端面		O 0707 T0101 M03 S994 G00 X47.0 Z2.0 G81 X - 1.0 Z0 F0.15 G00 X100.0 Z30.0
2	钻中心孔		手动用 A3 中心钻钻孔
3	钻孔		手动钻孔直径为 20,长度为 35mm
4	粗、精车内孔		T0202 M03 S497(粗车) G00 X19.5 Z2.0 G80 X22.0 Z - 34.0 F0.2 　　X26.0 　　X28.0 M03 S997 G00 X24.0 Z2.0 　　X34.5 G01 X28.5 Z - 34.0 F0.08 　　Z - 34.0 G00 X24.0
5	车内螺纹		T0303 M03 S600 G00 X26.0 Z3.0 G82 X29.2 Z - 31.0 F1.5 　　X29.8 　　X30.2 　　X30.4 　　X30 G00 X100.0 Z100.0

续表

序号	工 步	工 步 图	程 序
6	粗、精车外圆	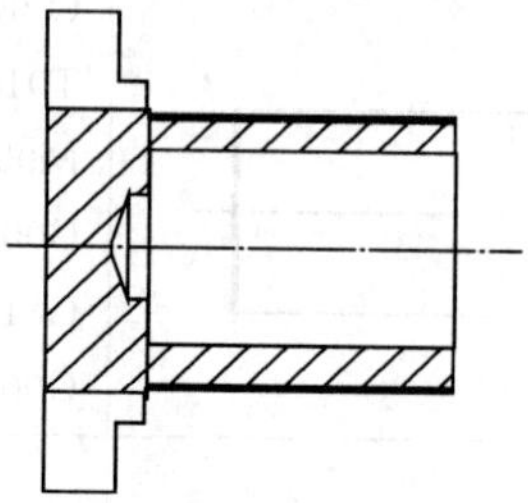	T0101 M03 S994 G00 X47.0 Z2.0 G80 X42.5 Z－34.0 F0.25 M03 S149 2 G80 X42.0 Z－34.0 F0.1 G00 X100.0 Z100.0
7	切断	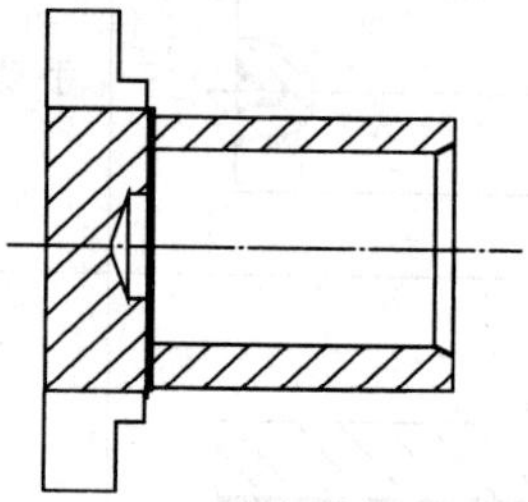	T0404 M03 S497 G00 X47.0 Z－34.0 G01 X0 F0.1 X47.0； G00 X100.0 Z100.0
8	调头装夹控制总长	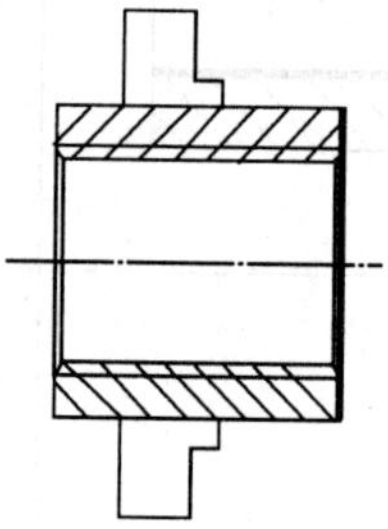	手动车削加工，控制总长 30mm

9	倒角	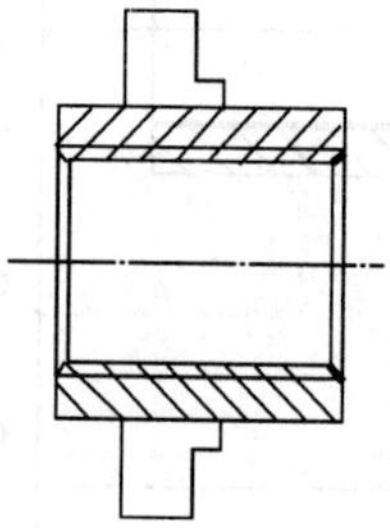	编程倒角（或手动倒角）
			T0202
			M03 S495
			G00 X47.0 Z2.0
			    X33.0
			G01 Z0.5 F0.15
			    X27.0 Z－2.5
			    Z2.0 F0.3
			G00 X100.0 Z100.0
			M05
			M30

📝 **课内练习**

1.根据对单件加工零件工艺的反思与改进,考虑生产批量的问题,学生对加工的装夹方案、刀具、程序、工艺流程等进行改进,以小组合作的方式形式进行讨论,最终填写批量加工工序卡。

2.请编写 M24 内螺纹加工程序,螺纹深度 20mm。

程　　序	注　　释

3.请叙述螺纹环规的使用方法和检测步骤。

模块练习

1.参照图 7 - 12,编写内孔加工程序。

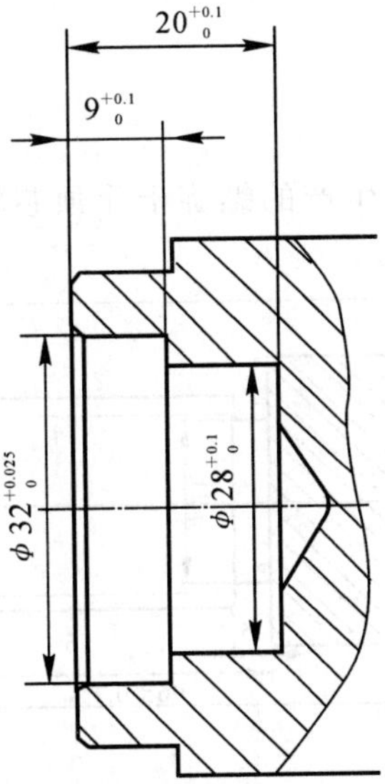

图　7 - 12

2.试编写 M24 内螺纹粗精加工程序,螺纹深度 20mm。

模块三 复杂轴类零件的加工

模块介绍

通过本模块的学习,掌握复杂轴类零件的结构及其工艺,能够按照数控车床操作规程的要求,完成复杂外轮廓(外圆、阶台、沟槽、圆锥、圆弧、三角形外螺纹)轴类的加工。

学习目标

(1)了解数控车床的结构与组成,熟悉数控车床的操作面板;
(2)掌握刀具相关基本知识、刀具选择和切削用量的选择;
(3)认识数控车床相关坐标系的知识和编程指令;
(4)会按操作规程进行机床的开关机,能独立进行机床的 MDI 手动加工;
(5)能独立按照编程规则编制简单外轮廓零件的程序,运行加工并保证质量。

任务八 螺旋千斤顶芯轴的加工

任务介绍

该零件为某机械加工企业准备生产的螺旋千斤顶芯轴,订单数量为 20 件,毛坯为 $\phi40\times100$ 的 45# 中碳钢。

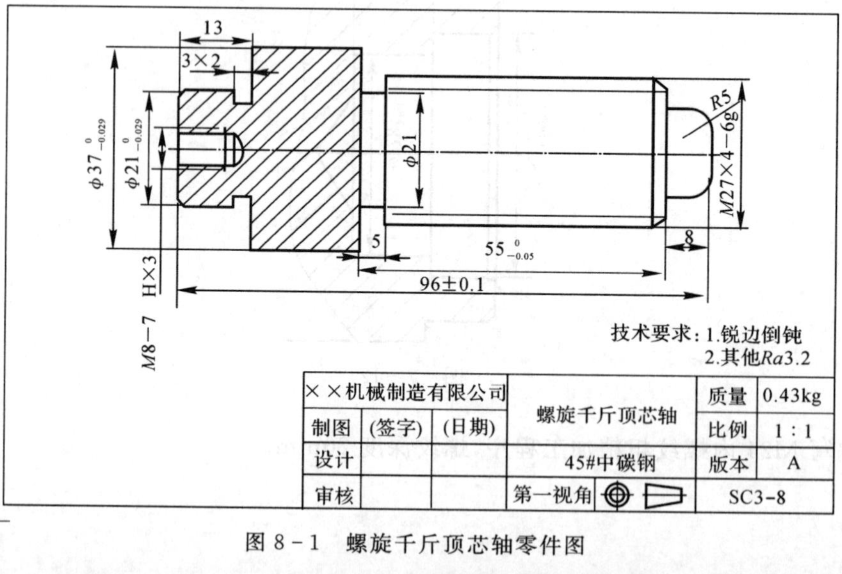

图 8-1 螺旋千斤顶芯轴零件图

学习目标

(1)掌握 G70,G71,G76 指令格式及其编程方法,能运用指令正确编写程序;

(2)掌握 FANUC 数控系统的界面操作方法,能够正确对该系统进行相关操作;

(3)能够参照螺旋千斤顶芯轴的加工,完成类似零件的工艺分析、数值计算、程序编制、校验和加工检测等工作;

(4)能正确使用量具检测螺旋千斤顶芯轴的相关精度;

(5)对机床进行日常维护保养,并填写设备使用相关表格。

子任务一　固定循环指令 G71,G76 的格式及编程方法

一、G71 指令格式及编程方法

1.精加工循环指令 G70

G70 指令用于在工件粗车循环指令 G71,G72,G73 车削后进行精车。

指令格式见表 8-1。

表 8-1

FANUC 0i Mate TC 数控系统	华中世纪星 HNC-21T 数控系统
G70 Pns　Qnf	无该指令
ns:精加工形状的程序段组的第一个程序段的顺序号 nf:精加工形状的程序段组的最后程序段的顺序号	

2.外圆粗车固定循环指令 G71

G71 指令适用于圆柱棒料粗车的外轮廓或内轮廓需切除较多余量时的情况。

指令格式见表 8-2。

表 8-2

FANUC 0i Mate TC 数控系统	华中世纪星 HNC-21/22T 数控系统
G71 UΔd　Re G71 Pns　Qnf　UΔu　WΔw　Ff	1. G71 UΔd Re Pns Qnf XΔx ZΔz Ff（无凹槽） 2. G71 UΔd Re Pns Qnf EΔe Ff（有凹槽）
Δd:每次切削深度 e:每次退刀量 ns:精加工形状的程序段组的第一个程序段的顺序号 nf:精加工形状的程序段组的最后程序段的顺序号 Δu:X 方向精加工余量的距离及方向 Δw:Z 方向精加工余量的距离及方向	Δd:每次切削深度 e:每次退刀量 ns:精加工形状的程序段组的第一个程序段的顺序号 nf:精加工形状的程序段组的最后程序段的顺序号 Δx:X 方向精加工余量的距离及方向 Δz:Z 方向精加工余量的距离及方向 Δe:精加工余量,外轮廓为正,内轮廓为负

如图 8-2 所示，用程序决定 A 至 A′ 至 B 的精加工形状，用 Δd（切削深度）车掉指定的区域，留精加工预留量 Δu/2 及 Δw。

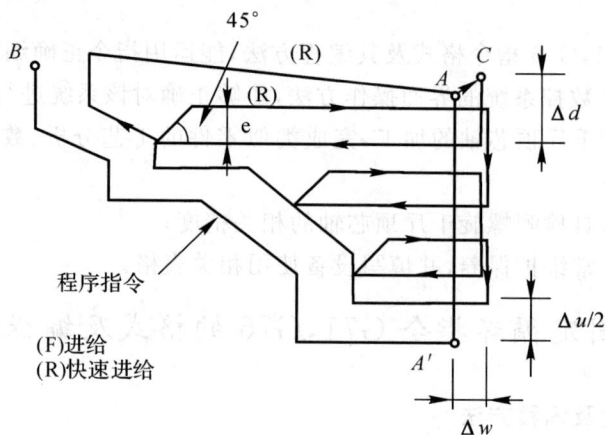

图 8-2 G71 循环加工过程

注意：

（1）由循环起点 C 到 A 的只能用 G00 或 G01 指令，且不可有 Z 轴方向移动指令（无凹槽）。

（2）在粗车循环 G71～G73 中，刀尖半径补偿功能无效，但在 G70 中有效。

（3）在使用 G71 指令中顺序号 ns 到 nf 之间的程序段中，不应包含子程序。

（4）粗加工时 ns 到 nf 之间的 F，S，T 及 G96、G97 无效。

（5）FANUC 系统：类型一，无凹槽。

1）工件轮廓的 X, Z 坐标必须是单调增加或减少。

2）由循环起点 C 到 A 只能用 G00 或 G01 指令，且不可有 Z 轴方向移动指令。

3）精车余量的距离和方向与刀具的轨迹移动方向有关。

FANUC 系统：类型二，有凹槽。

1）工件轮廓的 X, Z 坐标不必是单调增加或减少。

2）循环起始程序段的刀具移动指令可以沿任何轮廓方向，但轮廓沿 Z 方向的坐标必须单调增加，否则不能加工。

3）循环起始程序段的移动中，必须指定 X, Z 坐标，即使沿 Z 方向没有移动，也必须用 W0 指定。

华中系统则采用两种指令格式，分别用于无凹槽和有凹槽的情况。

例 8-1 用数控车床车削如图 8-3 所示工件，精车余量直径留 0.5mm，长度留 0.05 mm。刀具及其切削用量选择如下：T01 为 1 号粗车刀，背吃刀量为 3mm，进给量为 0.2mm/r，切削速度 120m/min；T02 为 2 号精车刀，切削速度 180m/min，进给量为 0.07mm/r，背吃刀量为 0.25mm。

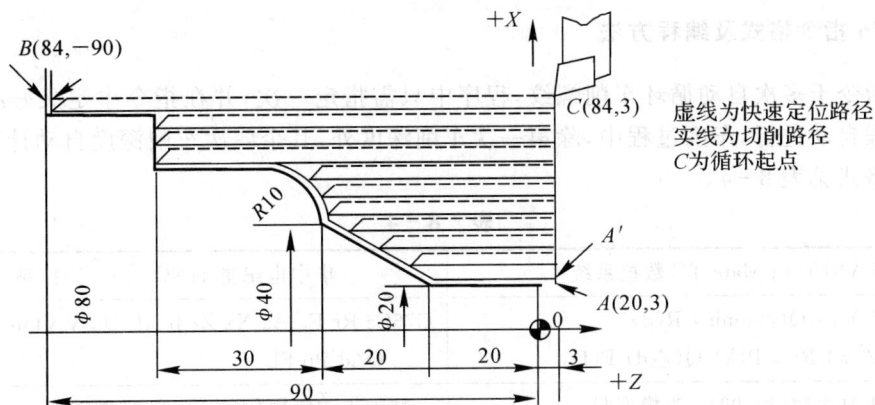

图 8-3　G71 车削工件

解　以工件右端面中心为编程坐标原点，计算相关基点坐标后，程序见表 8-3。

表　8-3

FANUC 0i Mate TC 数控系统	华中世纪星 HNC-21T 数控系统	注　释
O2010；	O2010	程序名
T0101；	T0101	选择刀具
M03 S600；	M03 S600	主轴正转
G00 X84.0 Z3.0 M08；	G00 X84 Z3 M08	定位，开切削液
G71 U3.0 R1；	G71 U3. R1 P10 Q20 X0.25 Z0.05 F0.2	粗车循环
G71 P10 Q20 U0.2 W0.05 F0.2；		
	G00 X150 Z100 T0100	快速退至安全点
	T0202	换 2 号精车刀
	G00 X84 Z3	快速定位
N10 G00 X20.0；	N10 G00 X20	精车循环，由 C 至 A
G01 Z-20. F0.07 S1000；	G01 Z-20 F0.07 S1000	
X40. W-20.；	X40 W-20	
G03 X60. W-10. R10.；	G03 X60 W-10 R10	
G01 W-20.；	G01 W-20	
X80.0；	X80	
Z-90.0；	Z-90	
N20 X84.0；	N20 X84	完成精车程序段
G00 X150.0 Z100.0 T0100；		快速退至安全点
T0202；		换 2 号精车刀
G00 X84.0 Z3.0；		快速定位
G70 P10 Q20；		精车循环
G00 X150. Z200. M09；	G00 X150 Z100 M09；	快速退刀、关切削液
M05；	M05	主轴停止
M30；	M30	程序结束返回开始

二、G76 指令格式及编程方法

G76 指令于多次自动循环车削螺纹,程序中只需指定一次,并在指令中定义好有关参数,则车削过程自动进行,车削过程中,除第一次车削深度外,其余各次车削深度自动计算。

指令格式见表 8-4。

表　8-4

FANUC 0i Mate TC 数控系统	华中世纪星 HNC-21T 数控系统
G76 P(m)(r)(α) Q(△dmin) R(d) G76 X(u) Z(w) R(i) P(k) Q(△d) F(f)	G76Cc Rr Ee Aa Xx Zz Ii Kk Ud V△dmin 　　Q△d Pp FL
m:精加工重复次数(1~99),为模态量	c:精加工重复次数(1~99),为模态量
r:倒角量 ,本指令为模态量	r:Z 向倒角量(00~99),为模态量
α:刀尖角度,可选择 80°,60°,55°,30°,29°,0° 等 6 种,为模态量	e:X 向倒角量(00~99),为模态量
	a:刀尖角度,可选择 80°,60°,55°,30°,29°,0° 等 6 种,用 2 位数指定,为模态量
△dmin:最小切削深度,本指令为模态量	△dmin:最小切削深度,半径值,为模态量
d:精车余量,半径值,为模态量	d:精车余量,为模态量
x,z:螺纹有效长度的终点坐标	x,z:螺纹有效长度的终点坐标
i:螺纹部分的起止点半径差,如果 i=0,可作一般圆柱螺纹切削	i:螺纹部分的起止点半径差,如果 i=0,可作一般圆柱螺纹切削
k:螺纹高度,这个值在 X 轴方向用半径值指定	k:螺纹高度,这个值在 X 轴方向用半径值指定
△d:第一次的切削深度(半径值)	△d:第一次的切削深度(半径值)
f:螺纹导程	P:多线螺纹切削起始角度
	L:螺纹导程(与 G32/G33 相同)

例 8-2　应用螺纹车削多次循环功能加工如图 8-4 所示工件。

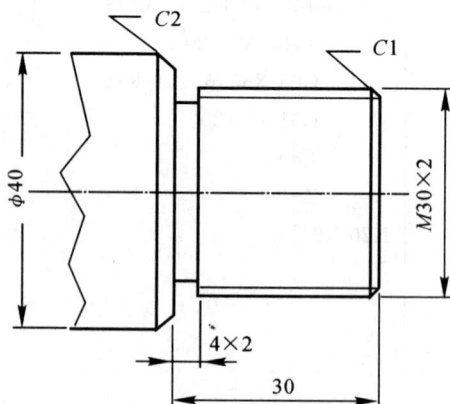

图 8-4　螺纹零件加工

解　程序见表 8-5。

表 8-5

FANUC 0i Mate TC 数控系统	华中世纪星 HNC-21T 数控系统	注释
O2012;	O2012	程序名
T0101;	T0101	选择刀具
M03 S600;	M03 S600	主轴正转
G00 X32. Z5.;	G00 X32 Z5	快速定位到循环起点,开切削液
G76 P021060 Q100R100;	G76 C02 R02 E02 A60 X27.4 Z-27 I0	螺纹循环切削
G76 X27.4 Z-27. R0 P1300	K1.3 U0.1 V0.1 Q0.9 F2	
Q900 F2;		
G00 X100. Z100. M09;	G00 X100 Z100 M09	快速退刀、关切削液
M05;	M05	主轴停止
M30;	M30	程序结束返回开始

课内练习

1. 图 8-5 为任务二中的芯轴零件,试用 G71 编写轮廓粗加工程序。

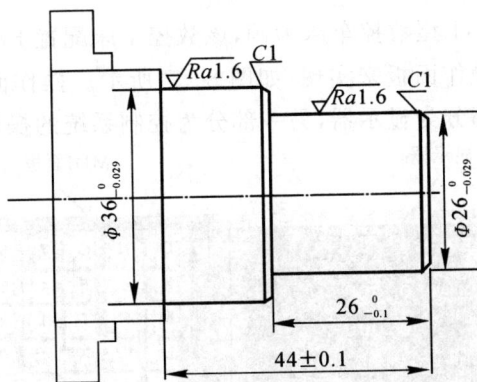

图 8-5

2. 解释华中世纪星 HNC-21T 数控系统中 G76 指令的含义。

G76Cc Rr Ee Aa Xx Zz Ii Kk Ud VΔdmin QΔd Pp FL

c:_____

r:_____

e:_____

a:_____

Δdmin:_____

d:_____

x,z:_____

i:_____

k:_____

Δd:_____

p:_____

L:_____

3.图8-6零件轮廓已经加工完成,试编写螺纹加工程序。

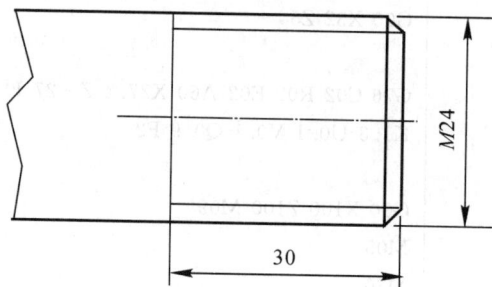

图 8-6

子任务二 FANUC 数控系统操作界面的应用

一、FANUC 0i 数控操作面板的界面操作

以南通机床厂的 CK6141 型数控车床为例,该数控车床配置 FANUC 0i Mate-TC 系统。数控车床的操作主要通过操作面板来实现,如图8-7所示。操作面板由三部分组成:一部分为机床 MDI 操作面板,一部分为显示器,另一部分为控制系统的操作面板。

显示器 MDI面板

图 8-7 功能控制操作面板

(一)MDI 操作面板

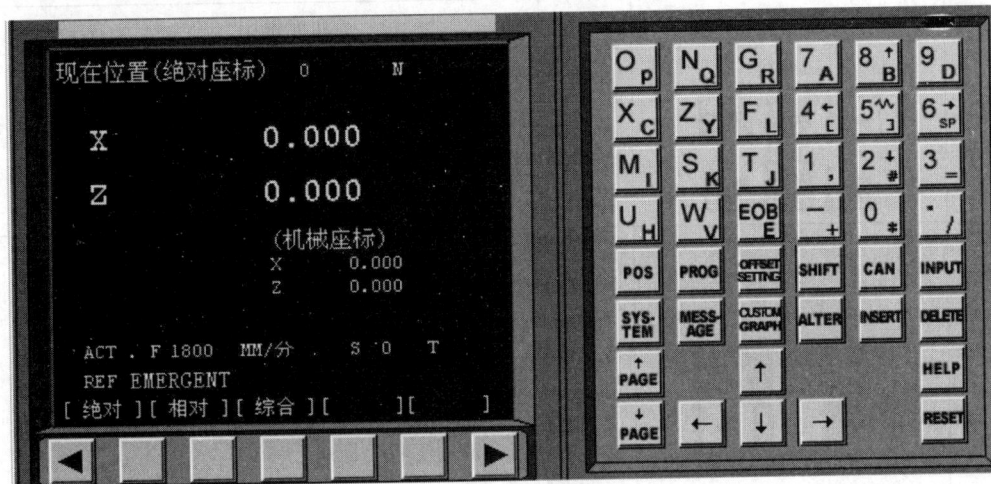

图 8-8　MDI 操作面板

MDI 操作面板(见图 8-8)的功能主要是用于程序编辑和显示画面切换。具体按键功能见表 8-6。

表 8-6　MDI 面板按键功能表

序号	名称	功能说明
1	复位键 RESET	按此键可以使 CNC 复位或者取消报警等
2	帮助键 RESET	按此键用来显示如何操作机床,如 MDI 键的操作。可以获得帮助
3	地址数字键 Oₚ	按下这些键可以输入字母,数字或者其他字符
4	切换键 SHIFT	在某些键上有两个字符。按下【<SHIFT】键可以选择字符。当有 ^ 显示在输入位置时,表示键右下角的字符可以输入
5	输入键 INPUT	当按下一个字母键或者数字键时,数据被输入到缓冲区,并且显示在屏幕上。为了将输入缓冲区的数据拷贝到偏置寄存器中,请按此键。这个键与软键中的【INPUT】输入键是等效的
6	取消键 CAN	取消键,用于删除最后一个进入输入缓存区的字符或符号
7	程序功能键 ALTER INSERT DELETE	当编辑程序时按这些键。 ALTER:替换键,替换光标所在位置的内容 ALTER:插入键,将输入内容插入到光标所在位置 DELETE:删除键,删除光标所在位置的内容,或删除程序

续 表

序号	名称	功能说明
8	功能键 POS PROG OFFSET SETTING SYS-TEM CUSTOM GRAPH MESS-AGE	按下这些键,切换不同功能的显示屏幕。功能键的详细说明见后续说明
9	光标移动键 ↑ ← ↓ →	有 4 种不同的光标移动键。 →:这个键用于将光标向右移动 ←:这个键用于将光标向左移动 ↑:这个键用于将光标向上移动 ↓:这个键用于将光标向下移动
10	翻页键 ↑PAGE ↓PAGE	有两个翻页键。 ↑PAGE:该键用于将屏幕显示的页面往上翻页 ↓PAGE:该键用于将屏幕显示的页面往下翻页

(二)功能键和软键说明

功能键用来选择将要显示的屏幕画面。

按下功能键之后再按下与屏幕文字相对的软键,就可以选择与所选功能相关的屏幕。

一般操作如下(实际显示过程千变万化,详细情况请参考说明书):

在 MDI 面板下按功能键。属于选择功能的章节选择软键出现。按其中一个章节选择软键。与所选的章对应的画面出现。如果目标章的软键未显示,则按继续选择菜单键(下一个菜单键),当目标章画面显示时,按操作选择显示被处理的数据。

为了重新显示章选择软键,按返回菜单键。

1. POS

按下此键以显示位置画面(见图 8-9)。对应的操作软键的功能是:

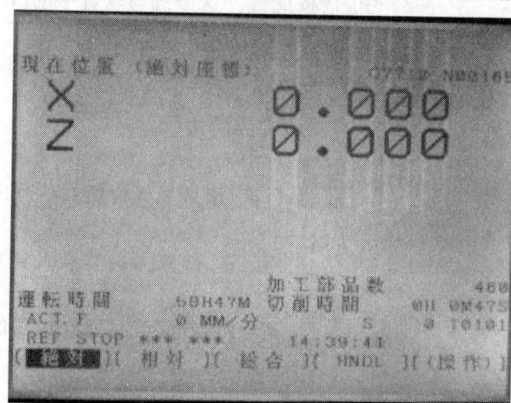

图 8-9 POS 显示画面

1)【绝对】坐标显示(ABS)。

2)【相对】坐标显示(REL)。

相对坐标值可任意归零,其方法为:按 U 或 W 或 U、W 同时按,则荧幕上 U 及 W 开始闪动;按 CAN,则 U 或 W,或同时归零。

3)【综合】坐标显示(ALL)。

4)【HNDL】手轮中断。

5)【操作】监视画面(MONI)。

注意:

1)在自动模式时方可显示机床的座标位置,在其他模式中,此部分未显示。

2)机械坐标表示以机械原点为固定点的坐标,其值无法改变。

2. ![PROG]

按下此键以显示程序画面,如图 8 - 10 所示。

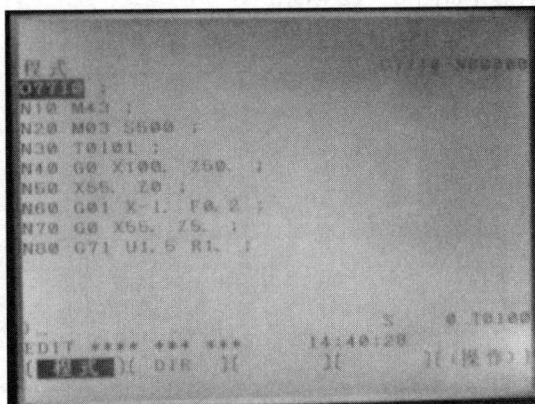

图 8 - 10　PROG 程式显示画面

对应的操作软键的功能是:

1)【程式】显示画面(PRGRM)。

2)程式一览表画面【DIR】。

3)无。

4)无。

5)【操作】控制画面。

注意:在 MEM,EDIT,MDI,JOG,HNDL,REF 等模式下有不同的画面。

(1)将模式选择旋钮置于【EDIT】编辑模式,按 ![PROG] 键,荧幕显示出画面。再按软键【程式】、【DIR】目录选择。

【程式】:画面显示出程序,可对程序进行更改、输入、删除。

【DIR】:画面显示程序的目录,目录包括已使用的程序号。

(2)将模式选择旋钮置于 MEM 自动模式时,显示 4 个功能软键。

【程式】:显示现在的程序。

【检视】:在 MEM 自动运行模式下显示现在执行的程序、当前刀具位置和模态指令。

【现单节】:显示现在正在执行的程序段,并显示在 MEM 或 MDI 操作模式下的模态指令。

【下单节】:显示现在执行的程序段和下一个将要执行的程序段。

(3)将模式选择旋钮置于 MDI 模式,按 PROG 显示,从 MDI 面板输入程序段和模态指令,并进行单段程序的编辑和执行。

3. OFFSET SETTING

按下此键以显示刀具偏置/设置【SETTING】画面。

用于刀具长度补偿和半径补偿、工件坐标系平移值设置、宏变量设置、刀具寿命管理设置以及其他数据设置等操作。画面显示 4 个功能软键。

(1)补正(刀具偏置)画面,用于刀具长度补偿和半径补偿,包括以下两个画面:

1)【形状】:刀具几何长度补偿,如图 8-11 所示。

2)【磨耗】:刀具磨损补偿,如图 8-12 所示。

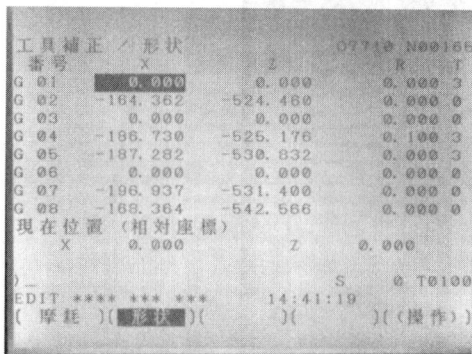

图 8-11 刀具偏置/设置－形状偏置画面

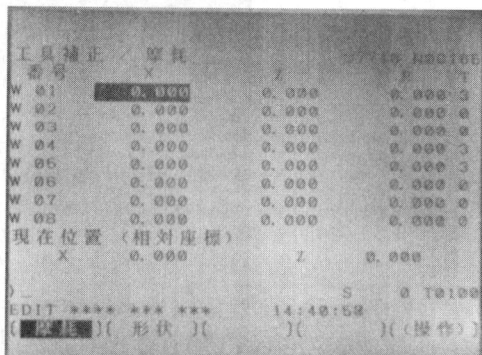

图 8-12 刀具偏置/设置－磨耗偏置画面

(2)【SETTING】设置画面,用于设置机床可编辑参数,显示和设定用户宏程序公共变量,如图 8-13 所示。

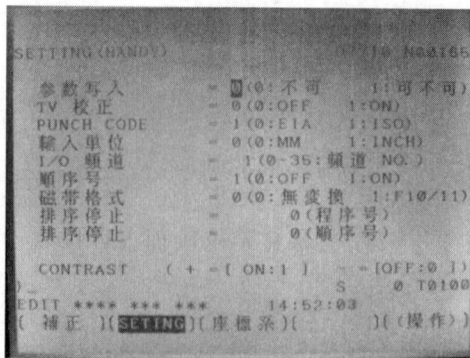

图 8-13 刀具偏置/设置－SETING 画面

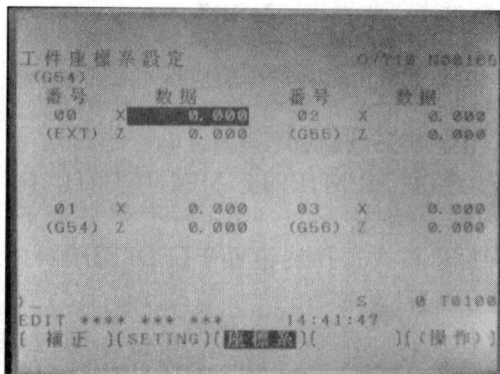

图 8-14 刀具偏置/设置－坐标系画面

(3)工件【坐标系】画面(WORK)。输入 G54～G59 工件坐标系偏置,如图 8-14 所示。

注意：刀具补偿值的设置和显示见后续对刀操作。在加工过程中，刀具实际补偿值为刀具几何长度补偿值与刀具磨损补偿值之和。

4. SYSTEM

按下此键以显示系统画面，如图 8－15 所示。

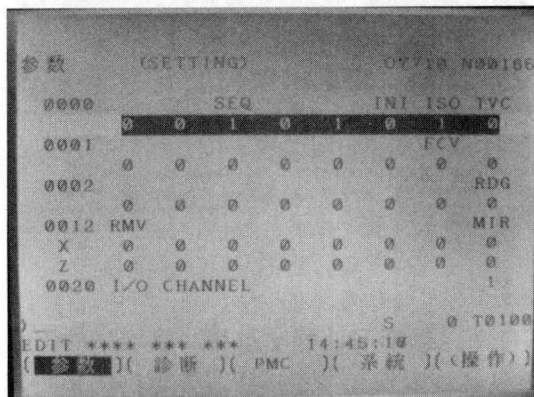

图 8－15　系统画面

对应的操作软键的功能是：

1)【参数】画面(PAEAM)。

2)【诊断】画面(DGNOS)。

3)【PMC】画面(WORK)。

4)【系统】构成画面(SYSTEM)。

5)【操作】控制画面。

该功能键用于机床参数的设定和显示及诊断资料的显示等，如机床时间、加工工件的计数、公制和英制、半径编程和直径编程，以及与机床运行性能有关的系统参数的设置和显示。由于大部分系统参数的设置与具体的机床有关，用户一般不用改变这些参数，只有在非常了解各个参数的作用的前提下和有必要时才进行参数的设置或修改，否则会发生意想不到的后果。

5. MESSAGE

按下这一键以显示信息画面

该功能主要用于数控机床操作中出现的警告信息的显示。每一条显示的警告信息都按错误编号进行分类，可以按该编号查找其具体的错误原因和消除错误的方法。

6. CUSTOM GRAPH

按下这一键以显示模拟校验画面，如图 8－16 所示。

对应的操作软键的功能是：

1)【G.参数】画面(PAEAM)。

2)无。

3)【图形】画面(GRAPH)。

4)【放大】画面(ZOOM)。

5)【操作】控制画面。

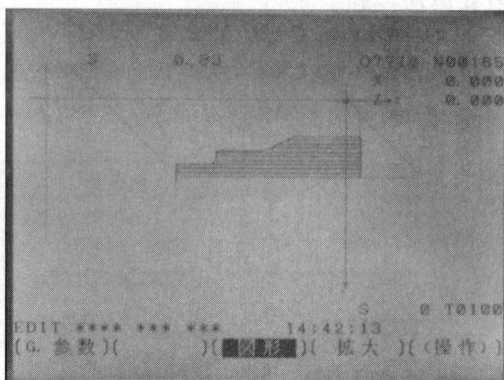

图 8-16　程序模拟校验画面

　　图形功能显示刀具在自动运行期间的移动过程。将程序的刀具轨迹显示在 CRT 上，以便于通过观察 CRT 上的刀具轨迹来检查加工进程。显示的图形可以放大或缩小。在显示刀具轨迹前必须设置绘图坐标参数和图形参数。

　　显示图形按以下步骤进行：按功能键[CUSTOM GRAPH]；用光标键移动光标到所需设定参数处；输入数据，然后按[INPUT]键；直到所有的参数都设置好；按下软键【图形】；启动[START]自动运行，画面上绘出刀具的运动轨迹，如图 8-16 所示。图中虚线显示快速移动，实线显示车削进给。

　　改变图形比例：按功能键[CUSTOM GRAPH]；然后按软键【放大】显示被放大的图形。

　　软键：要显示一个更详细的画面，可以在按下功能键后按软键。最左侧带有向左箭头的软键为菜单返回键，最右侧带有向右箭头的软键为菜单继续键。

　　输入缓冲区：输入缓冲区的内容显示在 CRT 屏幕的底部左下角显示【>】的位置。

　　当按下一个地址或数字键时，与该键相应的字符就立即被送入输入缓冲区。在输入数据的末尾显示一个符号"_"标明下一个输入字符的位置。

(三)控制操作面板

FANUC 0i 数控系统的控制操作面板如图 8-17 所示。

图 8-17　控制操作面板

机床控制操作面板的功能和按钮排列与具体的数控车床型号有关,面板控制键功能见表8－7。

表 8－7　机床控制操作面板控制键功能

控制键图标	功　能
	操作模式选择开关(MODE) 手动输入模式(MDI):在该模式下可以直接从键盘上输入单段程序或进行参数的设置或修改 自动运行模式(MEMORY):在该模式下程序自动运行 编辑模式(EDIT):在该模式下进行程序的编辑、修改、输入、输出等操作 手轮(HANDLE)操作模式:微量控制进给运动 手动点动模式(JOG):控制进给运动 参考点返回(ZRN／REF):在该模式下对机床进行参考点返回
	手轮:将操作模式选择开关置于手轮操作模式,选定需移动的坐标轴,旋转手轮,移动坐标轴。与手轮进给倍率选择开关配合使用
	INCREMENT 手轮进给倍率开关:×1,×10,×100 分别表示手轮旋转一格坐标轴移动 0.001mm,0.01mm,0.1mm
	SELECTION 手轮坐标选择按钮:左侧为 X 轴,中间停止,右侧 Z 轴
	手动连续进给按钮: (1)将操作模式开关置于参考点返回模式,分别按＋X、＋Z 各坐标轴分别返回参考点,返回参考点后,参考点确认灯亮。也称之为返回机床坐标系零点 (2)将操作模式开关置于手动点动模式,分别按 X＋、Z＋、X－、Z－,使坐标轴按所选定的方向移动。进给移动速度由进给倍率开关调整 (3)将操作模式开关置于手动点动模式,分别按 X＋、Z＋、X－、Z－的同时按住中间 RAPID 快速键,使坐标轴按所选定的方向快速移动。快速移动速度可由快速倍率开关或机床参数调整
	FEEDRATE OVERRIDE 进给移动速度倍率开关: (1)手动点动模式下,可以在 0～150% 范围内调整 (2)自动运行模式中,由 F 代码指定的进给速度可以用此开关来调整,调整范围 0～150% 每格增量为 10%
	SPINDLE OVERRIDE 主轴转速调整旋钮:在自动模式下,调整主轴转速。铣削轴控制与主轴相同

续表

控制键图标	功　能
LOCK	LOCK 机床锁开关：用于在不移动坐标轴时检查 CRT 画面上显示的坐标值变化
DRYRUN	DRYRUN 程序空运行开关：开关置于"开"的位置，程序中的"F"代码无效，进给速度由"进给移动速度倍率"开关或系统参数指定的速度控制。空运行后必须回参考点
BLOCK	BLOCK 单段执行：在自动运行模式下，该开关置于"开"的位置时，每按一次程序启动按钮，程序只执行一个程序段后停止；置于"关"的位置，则连续运行
SKIP	SKIP 程序段跳开关：开关置于"开"位置，对于程序开头有"/"符号的程序段被跳过不执行。将开关置于"关"位置，"/"符号无效
START	START 启动铵钮：按该钮启动程序自动运行
HOLD	FEED HOLD 进给暂停：按该按钮后按钮变亮，同时启动按钮熄灭，并且所有的轴的进给都在执行完该程序段 M、S 和 T 指令后停下来。可再次按启动按钮接着运行
STOP	STOP 程序停止、手动停止按钮
LIMTREST	LIMTREST 超程释放按钮：在操作时某一坐标方向移动超程时，按下该按钮及相应坐标轴的反方向即可以使机床恢复正常状态
CW STOP CCW	主轴旋转开关：在手动模式下，CW 主轴正转 CW、CCW 主轴反转 CCW、STOP 主轴停止 STOP
COOL	COOL 冷却液开关：按一次该按钮冷却液开，再按一次冷却液关
TOOL	TOOL 手动换刀：在手动模式下，按按钮，则刀架顺序换刀一个位置
LAMP	LAMP 工作灯开关：按一次该按钮灯开，再按一次灯关

续 表

控制键图标	功　能
 READY	READY 指示灯：使机床恢复正常状态，机床接通电源并放开急停按钮或消除急停原因后，消除警告信息后机床恢复正常状态的指示
 OFF　ON POWER	数控系统电源开关
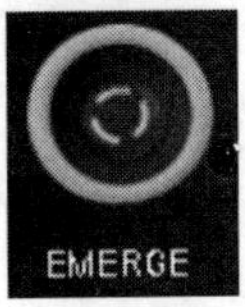 EMERGE	急停按钮：当出现异常情况时，按下此按钮机床立即停止工作。待故障排除恢复机床工作时，需按照按钮上的箭头方向转动，按钮即可弹起

技能训练

1. 在计算机数控系统仿真软件中练习操作，熟悉各按键的位置，并记忆各按键的功能。在操作中熟悉各按键组合使用的方法及要求。

2. 在数控车床上操作练习，与仿真软件的操作进行比较，记忆实际操作与仿真操作的区别。要求在仿真操作中尽量按实际操作进行练习，以培养正确的操作动作和良好的工作习惯。

二、FANUC 0i 数控操作面板的手动操作

(一)机床开、关机及回参考点操作

1. 开机

先打开机床电源，然后开启数控系统电源(有些机床这两个开关是联动的，合二为一)。电源钥匙顺时针旋转启动电源按钮  ，此时机床电机和伺服控制的指示灯  变亮。检查急停按钮是否松开至  状态，若未松开，顺时针旋转急停按钮，将其松开。

2. 机床回参考点

机床参考点是机床制造商在机床上用行程开关设置的一个物理位置，与机床原点的相对位置是固定的(由机床制造商精密测量确定)。机床参考点一般不同于机床原点。一般来说，数控车床的参考点为距离卡盘最远的某一位置。

检查操作面板上【MODLE】模式选择旋钮是否指在【ZRN】(REF)回原点模式；若不在，则旋转旋钮，转入回原点模式。

在回原点模式下，先将 X 轴回原点，按住操作面板上的  按钮，使 X 轴正方向移动，此时 X 轴将回原点(X 轴回原点灯变亮)，CRT 上的 X 坐标变为"0.000"。按住操作面板上的  按钮，使 Z 轴正方向移动，此时 Z 轴将回原点(Z 轴回原点灯变亮)，CRT 上的 Z 坐标变为"0.000"。此时 CRT 界面如图 8 - 18 所示。

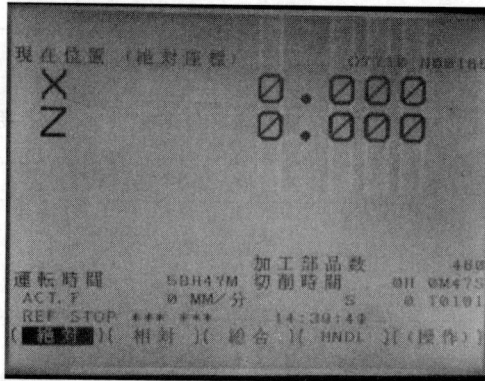

图 8-18　机床回参考点画面

3.关机

先检查各坐标轴是否停在合适的位置,与机床、工件或部件没有干涉,按下急停按钮 ⬤。
电源钥匙逆时针旋转电源按钮 ▣,关闭系统电源,再关闭机床电源。

(二)手动输入参数

1.G54～G59 参数设置

在 MDI 键盘上点击 ▣ 键,按软键"坐标系"进入坐标系参数设定界面,输入"0x"(01 表示 G54,02 表示 G55,以此类推),按软键"NO 检索",光标停留在选定的坐标系参数设定区域,如图 8-19 所示。

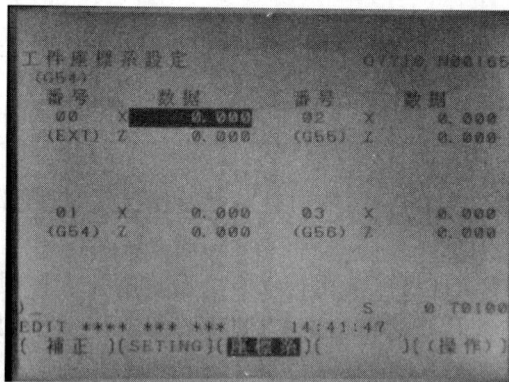

图 8-19　OFFSET 画面(工件坐标系)

也可以用方位键 ↑ ↓ ← → 选择所需的坐标系和坐标轴。利用 MDI 键盘输入通过对刀得到的工件坐标原点在机床坐标系中的坐标值。设通过对刀得到的工件坐标原点在机床坐标系中的坐标值(如 X-500,Z-404),则首先将光标移到 G54 坐标系 X 的位置,在 MDI 键盘上输入"-500.00",按软键"输入"或按 ▣,参数输入到指定区域。按 ▣ 键逐字删除输入域中的字符。点击 ↓，将光标移到 Y 的位置，输入"-415.00"，按软键"输入"或按 **INPUT**，参数输入到指定区域。同样的可以输入 Z 的值。

注：X 坐标值为-100，须输入"X-100.00"；若输入"X-100"，则系统默认为-0.100。

如果按软键"+输入"，键入的数值将和原有的数值相加以后输入。

2. 车床刀具补偿参数

车床的刀具补偿参数包括刀具的磨损量补偿参数和形状补偿参数，两者之和构成车刀偏置量补偿参数。

(1)输入磨耗量补偿参数。刀具使用一段时间后磨损，会使产品尺寸产生误差，因此需要对刀具设定磨损量补偿。步骤如下：

在 MDI 键盘上点击 **OFFSET SETTING** 键，进入磨耗补偿参数设定界面。如图 8-20 左图所示。

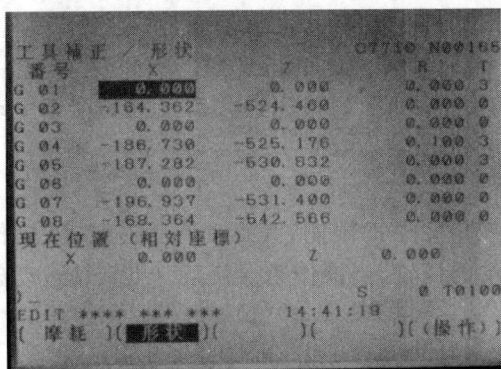

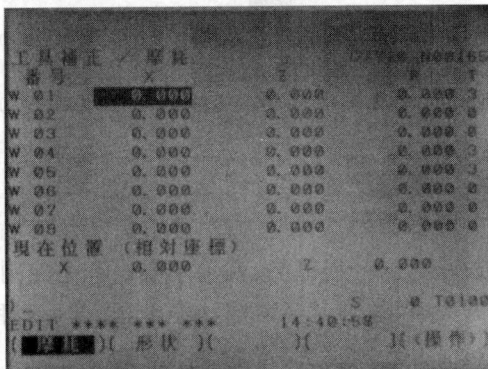

图 8-20　OFFSET 画面(刀具磨耗、形状补偿)

用方位键 ↑ ↓ 选择所需的番号，并用 ← → 确定所需补偿的值。点击数字键，输入补偿值到输入缓冲区。按软键【输入】或按 **INPUT**，参数输入到指定区域。按 **CAN** 键逐字删除输入缓冲区中的字符。

(2)输入形状补偿参数。在 MDI 键盘上点击 **OFFSET SETTING** 键，进入形状补偿参数设定界面。如图 8-20右图所示。

用方位键 ↑ ↓ 选择所需的番号，并用 ← → 确定所需补偿的值。点击数字键，输入补偿值到输入缓冲区。按软键【输入】或按 **INPUT**，参数输入到指定区域。按 **CAN** 键逐字删除输入域中的字符。

(3)输入刀尖半径和方位号。分别把光标移到 R 和 T，按数字键输入相应刀具的刀尖半径或方位号，按软键【输入】或 **INPUT** 键。

(三)手动/手轮脉冲操作

1. 手动操作

(1)手动连续方式：转动操作面板上的【MODLE】模式旋钮，使其指示到【JOG】手动模式。

根据需要分别按住 [Z-] [Z+] [X+] [X-] 键,控制机床坐标轴的移动方向。

(2)点击 [CW] [STOP] [CCW] 控制主轴的正转【CW】、反转【CCW】和停止【STOP】。

注:刀具切削零件时,主轴需转动。加工过程中刀具与零件发生非正常碰撞后,可能发生设备人身事故,操作时一定要小心仔细。

(3)点击 [TOOL] 键一次,刀架自动换位一个刀位。

2.手轮脉冲操作 MPG

需精确调节机床时,可用手动脉冲方式调节机床进给运动。旋转操作面板上的【MODLE】模式旋钮,使指在【HANDLE】手动脉冲模式下。

首先选择坐标轴,在【轴选择】旋钮 选择 X 或 Z 坐标轴。其次选择合适的脉冲当量,在【手轮进给速度】旋钮 ,选择 ×1(0.001mm)、×10(0.01mm)、×100(0.1mm)。旋转手轮 ,逆时针为负"一"方向,顺时针为正"十"方向,以精确控制机床的移动。主要用于手动切削或对刀工作。

(四)超程释放

数控车床的 X,Z 坐标轴进给运动受到机床规格大小的限制,其运动行程有限,在操作中为了防止超出行程范围,就采用限位开关控制进给的位置,当操作错误使某一坐标轴运动碰到限位开关时,该轴就会减速和停止,并显示超程报警。

为了解除该报警,可以在【JOG】手动模式下,按下 [LIMTREST]【LIMTREST】超程释放键,同时按下出现超程的坐标轴的反方向移动之后,超程报警解除。

例如:当"X+"方向超程时,按下 [LIMTREST] 超程释放键,同时按下"X一"反方向移动之后,超程报警解除。

(五)FANUC 数控系统对刀

为了计算和编程方便,我们通常将工件(程序)原点设定在工件右端面的回转中心上,尽量使编程基准与设计、装配基准重合。机械坐标系是机床唯一的基准,所以必须要弄清楚程序原点在机械坐标系中的位置。

所谓对刀是指使"刀位点"与"对刀点"重合的操作,如图 8-21 所示。每把刀具的半径与长度尺寸都是不同的,刀具装在机床上后,应在控制系统中设置刀具的基本位置。

"刀位点"是指刀具的定位基准点。

"对刀点"是指通过对刀确定刀具与工件相对位置的基准点。

"换刀点"是指自动更换刀具的人为设置位置点。

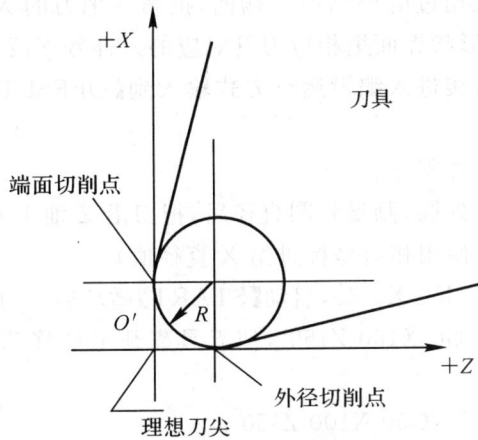

图 8-21 刀位点

1. FANUC 系统手动对刀

FANUC 系统手动对刀(确定工件坐标系)有 3 种方法。

第一种方法:直接用刀具试切对刀,通过对刀将刀偏值写入参数从而获得工件坐标系。这种方法操作简单,可靠性好,通过刀偏与机械坐标系紧密的联系在一起,只要不断电、不改变刀偏值,工件坐标系就会存在且不会变,即使断电,重启后回参考点,工件坐标系还在原来的位置。

第二种方法:用 G50 或 G92 设定坐标系,对刀后将刀移动到 G50 或 G92 设定的位置才能加工。对刀时先对基准刀,其他刀的刀偏都是相对于基准刀的。

第三种方法:设定 MDI 参数,运用 G54~G59 可以设定 6 个坐标系,这种坐标系是相对于参考点不变的,与刀具无关。这种方法适用于批量生产且工件在卡盘上有固定装夹位置的加工。

具体步骤:

(1)直接用刀具试切对刀,如图 8-22 所示。

1)用外圆车刀先试车端面 A,输入【OFFSET】界面的几何形状:Z0 点【测量】键即可。

2)用外圆车刀再试车外圆 B,停车测量该外圆直径 X--,输入【OFFSET】界面的几何形状:X(测量值),点【测量】键即可。如图 8-23 所示。

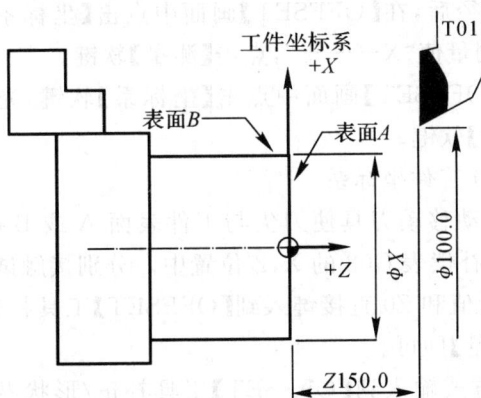

图 8-22 对刀

图 8-23 刀补画面

171

3)其他刀具分别接触试切过的外圆面和端面,把第一把刀的 X 方向测量值和 Z0 直接键入到【OFFSET】工具补正/形状界面里相应刀具对应的刀补号 X,Z 中,按【测量】即可。

4)刀具刀尖半径值可直接进入编辑运行方式输入到【OFFSET】工具补正/形状界面里相应刀具对应的刀补号 R 中。

(2)用 G50/G92 设置工件零点。

1)用外圆车刀先试车一外圆,测量外圆直径后,把刀沿 Z 轴正方向后退一些,切端面到中心(X 轴坐标减去直径值,或使用相对坐标进给 X 直径值)。

2)选择 MDI 方式,输入 G50 X0 Z0,启动【START】循环启动,把当前点设为零点。

3)选择 MDI 方式,输入 G0 X100 Z150 ,使刀具离开工件移动至工件坐标系中的 X100,Z150 坐标处。

4)这时编辑的程序开头为:G50 X100 Z150 。

注意:用 G50 X100 Z150,程序中开始的起点和结束的终点必须一致,即都是 X100 Z150,这样才能保证重复加工不乱刀。

5)其他刀具分别接触试切过的外圆和端面,把第一把刀的 X 方向测量值和 Z0 直接键入到【OFFSET】工具补正/形状界面里,相应刀具对应的刀补号 X,Z 中,按【测量】即可。

6)刀具刀尖半径值可直接进入编辑运行方式输入到【OFFSET】工具补正/形状界面里相应刀具对应的刀补号 R 中 。

(3)用 G54～G59 设置工件零点,如图 8-24 所示。

图 8-24 G54～G59 坐标系

1)用外圆车刀先试车一外圆,测量外圆直径后,在【OFFSET】画面中点击【坐标系】软键,光标移至 G54～G59 中的某个 X 处,输入 X 测量值"X－－－",点击【测量】软键。

2)用外圆车刀先试车切端面到中心,在【OFFSET】画面中点击【坐标系】软键,光标移至 G54～G59 中的某个 Z 处,输入 Z0,点击【测量】软键。

3)在程序中可用 G53 指令清除 G54～G59 工件坐标系。

4)其他刀具不用再切削工件表面,只需手动移动刀具使刀尖与工件表面 A 或 B 接触,重复前述步骤,则自动地计算出偏置量并设定在补偿表 G02 的 X,Z 位置中。分别接触试切过的外圆面 B 和端面 A,把第一把刀的 X 方向测量值和 Z0 直接键入到【OFFSET】工具补正/形状界面里相应刀具对应的刀补号 X,Z 中,按【测量】即可。

5)刀具刀尖半径值可直接进入编辑运行方式输入到【OFFSET】工具补正/形状界面里相

应刀具对应的刀补号的"R"栏,并选定假想刀尖方向编号,输入刀具补偿表的"T"栏。第一次在形状偏置设置的是刀具几何长度补偿和刀尖半径补偿,与之相应的的磨损补偿值为"零"。刀具的磨损补偿设置:在加工过程中,通过测量零件加工后的尺寸误差,并分析出产生该加工误差的具体刀具及其编号后,再进入刀具磨损补偿设置画面进行设置。

刀具补偿值输入到系统后,在程序运行时系统会自动调用几何补偿值,来校正刀具运动的轨迹。相当于刀架上的固定点当前位置坐标在 X 和 Z 轴方向被平移一个刀具几何补偿值,实现对工件进行正确的车削加工。

2. 机内对刀仪对刀

机内对刀仪对刀是利用数控系统自动精确地测量出刀具两个坐标方向的长度,并自动进行刀具补偿值的设定。如图 8-25 所示。

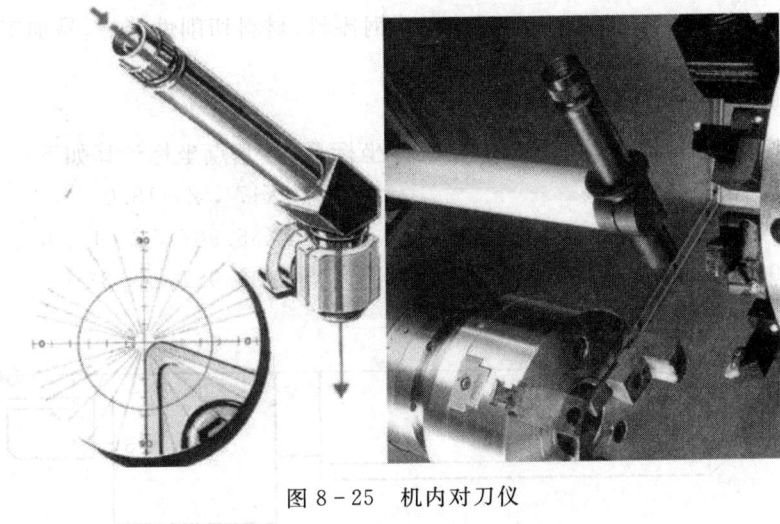

图 8-25 机内对刀仪

(1)首先需用手动方式进行返回参考点操作,建立机床坐标系。

(2)取下基座防护盖,将对刀仪插入基座并锁定。

(3)按操作面板上对刀仪按钮启动,显示刀具几何补偿画面。

(4)选定需要进行补偿的刀具,在刀具几何补偿画面上用光标选定刀补号。

(5)用手动和手轮进给方式使刀具与对刀仪接近对好,此时系统自动计算出该方向上的刀补值,将该值存入光标所在刀补号的存储器中。按此方法分别设定 X 和 Z 轴向的刀补值。

(6)其所有使用的刀具按上述(5)步骤设定。

(7)按对刀仪按钮关闭,再将对刀仪取下。

注意:对刀仪是高精密仪器,需轻拿轻放,以防损坏。

课内练习

根据以上学习内容在仿真软件上模拟操作,并在 FANUC 数控系统车床分组上机操作,要求熟练掌握要领、独立完成操作。

1. 机床开、关机及回参考点操作。

2. 工件装夹、刀具装夹。

3. 对刀与刀具补偿。

4. 程序输入及调试。

5. 程序运行。

6. 零件检测。

子任务三　螺旋千斤顶芯轴的编程与操作加工

一、图样分析(零件结构及技术要求)

该零件由外圆柱面、沟槽、螺纹、圆弧等组成,其几何形状为圆柱形的螺纹轴类零件,零件尺寸精度要求为:径向尺寸公差为 0.029,轴向为自由公差,表面粗糙度 $Ra=1.6\mu m$,需采用粗、精加工。工件毛坯为 $\phi40\times100$ 的 45♯中碳钢棒料,材料切削性能好,易加工。

二、相关数值计算

如图 8-26 示,以工件右端面中心建立工件坐标系,各基点坐标计算如下:

1 点:X18.987, Z0

2 点:X20.987,Z-1.0

3 点:X20.987, Z-10.0

4 点:X17.0, Z-10.0

5 点:X17, Z-13.0

6 点:X36.987, Z-13.0

7 点:X36.987, Z-33.0

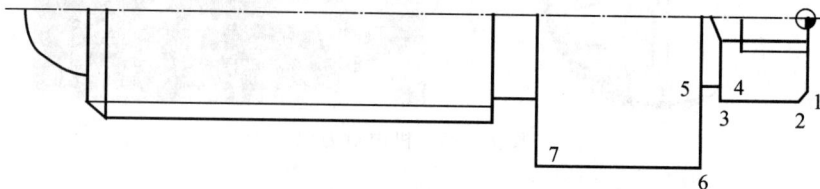

图 8-26　左侧基点计算

如图 8-27 示,以工件右端面中心建立工件坐标系,各基点坐标计算如下:

A 点:X6.0, Z0

B 点:X16.0,Z-5.0

C 点:X16.0,Z-8.0

D 点:X23.0, Z-8.0

E 点:X26.7, Z-10.0

F 点:X26.7, Z-58.0

G 点:X23.0, Z-58.0

H 点:X23.0,Z-62.98

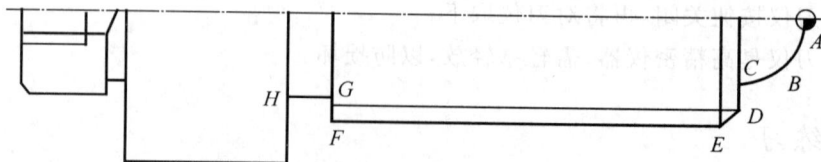

图 8-27　右侧基点计算

三、数控加工工艺分析

1. 使用设备

CAK6136 数控车床(华中世纪星 HNC-21T 数控系统,前置四方电动刀架)。

2. 加工所用的刀具、量具

外圆车刀、切断刀、游标卡尺、外径千分尺。

3. 工件装夹方案

工件毛坯为 45#中碳钢棒料,工件加工长度 96mm,采用三爪卡盘,需二次装夹,先夹棒料左端,伸出长度 50mm,车削外圆、沟槽,再切断,调头装夹 φ37 处,控制总长 96mm,再粗精车右端外圆、沟槽、螺纹。

4. 加工路线及刀具切削用量安排

因零件加工数量为 20 件,属于小批量生产,粗车、精车不分开就能既满足加工质量要求又提高效率和降低成本。

(1)T01:95°外圆粗车刀,切削速度为 100m/min,按 φ40 直径计算主轴转速为 994r/min,进给量为 0.25mm/r,背吃刀量为 2.0mm。

(2)T02:93°外圆精车刀,切削速度为 150m/min,按 φ40 直径计算主轴转速为 1 492r/min,进给量为 0.1mm/r,精车余量为 0.5mm。

(3)T03:切槽刀,刀头宽 3mm,切削速度为 50m/min,按 φ30 直径计算主轴转速为 597r/min,进给量为 0.1mm/r。

(4)T04:60°螺纹车刀,计算主轴转速为 1200/4-80=220r/min,进给导程为 3.0mm/r。

(5)T05:A3 中心钻,切削速度为 40m/min,按 φ7 直径计算主轴转速为 1260r/min。

(6)T06:φ6.8 麻花钻,切削速度为 30m/min,按 φ7 直径计算主轴转速为 998r/min。

(7)T07:M8-7H 丝锥。

5. 工序

根据表 8-8 工序卡说明详细的工步、刀具、切削用量、每工步加工余量等内容。

表 8-8　数控加工工序卡片

续 表

工步	工作内容	刀号及刀具规格	主轴转速 r/min	进给量 mm/r	背吃刀量 mm
1	车左端面	T01:95°外圆粗车刀	994	0.15	
2	粗车左外圆	T01:95°外圆粗车刀	994	0.25	2
3	精车左外圆	T02:93°外圆精车刀	1492	0.1	0.25
4	车左端外径沟槽	T03:切槽刀	597	0.1	
5	钻中心孔	T05:A3 中心钻	1260	手动	
6	钻孔	T06:ϕ6.8 麻花钻	998	手动	
7	攻丝	T07:M8-7H 丝锥		手动	
8	调头装夹控制总长	T01:95°外圆粗车刀	994	手动	
9	粗车右端外圆	T01:95°外圆粗车刀	994	0.25	2
10	精车右端外圆	T02:93°外圆精车刀	1492	0.1	0.25
11	车右端外径沟槽	T03:切槽刀	597	0.1	
12	车螺纹	T04:60°螺纹车刀	220	4	

更改标记		数量		文件号		签字		日期

6.加工过程

加工过程及程序编制见表8-9。

表 8-9 加工过程及程序编制

序号	工 步	工 步 图	程 序
1	选择刀具,建立工件坐标系,车端面		O 0801 T0101 M03 S994 G00 X42.0 Z2.0 G81 X-1.0 Z0 F0.15
2	粗车外圆		G71 U2.0　R1.0　P10 Q20 X0.5 Z0.1 F0.25 G00 X100.0 Z100.0

续表

序号	工　步	工　步　图	程　序
3	精车外圆		T0202 M03 S1492 G00 X42.0 Z2.0 N10 G00 X18.0 G01 Z0.5 F0.1 　　X21.0 Z-1.0 　　Z-13.0 　　X36.987 　　Z-350 N20 X42.0 G00 X100.0 Z100.0
4	切槽		T0303 M03 S597 G00 X42.0 Z2.0 　　Z-13.0 G01 X17.0 F0.01 G04 P100 G00 X42.0 F0.25 　　X100.0 Z100.0
5	钻中心孔		手动用 A3 中心钻钻孔
6	钻孔		手动钻孔直径为 6.8mm,长度为 10mm
7	攻丝		手动攻 M8-7H,深度为 8mm 的螺纹

续表

序号	工　步	工　步　图	程　序
8	掉头车平端面控制总长		手动车平端面,控制总长 96mm
9	粗车右端外圆		T0101 M03 S994 G00 X42.0 Z2.0 G71 U2.0 R1.0 P30 Q40 X0.5 Z0.1 F0.25 G00 X100.0 Z100.0
10	精车右端外圆		T0202 M03 S1492 G00 X42.0 Z2.0 N30 G00 X5.0 G01 Z0 F0.1 　X6.0 G03 X16.0 Z－5.0 R5.0 G01 Z－8.0 　X22.8 　X26.7 Z－10.0 　Z－62.98 N40 G00 X42.0 G00 X100.0 Z100.0
11	切右端外径沟槽		T0303 M03 S497 G00 X40.0 Z－62.98 G01 X21.0 F0.1 G04 P100 G01 X40.0 　Z－60.98 　X21.0 G04 P100 G00 X40.0 G00 X100.0 Z100.0

续 表

序号	工 步	工 步 图	程 序
12	车螺纹		T0404 M03 S320 G00 X30.0 Z6.0 G76 C2 R0 E0 A60 X21.8 Z－60.0 I0 K2.6 U0.1 U0.1 Q0.3 F4.0 G00 X100.0 Z100.0 M05 M30

课内练习

1.根据对单件加工零件工艺的反思与改进,考虑生产批量的问题,要求对加工的装夹方案、刀具、程序、工艺流程等进行改进,以小组合作的方式形式进行讨论,最终填写批量加工工序卡和程序单。

2.根据图8-28零件,分析其装夹方案、刀具选择、工艺流程等,然后编制程序,填写加工工序卡。

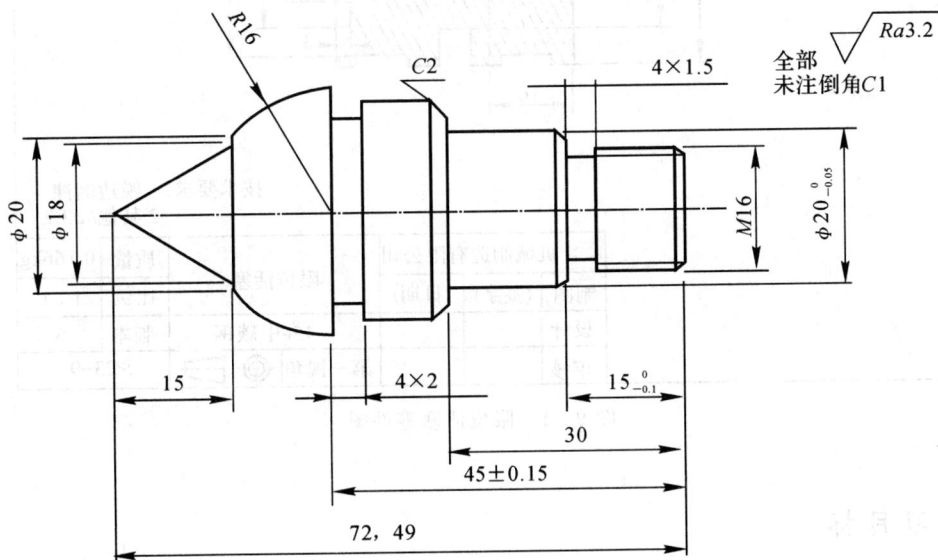

图 8-28

任务九　限位活塞的加工

任务介绍

该零件为某机械加工企业准备生产的限位活塞,订单数量为 10 件,毛坯为 $\phi85\times50$ 的 45# 中碳钢。零件如图 9-1 所示。

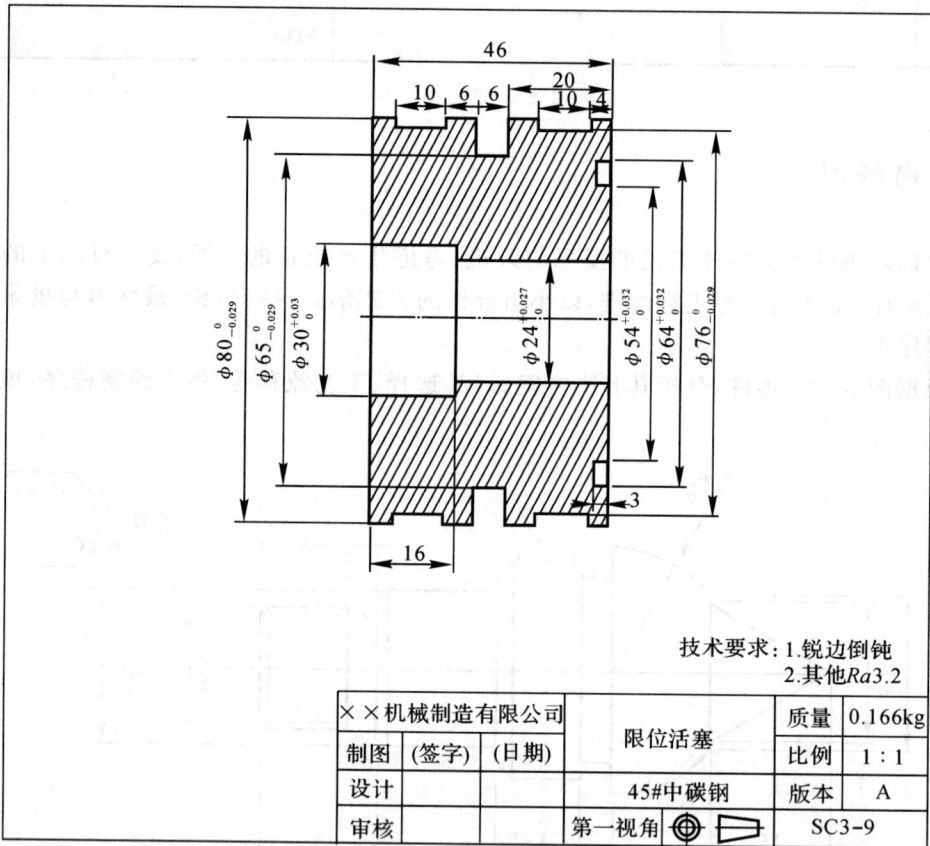

技术要求:1.锐边倒钝
　　　　　2.其他Ra3.2

××机械制造有限公司			限位活塞	质量	0.166kg
制图	(签字)	(日期)		比例	1:1
设计			45#中碳钢	版本	A
审核			第一视角		SC3-9

图 9-1　限位活塞零件图

学习目标

(1)能够读懂限位活塞图纸,了解加工工艺;

(2)能够编写限位活塞的加工程序;

(3)能够利用仿真软件完成限位活塞模拟加工;

(4)能够按照安全操作流程在单段和自动模式下完成限位活塞加工;

(5)能正确使用游标卡尺、外径千分尺测量限位活塞;

(6)对机床进行日常维护保养,并填写设备使用相关表格。

子任务一 G74,G75 指令格式及其编程方法

一、宽槽、深槽的加工方法

1.深槽的加工

采用分次进刀的方式,刀具在切入工件一定深度后,停止进刀并回退一段距离,达到断屑和退屑的目的,如图 9-2 所示。

2.宽槽的切削

在切削宽槽时常采用排刀的方式进行粗切,然后使用精切槽刀沿槽的一侧切至槽底,精加工槽底至槽的另一侧面,如图 9-3 所示。

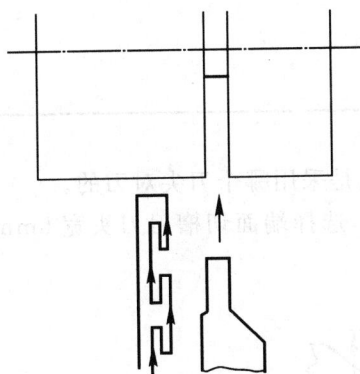

图 9-2 切深槽

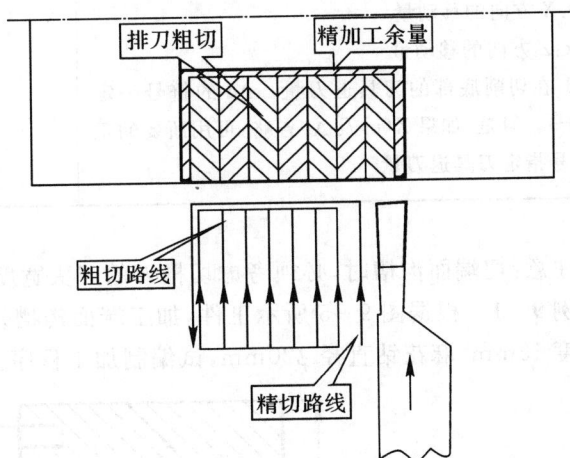

图 9-3 切宽槽

二、端面沟槽或啄式钻孔循环指令 G74

如图 9-4 所示,在 G74 循环指令中可处理断屑,可加工端面均分沟槽、端面宽槽或端面钻孔(必须有动力头),如果省略 X(U)及 P,结果是在工件端面中心处作 Z 轴钻孔操作,用于啄式钻孔 (FANUC 系统),但华中系统的该指令只能用于啄式钻孔。

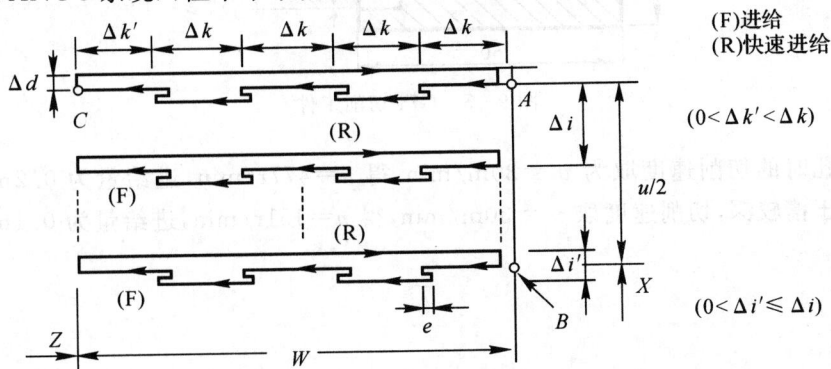

图 9-4 G74 切削循环过程

指令格式见表 9-1。

表 9-1

FANUC 0i Mate TC 数控系统	华中世纪星 HNC-21/22T 数控系统
G74 R(e); G74 X(u) Z(w) P(Δi) Q(Δk) R(Δd) F(f)	G74 Z(w) R(e) Q(Δk) F(f)
e:分层切削每次退刀量,本指定是模态指定,在另一个值指定前不会改变 x:B点的 X 坐标 u:从 a 至 b 增量 z:c 点的 Z 坐标 w:从 A 至 C 增量 Δi:X 方向的移动量 Δk:Z 方向的移动量 Δd:在切削底部的刀具退刀量。Δd 的符号一定是(+)。但是,如果 X(u) 及 ΔI 省略,可用所要的正负符号指定刀具退刀量	w:终点的 Z 坐标。 e:分层切削每次退刀量,本指定是模态指定,在另一个值指定前不会改变 Δk:每次的刀具进刀量

注意:切端面沟槽时,必须考虑切槽刀的刀头宽度,注意是采用哪个刀尖对刀的。

例 9-1 根据图 9-5 所示工件,加工端面沟槽及钻孔,选择端面切槽刀刀头宽 5mm,刀头长度 15mm,麻花钻直径 ϕ20mm,试编制加工程序。

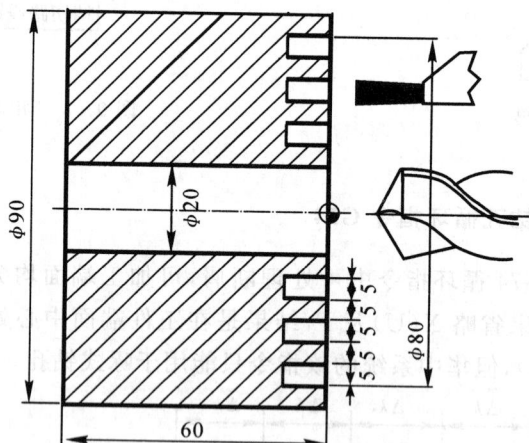

图 9-5 G74 切削工件

解 钻孔时的切削速度取为 $v_c=30\text{m/min}$,得 $n=477\text{r/min}$,进给量为 0.2mm/r,;切端面沟槽时由于槽较深,切削速度取 $v_c=30\text{m/min}$,得 $n=151\text{r/min}$,进给量为 0.1mm/r。程序见表 9-2。

表 9-2

FANUC 0i Mate TC 数控系统	华中世纪星 HNC-21T 数控系统	注 释
O2013；	O2013；	程序名
T0101；	T0101；	选择刀具(麻花钻)
M03 S477；	M03 S477；	主轴正转
G00 X0. Z5. M08；	G00 X0. Z5. M08；	快速定位到循环起点,开切削液
G74 R1.	G74 Z-70. R1. Q20. F0.2	啄式钻孔循环切削
G74 Z-70. Q20. F0.2		
G00 X100. Z100 M09.	G00 X100. Z100 M09.	快速退刀、关切削液
T0202；	无以下功能(只能用 G01,G00 编程)	换端面槽刀
M03 S151；		主轴正转
G0 X80. Z5. ；		快速定位
G74 R1.		端面均分槽切削
G74 X40. Z-10. P10. Q5. F0.15；		
M05；		主轴停止
M30；		程序结束返回开始

三、外径/内径沟槽或啄式钻孔循环指令 G75

指令格式见表 9-3.

表 9-3

FANUC 0i Mate TC 数控系统	华中世纪星 HNC-21T 数控系统
G75 R(e)； G75 X(x) Z(z) P(Δi) Q(Δk) R(Δd) F(f)	G75 X(x) R(e) Q(Δk) F(f)
e:分层切削每次退刀量,模态 x:B 点的 X 坐标 z:c 点的 Z 坐标 Δi:X 方向的移动量 Δk:Z 方向的移动量 Δd:在切削底部的刀具退刀量。Δd 的符号一定是(+),可省略	x:终点的 X 坐标 e:分层切削每次退刀量,本指定是模态指定,在另一个值指定前不会改变 Δk:每次的刀具进刀量

以上指令操作如图 9-6 所示,除 X 用 Z 代替外,其他与 G74 相同,在本循环可处理断屑,可在 X 轴方向切外圆均分沟槽或外圆宽槽,及 X 向啄式钻孔(必须有动力头)(FANUC 系统),华中系统中该指令只能用于切深槽及切断。

注意:必须考虑切槽刀的刀头宽度,注意是采用哪个刀尖对刀的。

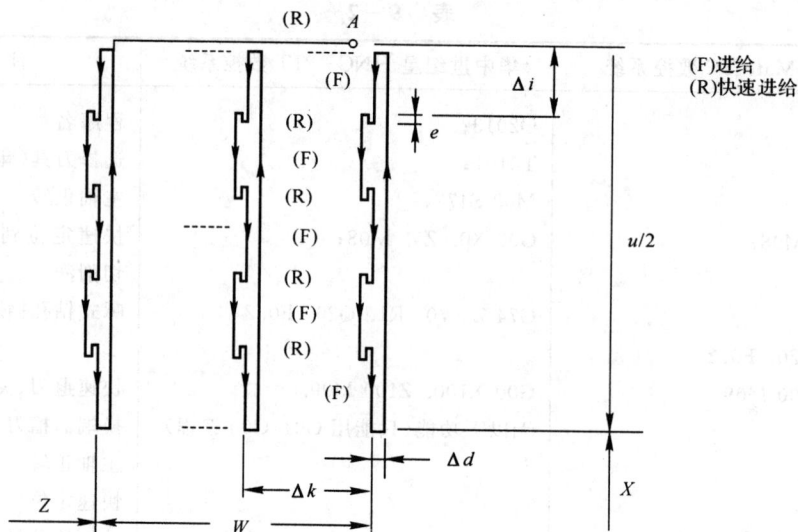

图 9 - 6　G75 切削循环过程

例 9 - 2　根据图 9 - 7 所示工件，加工外圆均分沟槽及宽槽，选择外圆切槽刀刀头宽 5mm，刀头长度 15mm，试编制加工程序。

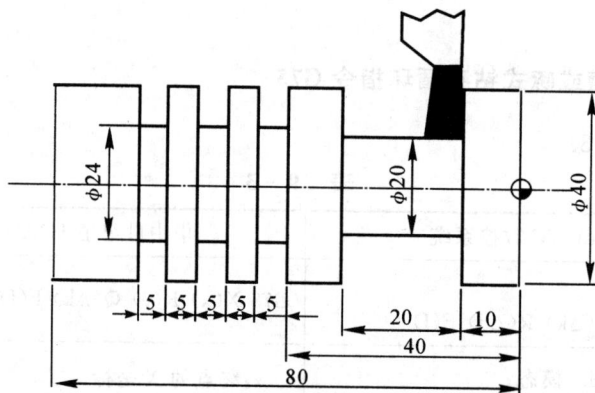

图 9 - 7　G75 切削工件

解　由于槽较深，切削速度取 $v_c=50\text{m/min}$，得 $n=398\text{r/min}$，进给量为 0.1mm/r。加工程序见表 9 - 4。

表　9 - 4

FANUC 0i Mate TC 数控系统	华中世纪星 HNC - 21T 系统	注　释
O2011；	无该指令	程序名
T0202；		选择刀具（切槽刀）
M03 S398；		主轴正转
G0 X42. Z-15. ；		快速定位到循环起点
G74 R1.		外圆宽槽切削
G74 X20. Z-10. P5000 Q4500 F0.15；		

续　表

FANUC 0i Mate TC 数控系统	华中世纪星 HNC－21T 系统	注　释
G00 X42. Z－45. ；		快速定位
G74 R1. ；		外圆均分槽切削
G74 X24. Z－65. P5000 Q10000 F0.1 ；		
M05；		主轴停止
M30；		程序结束返回开始

课内练习

1. 试描述在外圆上切削宽沟槽的走刀路线是什么。
2. 试说明端面沟槽车刀的装刀方法和对刀方法。

子任务二　限位活塞的编程与操作加工

一、图样分析

该零件由外圆柱面、沟槽、螺纹组成,其几何形状为圆柱形的螺纹轴类零件,零件尺寸精度要求为:径向尺寸公差为 0.029,轴向公差 0.05,表面粗糙度 $Ra＝1.6\mu m$,需采用粗、精加工。工件毛坯为 $\phi85×50$ 的 45♯中碳钢棒料,材料切削性能好,易加工。

二、相关数值计算

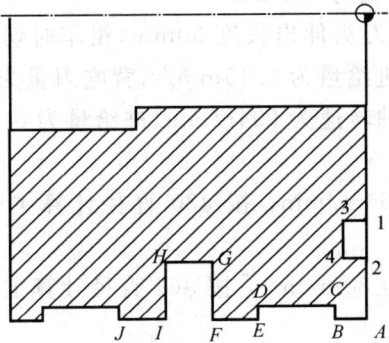

图 9－8

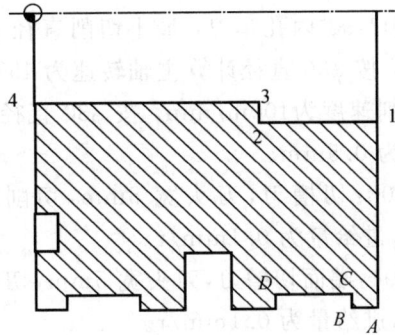

图 9－9

如图 9－8 所示,以工件右端面中心建立工件坐标系,各基点坐标计算如下:

1 点:X54.0, Z0　　　　　　　　　2 点:X64.0,Z0

3 点:X54.0, Z－3.0　　　　　　　 4 点:X64.0,Z－3.0

A 点:X80.0, Z0　　　　　　　　　B 点:X80.0,Z－4.0

C 点:X76.0,Z－4.0　　　　　　　 D 点:X76.0, Z－14.0

E 点:X80.0,Z－14.0　　　　　　　F 点:X80.0,Z－20.0

G 点:X65.0,Z-20.0 H 点:X65.0,Z-26.0

I 点:X80.0,Z-26.0 J 点:X80.0,Z-32.0

如图 9-9 所示,以工件左端面中心建立工件坐标系,各基点坐标计算如下:

1 点:X30.0,Z0   3 点:X24.0 ,Z-16.0

2 点:X130.0,Z-16.0   4 点:X24.0 ,Z-46.0

A 点:X80.0,Z0 C 点:X76.0,Z-4

B 点:X80.0,Z-4.0 D 点:X76.0,Z-14.0

三、数控加工工艺分析

1.使用设备

CAK6136 数控车床(华中世纪星 HNC-21T 数控系统,前置四方电动刀架)。

2.加工所用的刀具、量具

外圆车刀、切断刀、游标卡尺、外径千分尺。

3.工件装夹方案

工件毛坯为 45♯中碳钢棒料,工件加工长度 46mm,采用三爪卡盘,需二次装夹,先夹棒料左端,伸出长度 35mm,车削外圆、沟槽,再切断,调头装夹 φ80 处,控制总长 46mm,即可完成所有表面的加工。

4.加工路线及刀具切削用量安排

因零件加工数量为 10 件,属于单件小批量生产,粗车、精车工序集中既满足加工质量要求又提高效率和降低成本。

(1)T01:95°外圆粗车刀,切削速度为 100m/min,按 φ80 直径计算主轴转速为 994r/min,进给量为 0.25mm/r,背吃刀量为 2.0mm。精车时切削速度为 150m/min,按 φ85 直径计算主轴转速为1492r/min,进给量为 0.1mm/r,精车余量为 0.5mm。

(2)T02:93°内孔车刀,最小切削直径 φ22mm,刀头伸出长度 50mm,粗车时切削速度为50m/min,按 φ30 直径计算主轴转速为 497r/min,进给量为 0.15mm/r,背吃刀量为 1.5mm。精车时切削速度为100m/min,按 φ30 直径计算主轴转速为 994r/min,进给量为 0.08mm/r,精车余量为 0.5mm。

(3)T03:切槽刀,刀头宽 5mm,切削速度为 50m/min,按 φ30 直径计算主轴转速为497r/min,进给量为 0.1mm/r。

(4)T04:端面切槽刀,刀头宽 5mm,切削速度为 30m/min,按 φ64 直径计算主轴转速为397r/min,进给量为 0.1mm/r。

(5)T06:A3 中心钻,切削速度为 40m/min,按 φ80 直径计算主轴转速为 980r/min。

(6)T07:φ22 麻花钻,切削速度为 30m/min,按 φ22 直径计算主轴转速为 597r/min。

5.工序

根据表 9-5 工序卡说明详细的工步、刀具、切削用量、每工步加工余量等内容。

表 9 - 5　数控加工工序卡片

数控加工工序卡片		工序名称	工序号
		数车加工	0901

材料名称	材料牌号	工序简图
45 钢棒料	45#	
机床名称	机床型号	
数控车床	CK6136	
夹具名称	夹具编号	
三爪卡盘		
备注		

工序简图尺寸标注：46, 10, 6, 6, 20, 10, 4, 16, 3；
$\phi 80_{-0.029}^{0}$，$\phi 65_{-0.029}^{0}$，$\phi 30_{0}^{+0.03}$，$\phi 24_{0}^{+0.027}$，$\phi 54_{-0.032}^{+0.032}$，$\phi 64_{-0.032}^{0}$，$\phi 76_{-0.029}^{0}$

工步	工作内容	刀号及刀具规格	主轴转速 r/min	进给量 mm/r	背吃刀量 mm
1	车端面	T01：95°外圆车刀	994	0.15	
2	钻中心孔	T06：A3 中心钻	980	手动	
3	钻孔	T07：ϕ22 麻花钻	597	手动	
4	粗车右端外圆	T01：95°外圆车刀	994	0.25	2
5	精车右端外圆	T01：95°外圆车刀	1492	0.1	0.25
6	车右端外径沟槽	T03：切槽刀	497	0.1	
7	车端面槽	T04：端面切槽刀	397	0.1	
8	调头装夹平端面控制总长	T01：95°外圆车刀	994	0.1	
9	粗车内孔	T02：93°内孔车刀	497	0.15	1.5
10	精车内孔	T02：93°内孔精车刀	994	0.08	0.5
11	粗车左端外圆	T01：95°外圆粗车刀	994	0.25	2
12	精车左端外圆	T01：95°外圆精车刀	1492	0.1	0.25
13	车左端外沟槽	T03 切槽刀	497	0.1	

更改标记	数量	文件号	签字	日期

6.加工过程

加工过程及程序编制见表 9-6。

表 9-6　加工过程及程序

序号	工　步	工　步　图	程　序
1	选择刀具,建立工件坐标系,车端面	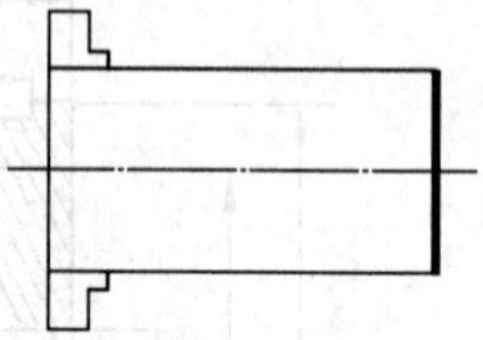	O0901 T0101 M03 S994 G00 X87.0 Z2.0 G81 X-1.0 Z0 F0.15 G00 X100.0 Z100.0
2	钻中心孔	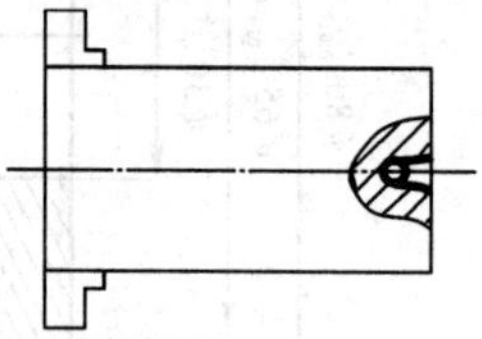	手动用 A3 中心钻钻孔
3	钻孔	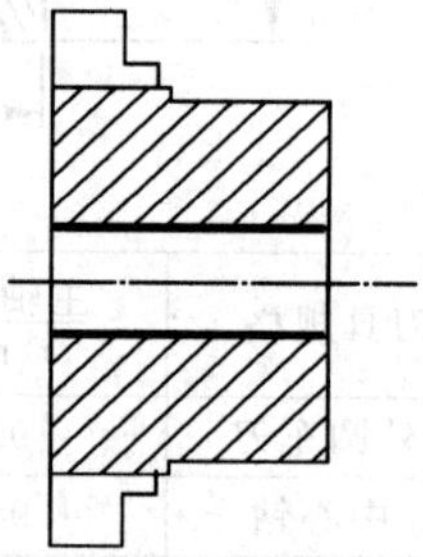	手动钻孔直径为 20 mm 的通孔
4	粗车右端外圆	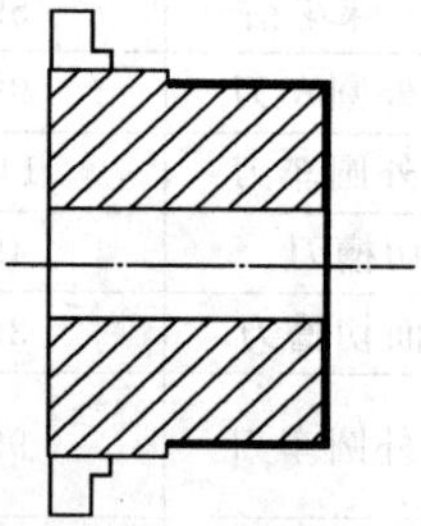	T0101; M03 S994; G00 X87.0 Z2.0 G80 X83.0 Z-33.0 F0.25 　　X80.5
5	精车右端外圆	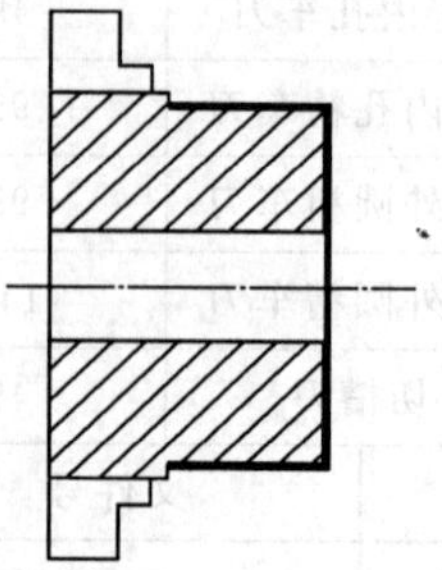	M03 S1492 G00 X87.0 Z2.0 G80 X79.987 Z-33.0 F0.1 G00 X100.0 Z100.0

续表

序号	工　步	工　步　图	程　序
6	车右端外径沟槽		T0303 M03 S497 G00 X82.0 Z-9.5 G01 X76.5 F0.1 G00 X82.0 　　Z-14.02 G01 X75.985 　　Z-9.0 G00 X82.0 　　Z-25.0 G01 X65.5 G00 X82.0 　　Z-26.02 G01 X64.99 　　Z-25.0 G00 X82.0 G00 X100.0 Z100.0
7	车端面沟槽		T0404 M03 S397 G00 X54.0 Z3.0 G01 Z-3.0 F0.1 G00 Z3.0 G00 X3.99 Z G01 Z-3.0 F0.1 　　X64.02 　　Z3.0 G00 X100.0 Z100.0
8	调头装夹车平端面控制总长		手动车削加工,控制总长 46mm

续 表

序号	工　步	工　步　图	程　序
9	粗车内孔		T0404 M03 497 G00 X21.0 Z2.0 G80 X23.5 Z－31.0 F0.15 　　X26.5 Z－15.5 　　Z28.5 　　X29.5
10	精车内孔		M03 S997 G00 X21.0 Z2.0 　　X30.015 G01 Z－16.0 F0.08 　　X24.015 　　Z－50.0 G00 X21.0 　　Z3.0 G00 X100.0 Z100.0
11	粗车外圆		T0101 M03 S994 G00 X87.0 Z2.0 G80 X82.0 Z－21.0 F0.25
12	精车外圆		M03 S1492 G00 X87.0 Z2.0 G80 X79.987 Z－21.0 F0.1 G00 X100.0 Z100.0

续表

序号	工　步	工　步　图	程　序
13	切槽		T0303 M03 S497 G00 X82.0 Z-9.5 G01 X76.5 F0.1 G00 X82.0 　　Z-14.02 G01 X75.985 　　Z-9.0 G00 X82.0 G00 X100.0 Z100.0

√ 拓展提高

一、金属切削加工基本知识

不论是数控机床还是普通机床,在进行金属切削加工时,其切削时的运动,切削工具以及切削加工的物理实质等,都有着共同的现象和规律。只是数控加工工艺中自动控制、多工步合一(复合工步)等特点,其更适合于高效、高精加工复杂形状,中、小批量的零件。下面简要介绍金属加工中的现象、规律及其特点。

(一)切削力

研究切削力,对进一步弄清切削机理,对计算功率消耗,对刀具、机床、夹具的设计,对制定合理的切削用量,优化刀具几何参数等,都具有非常重要的意义。

金属切削时,刀具切入工件,使被加工材料发生变形并成为切屑所需的力称为切削力。切削力来源于3个方面:

(1)克服被加工材料对弹性变形的抗力;

(2)克服被加工材料对塑性变形的抗力;

(3)克服切屑对前刀面的摩擦力和刀具后刀面对过渡表面与已加工表面之间的摩擦力。

上述各力的总和形成作用在刀具上的合力 F_r(国标为 F)。为了实际应用,F_r 可分解为相互垂直的 F_x(国标为 F_f)、F_y(国标为 F_p)和 F_z(国标为 F_c)3个分力。

影响切削力的因素有:

1. 被加工材料

被加工材料的物理力学性质、化学成分、热处理状态以及切削前材料的加工状态都对切削力的大小产生影响。

一般情况下,被加工零件的强度越高,硬度越大,切削力就越大。但切削力的大小不单纯受材料原始强度和硬度的影响,它还受到材料的加工硬化能力大小的影响。如不锈钢和高温合金等材料,本身强度和硬度都不高,但强化系数大,较小的变形就会引起硬度大大提高,从而使切削力增大。

化学成分会影响材料的物理力学性能,从而影响切削力的大小。如碳钢中含碳量的多少,是否含有合金元素都会影响钢材的强度和硬度,从而影响切削力。

加工铸铁及其他脆性材料时,切屑层的塑性变形很小,加工硬化小。此外,铸铁等脆性材料切削时形成崩碎切屑,且集中在刀尖,切屑与前刀面的接触面积小,摩擦力也小。因此,加工铸铁的切削力比钢小。

2.切削用量

(1)切深 a_p 增大,切削面积成正比增大,从而使变形力增大,摩擦力增大,因而切削力也随之增大,且切削力基本与切深成正比变化。

(2)进给 f 增大,切削面积成正比增大,从而使变形力增大,摩擦力增大,使切削力随之增大。但是进给 f 增大的同时,切削厚度 $a_c = f \cdot \sin \kappa_r$ 也成正比增大,使得变形系数减小,摩擦力也降低,又会使切削力减小。这正反两方面的结果使得切削力的增加与进给 f 的增大不成正比。以上可以得出,用大的进给量 f 工作,比用大的切深工作更有利。

(3)加工铸铁等形成崩碎切屑的材料时,其塑性变形小,切屑对前刀面的摩擦力小,所以切削速度对切削力的影响小。

(4)加工不锈钢件等产生塑性变形的材料时,由于积屑瘤的产生和消失,使刀具的实际前角增大和减小,导致了切削力随切削速度的降低而增大(积屑瘤产生)。

3.刀具几何参数

(1)前角对切削力的影响。当加工钢件时,切削力随前角的增大而减小,但前角对切削力的影响程度,随切削速度的增大而减小。

当加工脆性材料如铸铁和青铜等时,由于切屑变形和加工硬化很小,所以前角对切削力的影响不显著。

(2)主偏角对切削力的影响。

1)当切削面积不变时,主偏角增大,切削厚度也随之增大,切屑变厚,切削层的变形将减小,因而主切削力 F_c 也随主偏角的增大而减小;但当主偏角增加到 $60° \sim 70°$ 时,F_c 又逐渐增大。

2)背向力 F_p 随主偏角的增大而减小,而进给力 F_f 随主偏角的增大而增大。

(二)切削热和切削温度

1.切削热的产生和传导

被切削的金属在刀具的作用下,发生弹性和塑性变形而耗功,这是切削热的一个重要来源。此外,切屑与前刀面、工件与后刀面之间的摩擦也要耗功,也产生出大量的热量。因此,切削时共有 3 个发热区域,即剪切面、切屑与前刀面接触区、后刀面与过渡表面接触区。所以,切削热的来源就是切屑变形功和前、后刀面的摩擦功。

2.切削温度的测量

尽管切削热是切削温度上升的根源,但直接影响切削过程的却是切削温度,切削温度一般指前刀面与切屑接触区域的平均温度。前刀面的平均温度可近似地认为是剪切面的平均温度和前刀面与切屑接触面摩擦温度之和。

3.影响切削温度的主要因素

根据理论分析和大量的实验研究知,切削温度主要受切削用量、刀具几何参数、工件材料、刀具磨损和高压切削液的影响,下面对这几个主要因素加以分析。

(1)切削用量对切削温度的影响。分析各因素对切削温度的影响,主要应从这些因素对单位时间内产生的热量和传出的热量的影响入手。如果产生的热量大于传出的热量,则这些因素将使切削温度增高;某些因素使传出的热量增大,则这些因素将使切削温度降低切削速度对切削温度影响最大,随切削速度的提高,切削温度迅速上升。进给量的影响次之;而吃刀量 a_p 变化时,散热面积和产生的热量亦作相应变化,故 a_p 对切削温度的影响很小。

(2)几何参数对切削温度的影响。

1)切削温度 θ 随前角 γ_o 的增大而降低。这是因为前角增大时,单位切削力下降,使产生的切削热减少的缘故。但前角大于 $18°\sim20°$ 后,对切削温度的影响减小,这是因为楔角变小而使散热体积减小的缘故。但是前角的增大会降低刀具刃口的强度。

2)主偏角 κ_r 增大时,切削刃工作长度缩短,刀尖角减小,切削宽度 l_a 减小,切削厚度 h 增大,故切削温度会上升。

3))负倒棱的宽度 $b_{\gamma1}$ 在 $(0\sim2)f$ 范围内变化,刀尖圆弧半径 r_e 在 $0\sim1.5mm$ 范围内变化,基本上不影响切削温度。因为负倒棱宽度及刀尖圆弧半径的增大,会使塑性变形区的塑性变形增大,但另一方面这两者都能使刀具的散热条件有所改善,传出的热量也有所增加,两者趋于平衡,所以对切削温度影响很小。

(3)刀具磨损对切削温度的影响。在后刀面的磨损值达到一定数值后,对切削温度的影响增大;切削速度越高,影响就越显著。合金钢的强度大,导热系数小,所以切削合金钢时刀具磨损对切削温度的影响,就比切碳素钢时大。

(4)工件材料对切削温度的影响。工件材料强度和硬度越高,切削时消耗的功率越大,切削温度越高。反之,工件材料导热率大,散热好,切削温度低。

(5)切削液的影响。切削液对切削温度的影响,与切削液的导热性能、比热、流量、浇注方式以及本身的温度有很大的关系。从导热性能来看,油类切削液不如乳化液,乳化液不如水基切削液。

4.切削温度的分布

(1)剪切面上各点温度几乎相同。

(2)前刀面和后刀面上的最高温度都不在刀刃上,而是在离刀刃有一定距离的地方。

(3)在剪切区域中,垂直剪切面方向上的温度梯度很大。

(4)在切屑靠近前刀面的一层(简称底层)上温度梯度很大,离前刀面 $0.1\sim0.2mm$,温度就可能下降一半。

(5)后刀面的接触长度较小,因此温度的升降是在极短时间内完成的。

(6)工件材料的导热系数越低,则刀具的前、后刀面的温度越高。

(7)工件材料塑性越大,则前刀面上的接触长度越大,切削温度的分布也就较均匀些;反之,工件材料的脆性越大,则最高温度所在的点离刀刃越近。

5.切削温度对工件、刀具和切削过程的影响

切削温度高是刀具磨损的主要原因,它将限制生产率的提高;切削温度还会使加工精度降低,使已加工表面产生残余应力以及其他缺陷。

(1)切削温度对工件材料强度和切削力的影响。切削时的温度虽然很高,但是切削温度对工件材料硬度及强度的影响并不很大;对剪切区域的应力影响不很明显。

（2）对刀具材料的影响。适当地提高切削温度,对提高硬质合金的韧性是有利的。因为在高温时,硬质合金的强度比较高,不易崩刀,磨损强度亦将降低。

（3）工件尺寸精度的影响。工件本身受热膨胀,直径发生变化,切削后不能达到要求精度;刀杆受热膨胀,切削时实际切削深度增加使直径减小;工件受热变长,但因为固在机床上不能自由伸长而发生弯曲,车削后工件中部直径变大。

6.散热

（1）切屑散热。

1）切屑带走 80% 的热量,是最理想状态。

2）钢的切屑颜色为蓝白色、深蓝色、浅棕色,都说明切屑过程是良好的,但是反映了切削区域温度逐渐增高,深棕色的钢的铁屑说明切削参数选择过高或刀具磨损严重。

（2）冷却液散热。

1）切削液的应用有助于控制零件尺寸。

2）切断、镗削、钻孔工序需要大量供应切削液。

3）切削液应从一开始加入。

4）切削液可能使切削刃产生热裂。

（3）高压空气及油雾冷却。干切削时需采用高压空气及油雾冷却等无水冷却方式。

(三)切屑与断屑

1.切屑的类型及控制

在金属切削加工中,切屑是加工优劣的重要标识之一。不利的屑形将严重影响操作安全、加工质量、刀具寿命、机床精度和生产率。由于工件材料不同,切削过程中的变形程度也就不同,因而产生的切屑种类也就多种多样,如图 9-10 所示。图中从左至右前三者为切削塑性材料的切屑,最后一种为切削脆性材料的切屑。

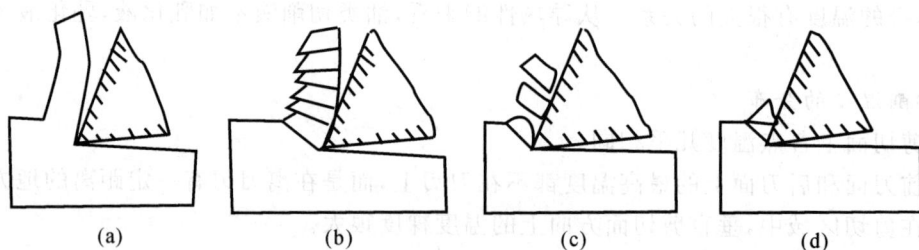

图　9-10

(a)带状切屑；　(b)挤裂切屑；　(c)单元切屑；　(d)崩碎切屑

（1）带状切屑。它的内表面光滑,外表面毛茸。加工塑性金属材料,当切削厚度较小、切削速度较高、刀具前角较大时,一般常得到这类切屑。它的切削过程平衡,切削力波动较小,已加工表面粗糙度较小。

（2）挤裂切屑。这类切屑与带状切屑不同之处在外表面呈锯齿形,内表面有时有裂纹。这种切屑大多在切削速度较低、切削厚度较大、刀具前角较小时产生。

（3）单元切屑。如果在挤裂切屑的剪切面上,裂纹扩展到整个面上,则整个单元被切离,成为梯形的单元切屑。

以上 3 种切屑只有在加工塑性材料时才可能得到。其中,带状切屑的切削过程最平稳,单元切屑的切削力波动最大。在生产中最常见的是带状切屑,有时得到挤裂切屑,单元切屑则很少见。假如改变挤裂切屑的条件,如进一步减小刀具前角,减低切削速度,或加大切削厚度,就可以得到单元切屑。反之,则可以得到带状切屑。这说明切屑的形态是可以随切削条件而转化的。掌握了它的变化规律,就可以控制切屑的变形、形态和尺寸,以达到卷屑和断屑的目的。

(4)崩碎切屑。这是属于脆性材料的切屑。这种切屑的形状是不规则的,加工表面是凸凹不平的。从切削过程来看,切屑在破裂前变形很小,和塑性材料的切屑形成机理也不同。它的脆断主要是由于材料所受应力超过了它的抗拉极限。加工脆硬材料,如高硅铸铁、白口铁等,特别是当切削厚度较大时常得到这种切屑。由于它的切削过程很不平稳,容易破坏刀具,也有损于机床,已加工表面又粗糙,因此在生产中应力求避免。其方法是减小切削厚度,使切屑成针状或片状;同时适当提高切削速度,以增加工件材料的塑性。

以上是4种典型的切屑,但加工现场获得的切屑,其形状是多种多样的。在现代切削加工中,切削速度与金属切除率达到了很高的水平,切削条件很恶劣,常常产生大量"不可接受"的切屑。所谓切屑控制(又称切屑处理,工厂中一般简称为"断屑"),是指在切削加工中采取适当的措施来控制切屑的卷曲、流出与折断,使形成"可接受"的良好屑形。在实际加工中,应用最广的切屑控制方法就是在前刀面上磨制出断屑槽或使用压块式断屑器。

2.切屑的卷曲形式与断屑方法

一般切屑应被控制为适当的螺旋状或C形屑形式。切削深度和进给量的搭配,是决定切屑理想横断面,确定切屑理想的成形和断裂效果。切削深度决定切屑宽度,进给量决定切屑厚度。浅切深、轻负荷在近于刀尖半径处切削;大切深在切削刃长度处进行切削。轻负荷加工,通常产生螺旋状切屑;中负荷加工,常常在另一个方向将切屑扭断;重负荷加工,会得到崩碎切屑。

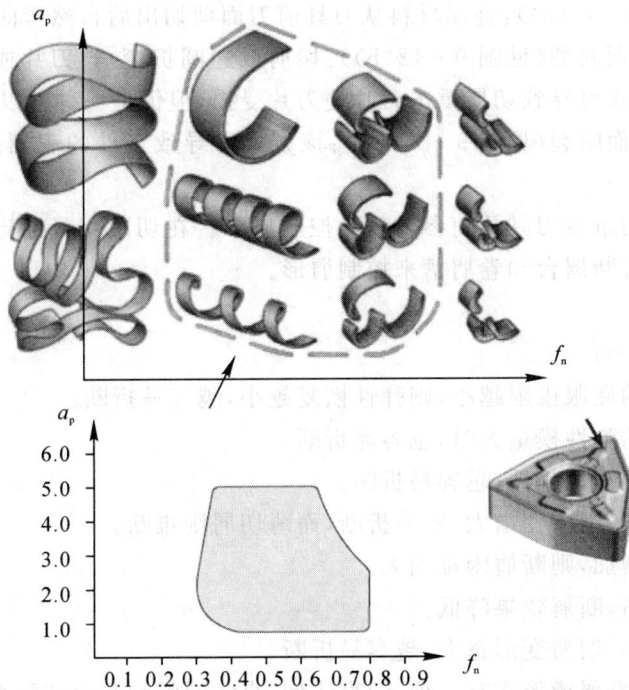

图　9-11

如图 9-11 所示中间虚线框为此车刀片的理想切屑断屑区域,可以看出切屑主要随着走刀量的增加而变短。

(1)切屑卷曲形式 。在塑性金属切削加工过程中,由于切屑向上卷曲和横向卷曲的程度不同,所产生的切屑形态也各不相同。为了便于分析切屑卷曲的形式,可将切屑分为向上卷曲型、复合卷曲型和横向卷曲型三大类。在脆性金属切削加工中,容易产生粒状切屑和针状切屑,只有在高速切削、刀具前角较大、切削厚度较小时,此类切屑的卷曲方向才与一般情况下略有差异。

在切削塑性金属时,如刀具刃倾角为 0°,有卷屑槽且切削宽度较大,切屑大多向上卷曲。在其他情况下,切屑大都为横向卷曲。

(2)断屑方法。一般,切屑长度在 50mm 以内称断屑,否则称为不断屑。在塑性金属切削中,直带状切屑和缠绕形切屑是不受欢迎的;而在脆性金属切削中,又希望得到连续型切屑。目前主要有 3 种断屑方法:

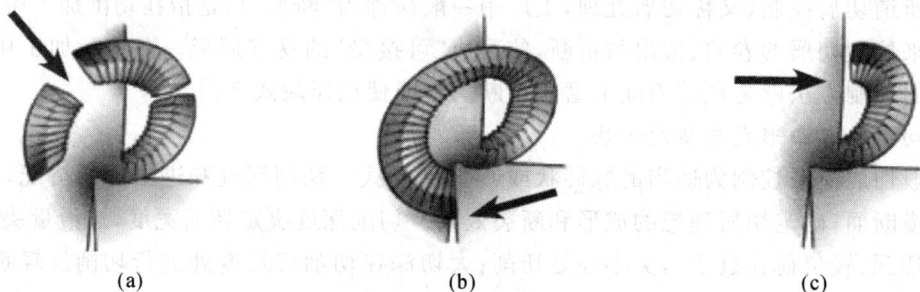

(a)　　　　　(b)　　　　　(c)

图 9-12　断屑方法

1)自断屑(见图 9-12(a)):金属材料从刀具前刀面剪切出后自然弯曲折断并剥离。

2)切屑碰到刀具而断裂(见图 9-12(b)):切屑成趋圆折弯,与刀片或刀杆后刀面接触扭弯而突然折断。该方式可导致切屑重击刀片使刀片受损,但仍是一种可以接受的断屑方式。

3)切屑碰到工件而断裂(见图 9-12(c)):该方式可导致工件的表面质量被破坏,是一种不可取的断屑方式。

通常,改变切削用量或刀具几何参数都能控制屑形。在切削用量已定的条件下加工塑性金属时,大都采用设置断屑台和卷屑槽来控制屑形。

3.切屑与加工

根据力学分析可知:

(1)被切削材料的屈服极限越小,则弹性恢复越小,越容易折断。

(2)被切削材料的弹性模量大时,也容易折断。

(3)被切削材料的塑性越低,越容易折断。

(4)切削厚度越大,则应变增大,容易折断,而薄切屑则难断。

(5)径向进刀量增加,则断屑困难加大。

(6)切削速度提高,断屑效果降低。

(7)刀具前角越小,切屑变形越大,越容易折断。

机夹刀片常用的卷屑槽形式有 3 种,即直线型、直线圆弧型和全圆弧型,如图 9-13 所示。

直线型和直线圆弧型卷屑槽适合切削碳素钢、合金结构钢、工具钢等,一般前角在 $5°\sim15°$ 范围内。全圆弧型卷屑槽适用于切削紫铜、不锈钢等高塑性材料,其前角可增大至 $25°\sim30°$ 范围内。

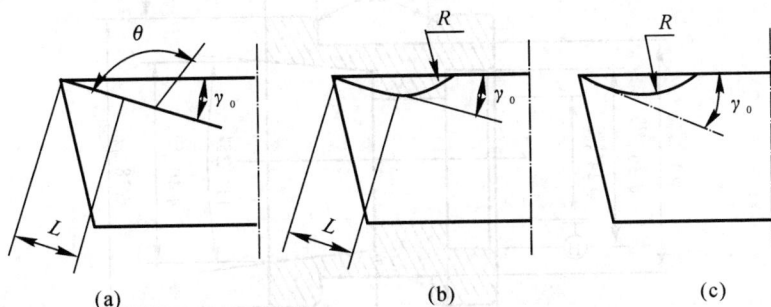

图 9-13 机夹刀片常用的卷屑槽形式
(a)直线型; (b)直线圆弧型; (c)全圆弧型

三、内测百分尺

内测百分尺如图 9-14 所示,是测量小尺寸内径和内侧面槽的宽度。其特点是容易找正内孔直径,测量方便。国产内测百分尺的读数值为 0.01mm,测量范围有 $5\sim30$mm 和 $25\sim50$mm 的两种,图 9-14 所示的是 $5\sim30$mm 的内测百分尺。内测百分尺的读数方法与外径百分尺相同,只是套筒上的刻线尺寸与外径百分尺相反,另外它的测量方向和读数方向也都与外径百分尺相反。

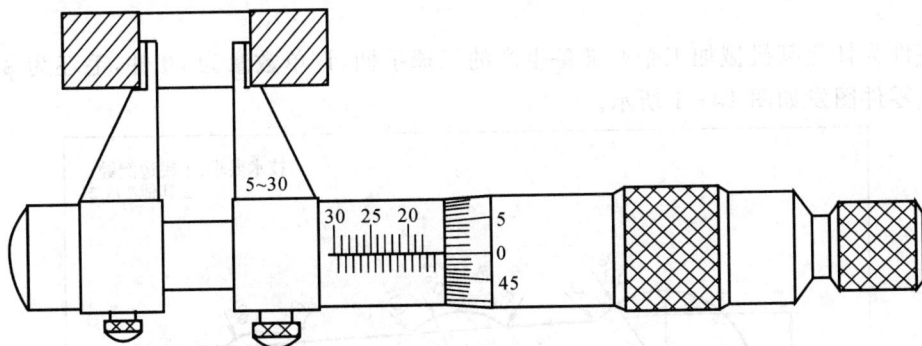

图 9-14 内测百分尺

课内练习

根据图 9-15 零件,分析其装夹方案、刀具选择、工艺流程等,然后编制程序,填写加工工序卡。

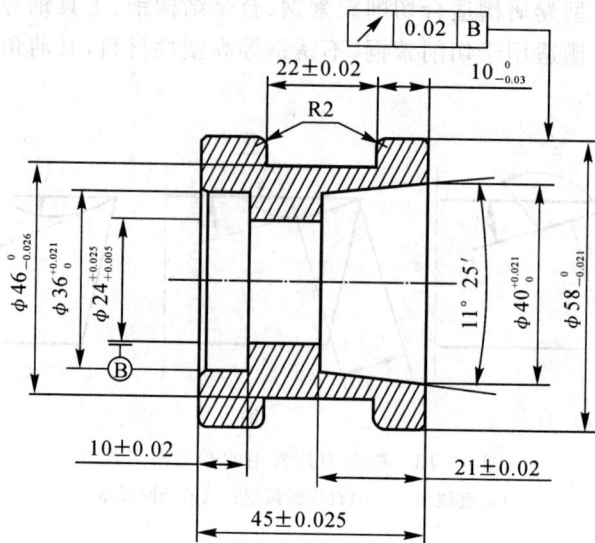

图 9-15

任务十 三球手柄的加工

任务介绍

该零件为怀化某机械加工企业准备生产的三球手柄,订单数量为 20 件,毛坯为 $\phi40$ 的 45 号圆钢。零件图发如图 10-1 所示。

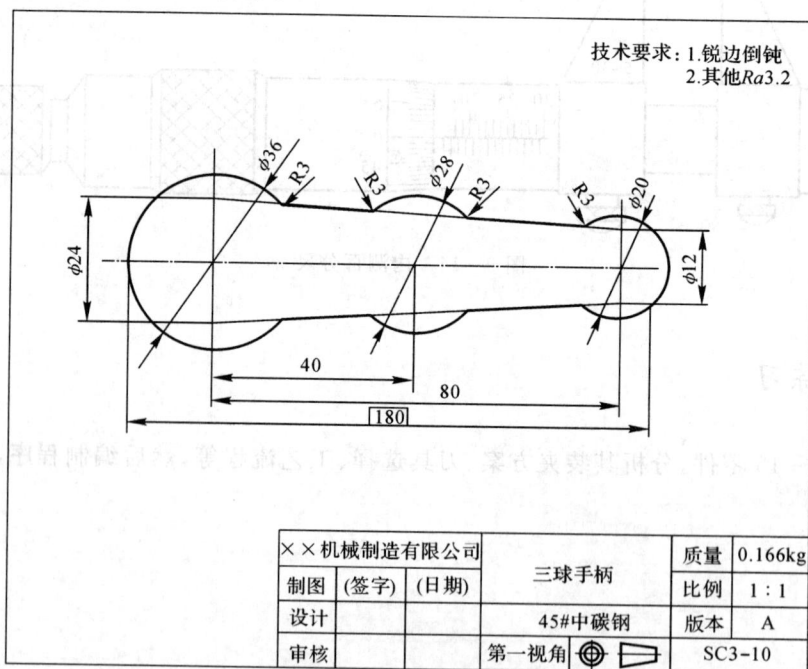

图 10-1 三球手柄零件图

学习目标

(1)能够读懂三球手柄图纸,分析加工工艺并规范填写工序卡、刀具卡;

(2)能够正确使用 G02,G03,G73 进行程序编写;

(3)能够在 MDI 模式和手动模式下,正确对刀及设置;

(4)能够按照安全操作流程完成三球手柄的加工;

(5)能正确使用游标卡尺、外径千分尺、R 规测量三球手柄;

(6)对机床进行日常维护保养,并填写设备使用相关表格。

子任务一 G40/G41/G42,G73 指令格式及其编程方法

一、刀位点及刀具补偿

(一)刀位点

数控车削用的刀具一般分为 3 类,即尖形车刀、圆弧形车刀和成形车刀;按加工位置分有外轮廓、内轮廓刀具;按切削方向分有左、中、右向车刀。刀具种类众多。

这些刀具的结构、形状都是随工件的形状轮廓而定,其刀尖、刀尖圆弧的位置方向是有所区别的。

刀位点是指车刀上可以作为编程和加工基准的点。对于尖形车刀,在不考虑刀尖微小圆弧的情况下,可认为刀尖即为刀位点。

由于车刀结构、形状较多,根据各种刀尖形状及刀尖位置的不同,数控车刀的刀沿位置如图 10-2 和图 10-3 所示,共有 9 种。常见刀具的刀沿方位如图 10-4、图 10-5 所示。

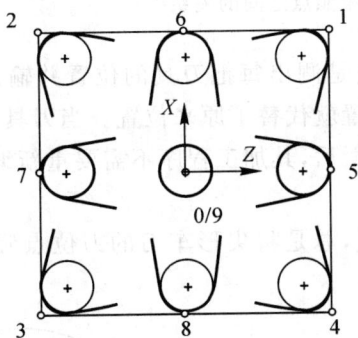

图 10-2 后置刀架刀沿方位

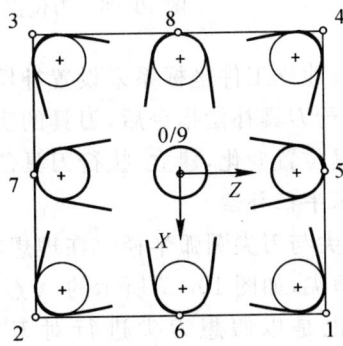

图 10-3 前置刀架刀沿方位

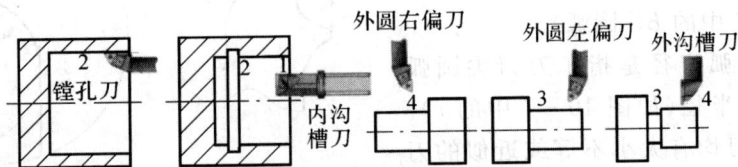

图 10-4 常见刀具后置刀架刀沿方位

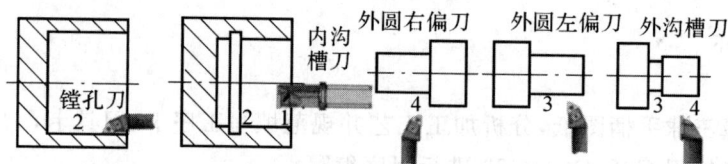

图 10-5　常见刀具前置刀架刀沿方位

(二)刀具补偿

1.刀具位置补偿

刀具位置补偿就是数控系统在换刀后,对刀具的安装位置和刀具形状引起的刀位点位置偏差进行的自动补偿。

一个数控车床加工程序不可能只由一把刀具完成,要用到外圆车刀、螺纹车刀、切断刀等多把刀具。如果我们选择四方刀架的中心作为参照点,就会发现不同刀具的刀位点距离刀架中心参照点的位置并不相同。以某一刀具建立的编程坐标系在刀具自动更换后,再继续加工就可能出现刀具与工件碰撞或刀具未达到理想进刀深度,甚至刀具根本没有与工件接触的现象。为避免出现这种情况,就需要进行刀具位置补偿,如图 10-6 所示。

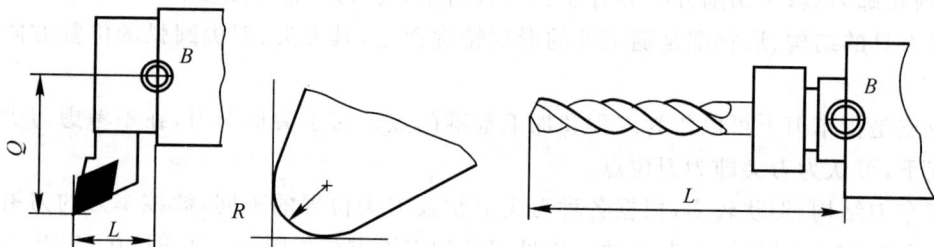

图 10-6　刀位点与刀架参照点之间的关系

通过对刀及建立工件坐标系来设置补偿,办法是测出每把刀具的位置并输入到指定的存储器内,程序执行刀具补偿指令后,刀具的实际位置就代替了原来位置。当刀具磨损或重新安装刀具引起刀具位置变化,建立、执行刀具位置补偿后,其加工程序不需要重新编制。

2.刀尖圆弧半径补偿

(1)假想刀尖与刀尖圆弧半径。在理想状态下,总是将尖形车刀的刀位点假想成一个点,该点即为假想刀尖,如图 10-7 所示的 A 点。

在对刀时也是以假想刀尖进行对刀。但实际加工中的车刀,由于工艺或其他要求,刀尖往往不是一个理想的点,而是一段圆弧(如图 10-7 中的 BC 圆弧)。

所谓刀尖圆弧半径是指车刀刀尖圆弧所构成的假想圆半径(如图 10-7 中的 r)。实践中,所有车刀均有大小不等或近似的刀尖圆弧,假想刀尖在实际加工中是不存在的。

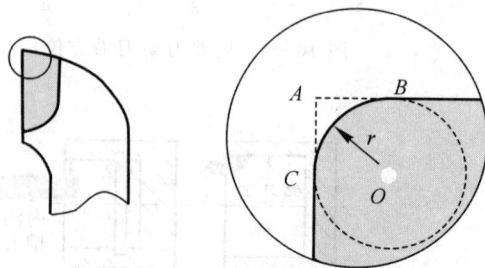

图 10-7　刀尖圆弧半径

（2）刀尖圆弧半径补偿的含义。在实际加工中,由于刀具产生磨损及精加工的需要,常将车刀的刀尖修磨成半径较小的圆弧,这时的刀位点为刀尖圆弧的圆心。任何一把尖形车刀都会有一定的刀尖圆弧,刀尖带有半径不大的圆弧能有效提高刀具使用寿命和降低加工表面的粗糙度。

为确保工件轮廓形状,加工时不允许刀尖圆弧的圆心运动轨迹与被加工工件轮廓重合,而应与工件轮廓偏移一个半径值,这种偏移称为刀尖圆弧半径补偿。

（3）未使用刀尖圆弧半径补偿时的加工误差分析。

1）加工台阶面或端面时,对加工表面的尺寸和形状影响不大,但在端面的中心位置和台阶的清角位置会产生残留误差,如图10-8所示。

2）加工圆锥面时,对圆锥的锥度不会产生影响,但对锥面的大小端尺寸会产生较大的影响,通常情况下,会使外锥面的尺寸变大,而使内锥面的尺寸变小,如图10-9所示。

3）加工圆弧时,会对圆弧的圆度和圆弧半径产生影响。

加工外凸圆弧时,会使加工后的圆弧半径变小,其值＝理论轮廓半径 R －刀尖圆弧半径 r,如图10-10所示。

加工内凹圆弧时,会使加工后的圆弧半径变大,其值＝理论轮廓半径 R ＋刀尖圆弧半径 r,如图10-11所示。

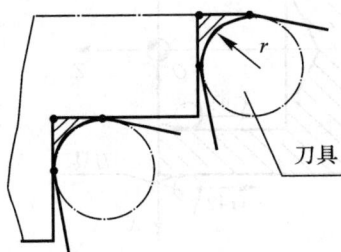

图10-8 车台阶和端面的误差

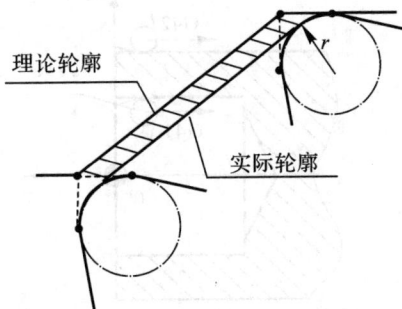

图10-9 车圆锥时的误差

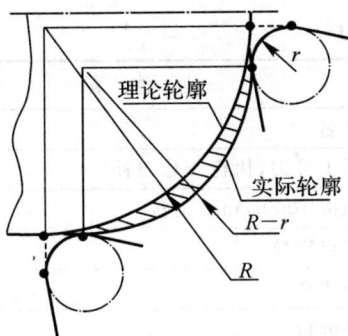

图10-10 车凸圆弧时的误差

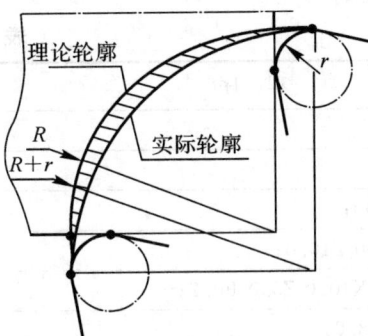

图10-11 车凹圆弧时的误差

由此可知,假想刀尖在车削外圆和端面时不会对加工精度造成明显的影响。但在锥面加工、圆弧及仿形面加工中,由于假想刀尖与实际刀尖位置不一致,就会产生明显的位置误差。

在已知刀尖圆弧半径的情况下(刀尖圆弧半径可通过估算或通过对刀仪测量获得),将刀尖圆弧半径的值输入到数控系统中,通过半径补偿指令,可以对加工误差进行补偿。数控系统中每一个刀具补偿号对应刀具位置补偿(X 和 Z 值)和刀具圆弧半径补偿(R 和 T 值)共 4 个参数,在加工之前输入到对应的存储器。在自动执行过程中,数控系统按该存储器中的 X,Z,R,T 的数值,自动修正刀具的位置误差和自动进行刀尖圆弧半径补偿。

3.刀尖半径补偿指令

在数控系统中使用刀尖半径补偿功能,编程时就不需要计算刀具中心的运动轨迹,只按工件轮廓编程。使用刀尖半径补偿指令,并把刀具半径输入系统中,由系统来计算其位置误差,减少了计算工作量。

(1)指令格式。

G41——刀尖半径左补偿,格式:G41 G00/G01 X_ Z_ F

G42——刀尖半径右补偿,格式:G42 G00/G01 X_ Z_ F

G40——刀尖半径补偿取消,格式:G40 G00/G01 X_ Z_ F

(2)刀尖圆弧半径补偿偏置方向的判别。如图 10-12 和图 10-13 所示,G41,G42 的判别是从第三轴 Y 轴的正方向看向负方向,顺着刀具运动方向判断,刀具在工件的左侧称为左刀补,刀具在工件的右侧称为右刀补。

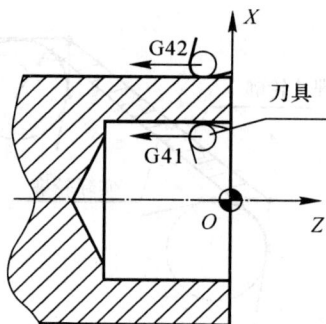

图 10-12 后置刀架刀补方向确定   图 10-13 前置刀架刀补方向确定

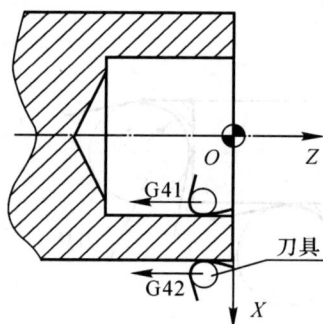

程序见表 10-1。

表 10-1

程　序	注　释
O1001;	程序名
N20 T0101;	选用 1 号刀,执行 1 号刀补
N30 M03 S1000;	主轴按 1000r/min 正转
N40 G00 X85.0 Z10.0;	快速点定位
N50 G42 G01 X40.0 Z5.0 F0.2;	刀补建立
N60 Z-18.0;	刀补进行
N70 X80.0;	刀补进行
N80 G40 G00 X85.0 Z10.0;	刀补取消
N100 M30;	

（3）刀补的建立：指刀具从起点接近工件时，车刀圆弧刃的圆心从与编程轨迹重合过渡到与编程轨迹偏离一个偏置量的过程。该过程的实现必须与 G00 或 G01 功能在一起才有效，如图 10 - 14 所示。

N50 G42 G01 X40.0 Z5.0 F0.2；　　（刀补建立）

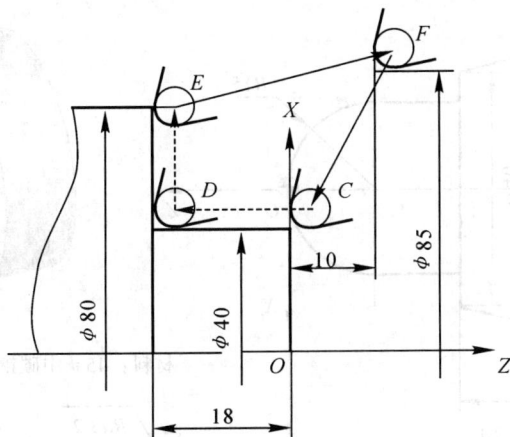

图 10 - 14　刀补的使用
FC—刀补建立；　*CDE*—刀补进行；　*EF*—刀补取消

（4）刀补进行：在 G41 或 G42 程序段后，程序进入补偿模式，此时车刀圆弧刃的圆心与编程轨迹始终相距一个偏置量，直到刀补取消，如图 10 - 14 所示。

N60　　　Z - 18.0；　　　　　（刀补进行）

N70　　　X80.0；　　　　　　（刀补进行）

（5）刀补取消：刀具离开工件，车刀圆弧刃的圆心轨迹过渡到与编程轨迹重合的过程称为刀补取消，如图 10 - 14 中的 *EF* 段（即 N80 程序段）。刀补的取消用 G40 来执行，需要特别注意的是，G40 必须与 G41/G42 成对使用，如图 10 - 14 所示。

N80 G40 G00 X85.0 Z10.0；　　　　　　　（刀补取消）

注意：

1）刀具圆弧半径补偿的建立与取消程序段只能在 G00 或 G01 移动指令模式下才有效。

2）G41/G42 不带参数，其补偿号（代表所用刀具对应的刀尖半径补偿值）由 T 指令指定。该刀尖圆弧半径补偿号与刀具偏置补偿号对应。

3）采用切线切入方式或法线切入方式建立或取消刀补。对于不便于沿工件轮廓线方向切向或法向切入切出时，可根据情况增加一个过渡圆弧的辅助程序段。

4）为了防止在刀具半径补偿建立与取消过程中刀具产生过切现象，在建立与取消补偿时，程序段的起始位置与终点位置最好与补偿方向在同一侧。

5）在刀具补偿模式下，一般不允许存在连续两段以上的补偿平面内非移动指令，否则刀具也会出现过切等危险动作。补偿平面非移动指令通常指仅有 G，M，S，F，T 指令的程序段（如 G90，M05）及程序暂停程序段（G04 X10.0）。

6）在选择刀尖圆弧偏置方向和刀沿位置时，要特别注意前置刀架和后置刀架的区别。

✎ **课内练习**

用刀具补偿功能等指令编写如图 10 - 15 所示工件的加工程序（φ60 外圆已加工）。

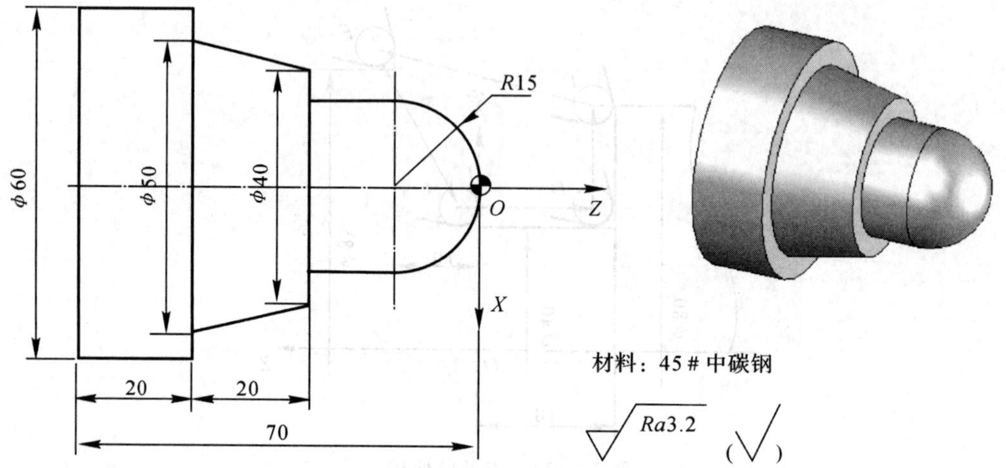

材料：45＃中碳钢

$\sqrt{}$ *Ra3.2* （ $\sqrt{}$ ）

图 10 - 15　刀具补偿指令的使用

刀具补偿功能加工程序单如下：

华中世纪星 HNC - 21T 系统	程序说明

二、G73 指令格式及其编程方法

轮廓成型加工固定循环(G73):通过重复地车削工件上的毛坯余量来逐渐形成工件外形的形状,用本循环,可有效的用于车削毛坯形状已粗加工、锻造或铸造等方法成形的工件加工,以去除大量的毛坯余量,如图 10－16 所示。

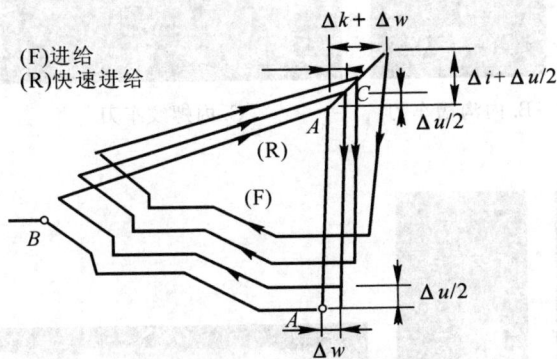

图 10－16　G73 切削循环过程

指令格式见表10－2。

表　10－2

FANUC 0i Mate TC 数控系统	华中世纪星 HNC－21T 数控系统
G73 UΔi WΔk　Rd G73 Pns　Qnf　UΔu　WΔw　Ff	G73 UΔi WΔk Rd　Pns　Qnf　XΔx ZΔz　Ff
Δi:X 轴方向总余量(半径指定) Δk:Z 轴方向总余量 d:分割次数,与粗加工重复次数相同 ns:精加工形状的程序段组的第一个程序段的顺序号 nf:精加工形状的程序段组的最后程序段的顺序号 Δu:X 方向精加工余量的距离及方向 Δw:Z 方向精加工余量的距离及方向	Δi:X 轴方向总余量(半径指定) Δk:Z 轴方向总余量 d:分割次数,与粗加工重复次数相同 ns:精加工形状的程序段组的第一个程序段的顺序号 nf:精加工形状的程序段组的最后程序段的顺序号 Δx:X 方向精加工余量的距离及方向 Δz:Z 方向精加工余量的距离及方向

注意:

1)注意 FANUC 系统中前后两行 G73 指令中 U,W 的不同含义。

2)在粗车循环 G71～G73 中,刀尖半径补偿功能无效,但在 G70 中有效。

3)其他与 G71 的一样。

课内练习

1.刀位点有几个? 如何表示其方向?

2.观察图 10－17 所示刀具,判断该刀具的刀位点是多少号。

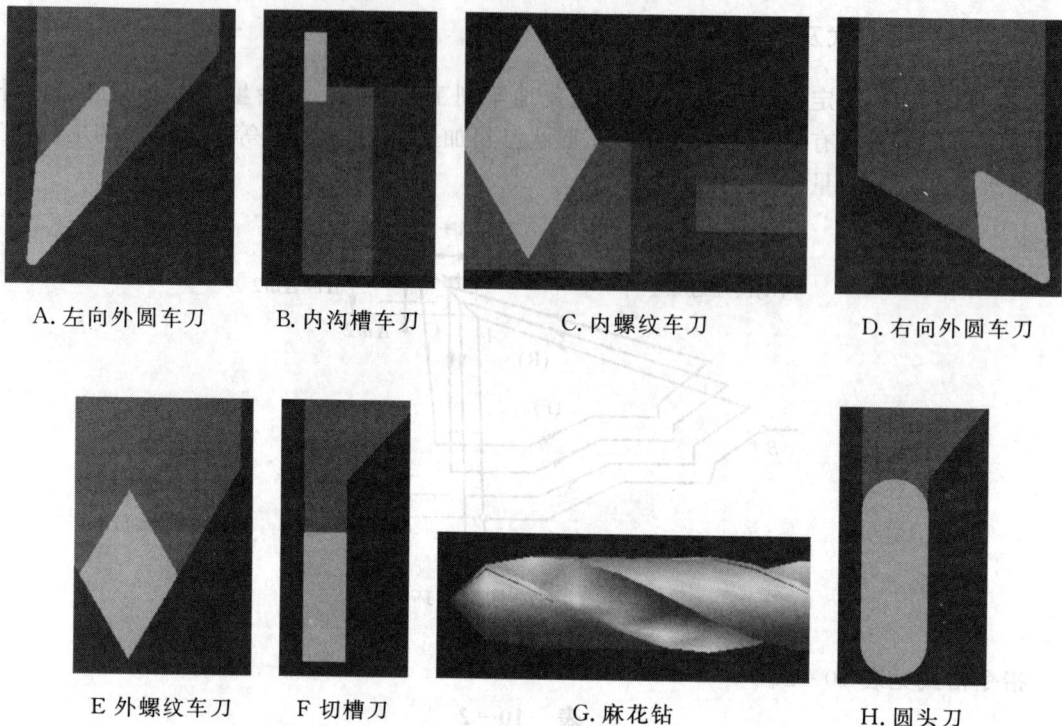

A. 左向外圆车刀   B. 内沟槽车刀   C. 内螺纹车刀   D. 右向外圆车刀

E 外螺纹车刀   F 切槽刀   G. 麻花钻   H. 圆头刀

图 10-17

3. 刀尖圆弧半径补偿指令 G41/G42 如何区别？刀补指令的使用有哪几个步骤？

4. 循环指令 G73 主要用于什么场合？其各个参数的含义是什么？

子任务二　三球手柄的编程与操作加工

一、图样分析（零件结构及技术要求）

该零件由外圆锥面、圆弧组成，其几何形状为轴类零件，零件尺寸精度要求为：径向尺寸公差为 0.05，轴向尺寸为自由公差，表面粗糙度为 Ra＝1.6μm，需采用粗、精加工。工件毛坯为 ϕ40 的 45♯中碳钢棒料，材料切削性能好，易加工。

二、相关数值计算

如图 10-18 所示，以工件右端面中心建立工件坐标系，各基点坐标计算如下：

1 点：X14.0，Z0

2 点：X22.0，Z-4

3 点：X22.0，Z-35.0

4 点：X30.0，Z-39.0

5 点：X30.0，Z-75.0

6 点：X38.0，Z-79.0

7 点：X38.0，Z-109.0

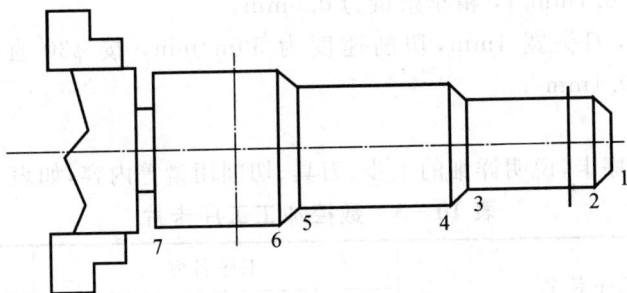

图 10 - 18 粗车基点计算

如图 10 - 19 所示,以工件右端面中心建立工件坐标系,各基点坐标计算如下:

1 点:X0, Z0

2 点:X14.863, Z - 16.69

3 点:X13.338, Z - 18.923

4 点:X16.094, Z - 37.296

5 点:X18.182, Z - 39.353

6 点:X21.154, Z - 59.172

7 点:X19.704, Z - 61.362

8 点:X21.662, Z - 74.415

9 点:X23.696, Z - 76.449

10 点:X36.0, Z - 90.0

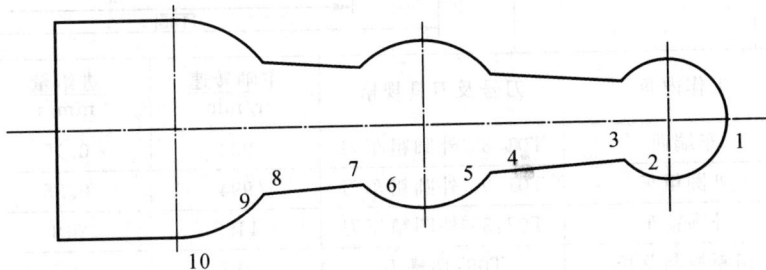

图 10 - 9 精车基点计算

三、数控加工工艺分析

1. 使用设备

CAK6136 数控车床(华中世纪星 21T 数控系统,前置四方电动刀架)

2. 加工所用的刀具、量具

外圆车刀、切断刀、游标卡尺、外径千分尺

3. 工件装夹方案

工件毛坯为 45# 中碳钢棒料,工件加工长度为 44mm,采用三爪卡盘直接一次装夹即可完成所有外圆表面的加工,长度留余量切断后,调头装夹 φ26 外圆阶台,车平端面控制总长 44mm。

4. 加工路线及刀具切削用量安排

因零件加工数量为 20 件,属于小批量生产,粗车、精车集中加工才能即满足加工质量加工要求又能提高效率和降低成本。

(1)T01:35° 外圆粗车刀,切削速度为 100m/min,按 φ40 直径计算主轴转速为 994r/min,进给量为 0.25mm/r,背吃刀量为 2.0mm。

(2)T02:35° 外圆精车刀,切削速度为 150m/min,按 φ40 直径计算主轴转速为

1492r/min，进给量为 0.1mm/r，精车余量为 0.5mm。

(3)T03：切断刀，刀头宽 4mm，切削速度为 50m/min，按 $\phi30$ 直径计算主轴转速为 497r/min，进给量为 0.1mm/r。

5．工序

填写数控加工工序卡，说明详细的工步、刀具、切削用量等内容，如表 10-3 所示。

表 10-3　数控加工工序卡片

数控加工工序卡片		工序名称	1001
		三球手柄数车加工	1001

材料名称	材料牌号	工序简图
45 钢棒料	45#	
机床名称	机床型号	
数控车床	CAK6136	
夹具名称	夹具编号	
三爪卡盘		
备注		

工步	工作内容	刀号及刀具规格	主轴转速 r/min	进给量 mm/r	背吃刀量 mm
1	车端面	T01：35°外圆粗车刀	994	0.15	
2	外圆粗车	T01：95°外圆粗车刀	994	0.25	
3	外圆精车	T02：35°外圆精车刀	1492	0.1	0.25
4	切断控制总长	T03：切槽刀	497	0.1	
5	调头上夹具装夹车圆弧	T01：95°外圆粗车刀	994	0.25	
		T02：35°外圆精车刀	1492	0.1	
更改标记		数量	文件号	签字	日期

6．加工过程

加工过程及程序编制见表 10-4。

表 10-4　工步与程序对照表

序号	工　步	工　步　图	程　序
1	选择刀具，建立工件坐标系，车端面		O1001 T0101 M03 S994 G00 X42.0 Z2.0 G81 X-1.0 F0.15

续表

序号	工 步	工 步 图	程 序
2	外圆轮廓粗车		G71 U2.0 R1.0 P10 Q20 X1.0 Z0 F0.25； N10 G00 X14.0； 　G01 Z0 F0.25； 　　X22.0 Z-4.0； 　　Z-35.0； 　　X30.0 Z-39.0； 　　Z-75.0； 　　X38.0 Z-79.0； 　　Z-114.0； N20 G01 X42.0； 　G00 Z5.0；
3	外圆轮廓精车		G73 U6.0 W0 R2.0 P30 Q40 X0.5 Z0 F0.25； M03 S1492； N30 G42 G00 X-1.0 Z0； 　G01 X0 F0.1； 　G03 X14.863 Z-16.691 R10.0； 　G02 X13.338 Z-18.923 R3.0； 　G01 X16.094 Z-37.296； 　G02 X18.182 Z-39.353 R3.0； 　G03 X21.154 Z-59.172 R14.0； 　G02 X19.704 Z-61.362 R3.0； 　G01 X21.662 Z-74.415； 　G02 X23.696 Z-76.449 R3.0； 　G03 X36.0 Z-90.0 R18.0； N40 G00 X42.0； 　G00 X100.0 Z100.0；
4	切断控制总长		T0303； M03 S497； G00 X42.0 Z-113.0； G01 X1.0 F0.1； G00 X100.0 　Z100.0；

续 表

序号	工 步	工 步 图	程序
5	调头装夹具 粗精车圆弧		T0101； M03 994； G00 X42.0 Z5.0； G71 U2.0 R1.0 P50 Q60 X0.5 Z0 F0.25； M03 S1492； N50 G00 X－1.0 G42； 　G01 Z0 F0.1； 　　X0； 　G03 X36.0 Z－18.0 R18.0； 　G01 Z－20. N60 G01 X42.0 G40； G00 X100.0 Z100.0； M05； M30；

✓ 拓展提高

在选择数控加工内容时，还要考虑生产批量、生产周期、工序间周转情况等因素，要尽量合理使用数控机床，达到产品质量、生产率及综合经济效益等指标都明显提高的目的，要防止将数控机床降格为普通机床使用。

一、数控加工零件的工艺性分析

对数控加工零件的工艺性分析，主要包括产品的零件图样分析和结构工艺性分析两部分。

1. 零件图样分析

(1)零件图上尺寸标注方法应适应数控加工的特点。

(2)分析被加工零件的设计图纸，根据标注的尺寸公差和形位公差等相关信息，将加工表面区分为重要表面和次要表面，并找出其设计基准，进而遵循基准选择的原则，确定加工零件的定位基准，分析零件的毛坯是否便于定位和装夹，夹紧方式和夹紧点的选取是否会有碍刀具的运动，夹紧变形是否对加工质量有影响等。为工件定位、安装和夹具设计提供依据。

(3)构成零件轮廓的几何元素(点、线、面)的条件(如相切、相交、垂直和平行等)，是数控编程的重要依据。

2. 零件的结构工艺性分析

(1)零件的内腔与外形应尽量采用统一的几何类型和尺寸，这样可以减少刀具规格和换刀次数，方便编程，提高生产效率。

(2)内槽圆角的大小决定着刀具直径的大小，所以内槽圆角半径不应太小。

(3)零件铣槽底平面时，槽底圆角半径 r 不要过大。

（4）应尽可能在一次装夹中完成所有能加工表面的加工，为此要选择便于各个表面都能加工的定位方式；若需要二次装夹，应采用统一的基准定位。

二、数控加工的工艺路线设计

1.工序的划分

在数控机床上加工的零件，一般按工序集中原则划分工序。划分方法如下：

（1）按安装次数划分工序以：一次安装完成的那一部分工艺过程为一道工序。该方法一般适合于加工内容不多的工件，加工完毕就能达到待检状态。

（2）按所用刀具划分工序：以同一把刀具完成的那一部分工艺过程为一道工序。这种方法适用于工件的待加工表面较多、机床连续工作时间过长、加工程序的编制和检查难度较大等情况。在专用数控机床和加工中心上常用这种方法。

（3）按粗、精加工划分工序：考虑工件的加工精度要求、刚度和变形等因素来划分工序时，可按粗、精加工分开的原则来划分工序，即以粗加工中完成的那部分工艺过程为一道工序，精加工中完成的那部分工艺过程为另一道工序。一般来说，在一次安装中不允许将工件的某一表面粗、精不分地加工至精度要求后再加工工件的其他表面。

（4）按加工部位划分工序：以完成相同型面的那一部分工艺过程为一道工序。有些零件加工表面多而复杂，构成零件轮廓的表面结构差异较大，可按其结构特点（如内型、外形、曲面或平面等）划分成多道工序。

2.加工顺序的安排

加工顺序安排得合理与否，将直接影响到零件的加工质量、生产率和加工成本。加工顺序的安排除遵循一般原则外，还应遵循下列原则：

（1）尽量使工件的装夹次数、工作台转动次数、刀具更换次数及所有空行程时间减至最少，提高加工精度和生产率。

（2）先内后外原则，即先进行内型内腔加工，后进行外形加工。

（3）为了及时发现毛坯的内在缺陷，精度要求较高的主要表面的粗加工一般应安排在次要表面粗加工之前；大表面加工时，因内应力和热变形对工件影响较大，一般也需先加工。

（4）在同一次安装中进行的多个工步，应先安排对工件刚性破坏较小的工步。

（5）为了提高机床的使用效率，在保证加工质量的前提下，可将粗加工和半精加工合为一道工序。

（6）加工中容易损伤的表面（如螺纹等），应放在加工路线的后面。

三、数控加工工序的设计

数控加工工序设计的主要任务是为每一道工序选择机床、夹具、刀具及量具，确定定位夹紧方案、走刀路线、工步顺序、加工余量、工序尺寸及其公差、切削用量和工时定额等，为编制加工程序做好充分准备。

1.确定走刀路线和工步顺序

在确定走刀路线时，主要遵循以下原则：

（1）保证零件的加工精度和表面粗糙度。

（2）使走刀路线最短，减少刀具空行程时间，提高加工效率。

(3)最终轮廓一次走刀完成。

2. 工件的定位与夹紧方案的确定

工件的定位基准与夹紧方案的确定,应遵循前面所述有关定位基准的选择原则与工件夹紧的基本要求。此外,还应该注意下列 3 点:

(1)力求设计基准、工艺基准与编程原点统一,以减少基准不重合误差和数控编程中的计算工作量。

(2)设法减少装夹次数,尽可能做到在一次定位装夹中,能加工出工件上全部或大部分待加工表面,以减少装夹误差,提高加工表面之间的相互位置精度,充分发挥数控机床的效率。

(3)避免采用占机人工调整方案,以免占机时间太多,影响加工效率。

3. 夹具的选择

数控加工的特点对夹具提出了两个基本要求:一是保证夹具的坐标方向与机床的坐标方向相对固定;二是要能协调零件与机床坐标系的尺寸。除此之外,重点考虑以下几点:

(1)单件小批量生产时,优先选用组合夹具、可调夹具和其他通用夹具,以缩短生产准备时间和节省生产费用。

(2)在成批生产时,才考虑采用专用夹具,并力求结构简单。

(3)零件的装卸要快速、方便、可靠,以缩短机床的停顿时间,减少辅助时间。

(4)为满足数控加工精度,要求夹具定位、夹紧精度高。

(5)夹具上各零部件应不妨碍机床对零件各表面的加工,即夹具要敞开,其定位、夹紧元件不能影响加工中的走刀(如产生碰撞等)。

(6)为提高数控加工的效率,批量较大的零件加工可采用气动或液压夹具、多工位夹具。

4. 刀具的选择

与传统加工方法相比,数控加工对刀具的要求,尤其在刚性和耐用度方面更为严格。应根据机床的加工能力、工件材料的性能、加工工序、切削用量以及其他相关因素正确选用刀具及刀柄。刀具选择总的原则是:既要求精度高、强度大、刚性好、耐用度高,又要求尺寸稳定,安装调整方便。在满足加工要求的前提下,尽量选择较短的刀柄,以提高刀具的刚性。

5. 切削用量的确定

切削用量包括主轴转速(切削速度)、背吃刀量和进给量(进给速度)。主轴转速要根据机床和刀具允许的切削速度来确定;背吃刀量主要受机床刚度的制约,在机床刚度允许的情况下,尽可能加大背吃刀量;进给量要根据零件的加工精度、表面粗糙度、刀具和工件材料来选。具体数据应根据机床使用说明书、切削用量手册,并结合实际经验加以修正确定。

切削用量的确定除遵循切削用量的选择的有关规定外,还应考虑如下因素:

(1)刀具差异。不同厂家生产的刀具质量差异较大,因此切削用量须根据实际所用刀具和现场经验加以修正。

(2)机床特性。切削用量受机床电动机的功率和机床刚性的限制,必须在机床说明书规定的范围内选取。避免因功率不够而发生闷车、刚性不足而产生大的机床变形或振动,影响加工精度和表面粗糙度。

(3)数控机床的生产率。数控机床的工时费用较高,刀具损耗费所占比重较低,应尽量用高的切削用量,通过适当降低刀具寿命来提高数控机床的生产率。

课内练习

1. 根据图 10 - 20 零件,分析其装夹方案、刀具选择、工艺流程等,然后编制程序,填写加工工序卡。

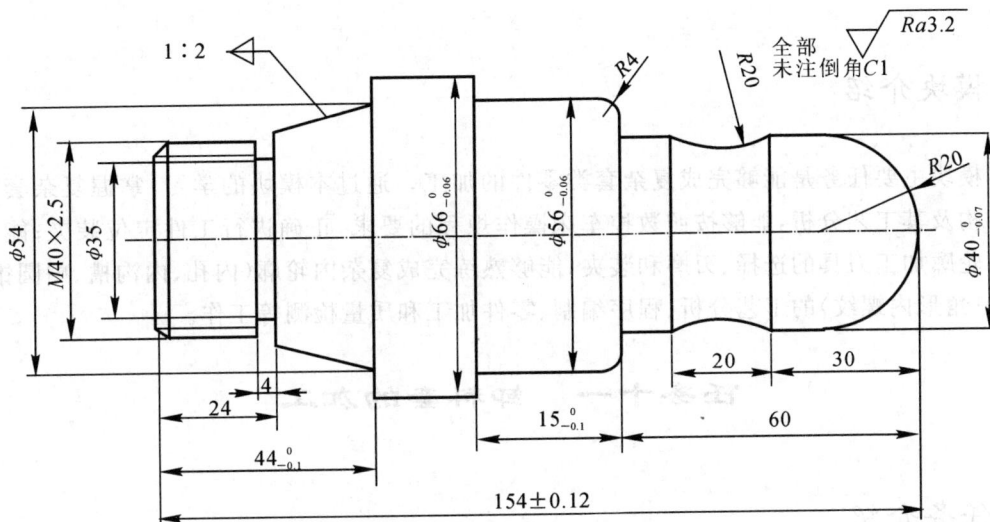

图 10 - 20

2. 根据图 10 - 21 零件,材料为 45♯中碳钢,毛坯为 $\phi40$ 棒料,分析其装夹方案、刀具选择、工艺流程等,然后编制程序,填写加工工序卡。

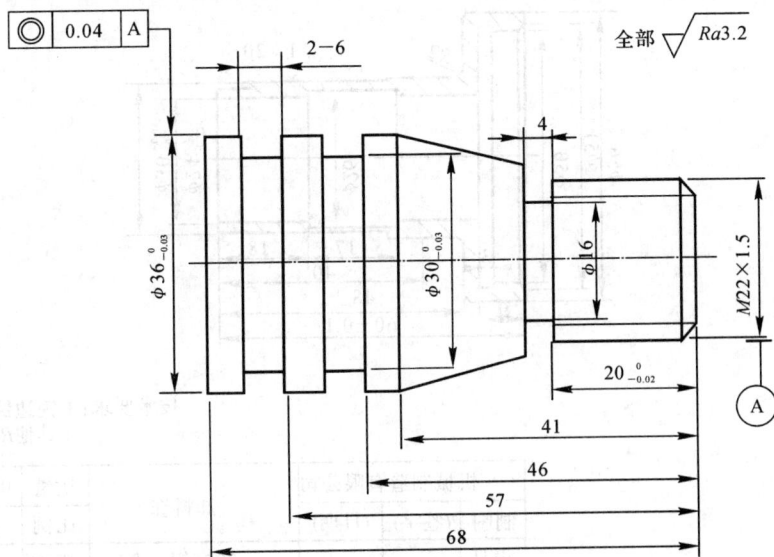

图 10 - 21

模块四 复杂套类零件的加工

模块介绍

本模块主要任务是能够完成复杂套类零件的加工。通过本模块的学习,掌握复杂套类零件的结构及其工艺分析,能够按照数控车床操作规程的要求,正确进行工件定位装夹;能合理进行内轮廓加工刀具的选择、刃磨和装夹;能够熟练完成复杂内轮廓(内孔、内沟槽、内圆锥、内圆弧、三角形内螺纹)的工艺分析、程序编制、零件加工和质量检测等工作。

任务十一 卸料套的加工

任务介绍

该零件为某机械加工企业准备生产的卸料套,订单数量为 5000 件,毛坯尺寸为 $\phi 60 \times 62$ 的 7075 铝合金。

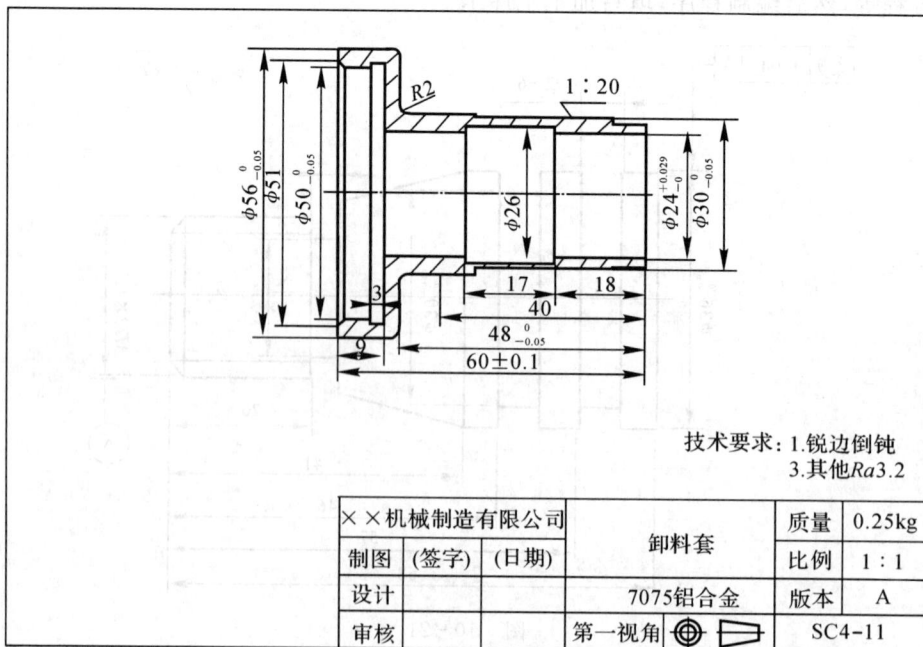

技术要求:1.锐边倒钝
3.其他 Ra3.2

××机械制造有限公司			卸料套	质量	0.25kg
制图	(签字)	(日期)		比例	1:1
设计			7075铝合金	版本	A
审核			第一视角 ⊕ ◁		SC4-11

图 11-1 卸料套零件图

学习目标

(1)能够读懂卸料套图纸,了解加工工艺;

(2)能正确编写卸料套的加工程序;

(3)够在 MDI 模式和手动模式下,正确对刀及设置相应参数;

(4)能够按照安全操作流程在单段和自动模式下完成卸料套加工;

(5)能正确使用游标卡尺、外径千分尺、内径千分尺、塞规测量卸料套;

(6)对机床进行日常维护保养,并填写设备使用相关表格。

子任务一 识读数控车刀的型号和特点

车刀是金属切削刀具中应用最广泛的刀具,按用途可分为外圆车刀、内孔车刀、端面车刀、螺纹车刀、切槽刀、切断刀、仿形车刀等。车刀在结构上可分为整体车刀、焊接车刀、机械夹固刀片的车刀,数控车床一般主张使用机夹可转位车刀。下面介绍数控车床用机夹可转位车刀的编号方法及特点。

一、可转位外圆、端面、仿形车刀型号编制规则及说明

1. 可转位外圆、端面、仿形车刀型号编制规则

国家标准 GB5343.1—85《可转位车刀》中,用 10 个号位的代号表示其型号,前 9 个号位是必须用的,第 10 个号位必要时才用,编写形式见表 11-1。

表 11-1

外圆可转位车刀刀柄型号编制									
M	C	L	N	R	25	25	M	12	W
1	2	3	4	5	6	7	8	9	10(自编号)

2. 说明

可转位外圆、端面、仿形车刀型号说明见表 11-2。

表 11-2

(1)压紧方式			
C:压板压紧式	M:复合压紧式	P:杠杆压紧式	S:螺钉压紧式

(2)刀片形状

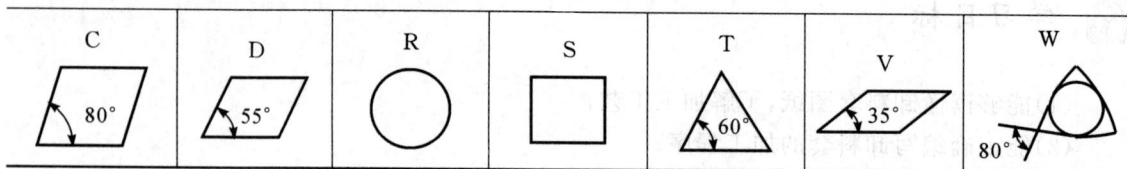

(3)刀具形式与主偏角

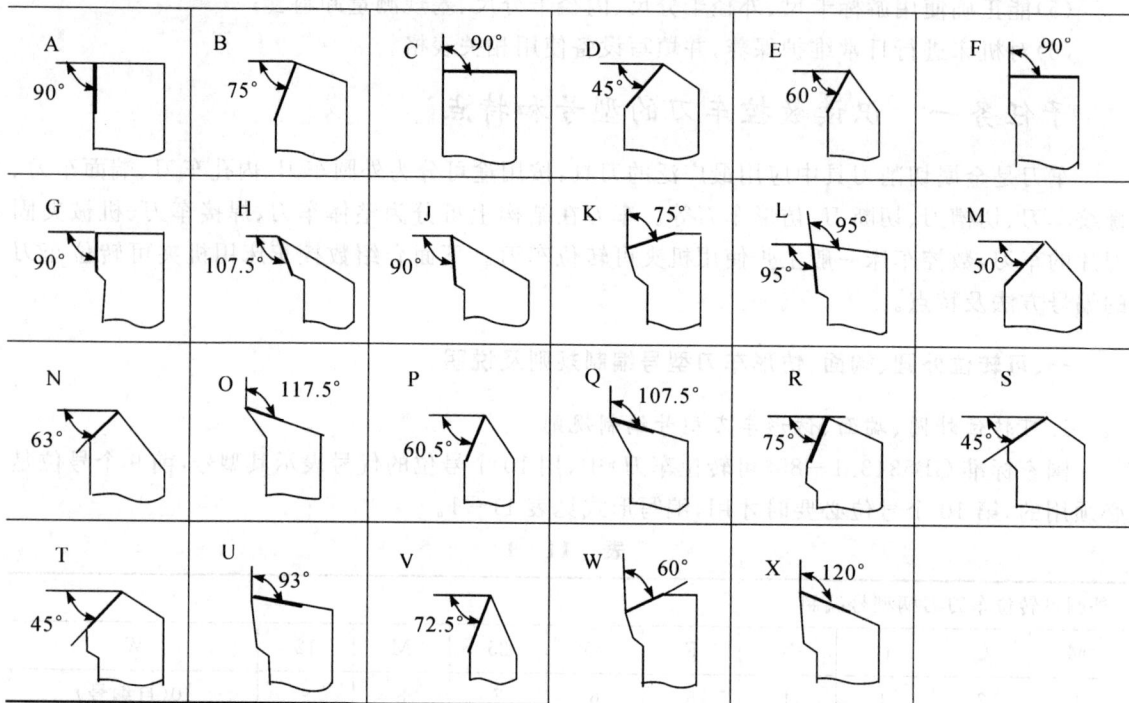

(4)刀杆所使用的刀片后角

代号	A	B	C	D	E	F	P	O	N
后角 α	3°	5°	7°	15°	20°	25°	11°	特殊	0°

(5)切削方向

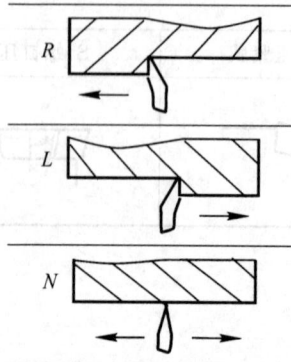

(6)刀尖高度

(7)刀体宽度

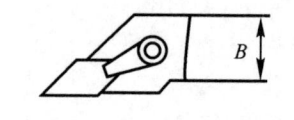

(8)刀具长度	
代号	长度
H	100
K	125
M	150
P	170
Q	180
R	200
S	250
T	300

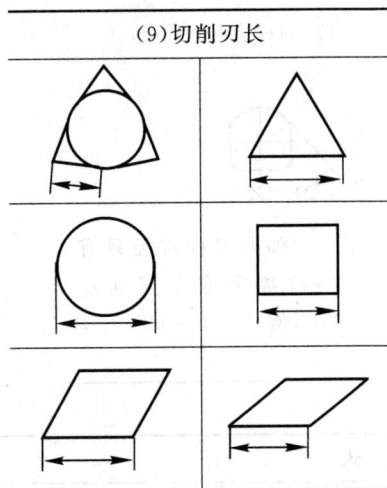

(9)切削刃长

3.品种规格的选用

可转位车刀的品种主要有外圆、端面、外圆仿形、外圆端面 4 种,使用范围大致与名称相似,但也可灵活应用。

车刀规格的基本尺寸为刀尖高度,选用时应与使用的车床相匹配,在卧式车床上车刀刀尖应与车床主轴中心线等高。若刀尖略低,可加垫片解决,但是垫片的数量一般为一片。加工台阶面的工件时,如工件的台阶差与程序差不一致时,请检查刀尖高与主轴中心线是否等高。

二、可转位内孔车刀型号编制规则及说明

1.可转位内孔车刀型号编制规则

国家标准 GB/T 14297—93 规定了可转位车孔刀的尺寸和技术条件,但未规定型号表示规则。目前国内、外厂商以 ISO 6261—1984 的规定,表示圆柄可转位车孔刀的型号,编写形式及说明见表 11-3。

表 11-3

内圆可转位车刀型号编制

S	3	U	—	S	T	F	C	R	1	—	制造商选用代号
1	2	3		4	5	6	7	8	9		10

2.说明

可转位内孔车刀型号说明见表 11-4。

表 11-4

(1)刀杆形式

S:整体钢制刀杆	A:整体钢制刀杆,带切削液输送通道	C:头部钢材和柄部硬质合金固定连接的刀杆	E:头部钢材和柄部硬质合金固定连接的刀杆带切削液输送通道

(2)刀杆直径

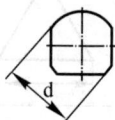

如果刀杆直径只有一位数字应在其前加"0",例 $d=8m=08$

(3)刀具长度

代号	长度
H	100
K	125
M	150
P	170
O	180
R	200
S	250
T	300

(4)压紧方式

C:压板压紧式	M:复合压紧式	P:杠杆压紧式	S:螺钉压紧式
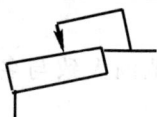	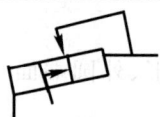	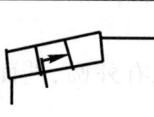	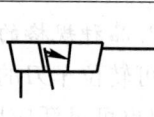

(5)刀片形状

C	D	R	S	T	V
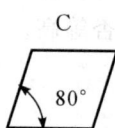 80°	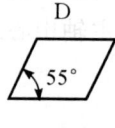 55°	圆	方	60°	35°

(6)刀片形状(主偏角)

K	F	U	L	Q
75°	90°	93°	95°	107°30′
			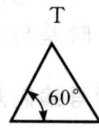	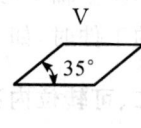

(7)刀片后角 α

代号	后角 α(°)
R	5
C	7
E	20
F	25
N	0
P	11
W	6
X	14

(8)切削方向

R:右切削
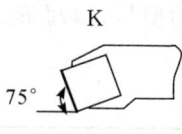

L:左切削
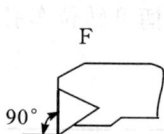

(9)切削刃长

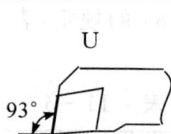
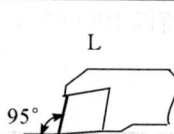
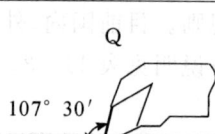

3.品种规格的选用

车孔的关键技术是解决内孔车刀的刚性和排屑问题,因此内孔刀的选择一般从改善车刀的刚性、断屑方面考虑。

(1)增加刀杆的截面积以增加刀具的刚性。

1)优先选用圆柄车刀。

2)一般标准内孔车刀已给定了最小加工孔径,对于加工最大孔径范围,一般不超过比它大一个规格的车孔刀所规定的最小加工孔径的使用范围。

3)另外刀杆的伸出长度尽可能缩短,通常整体钢制刀柄的伸出长度应在刀杆直径的4倍以内。

(2)加工的断屑、排屑可靠性比外圆车刀更为重要,因此不仅要选用好的断屑槽刀片,还要注意给刀具头部留有足够的排屑空间。另外刀具尺寸受到孔径的限制,装夹部分结构要求简单、紧凑,夹紧件最好不外露,夹紧可靠。

三、螺纹可转位车刀型号表示规则

目前还无国家标准,该类刀具产品形式尺寸均参照其他有关标准确定。

四、机夹切断刀和车槽刀的品种规格

目前,机夹可转位车槽刀没有国家标准,机夹切断刀已有国家标准(GB10953—89),其代号表示规则、说明请参考相关标准或厂商手册。

五、可转位车刀刀片型号表示规则及说明

1.可转位车刀刀片型号表示规则见表11-5

表　11-5

可转位车刀型号编制

T	N	M	G	22	04	08	E	N	—	V2
1	2	3	4	5	6	7	8	9	10	(自编号)

2.可转位车刀刀片型号说明见表11-6

表　11-6

(1)刀片形状

C	D	R	S	T	V	W
80°	55°			60°	35°	80°

(2)刀片后角

代号	A	B	C	D	E	F	P	O	N
后角 α	3°	5°	7°	15°	20°	25°	11°	特殊	0°

(3)精度等级		(4)断屑槽和固定形式	
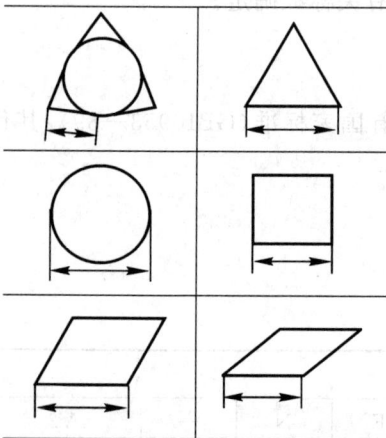		N	
		R	
		F	
U	$m\pm0.13\sim0.38$　$s\pm0.13$　$d\pm0.08\sim0.25$	A	
M	$m\pm0.08\sim0.18$　$s\pm0.13$　$d\pm0.05\sim0.13$	M	
G	$m\pm0.005$　$s\pm0.05$　$d\pm0.13$	G	

(5)切削刃长	(6)刀片厚度	(7)刀尖圆弧半径
	S	$r\ r$
	02—2.38	02—0.2
	03—3.18	04—0.4
	T3—3.97	08—0.8
	04—4.76	12—1.2
	05—5.56	16—1.6
	06—6.35	20—2.0
	07—7.93	

(8)切削刃截面形状

符号	简图	说明
F		尖锐切削刃
T		副倒棱切削刃
E		倒圆切削刃
S		副倒棱加倒圆切削刃

(9)切削方向

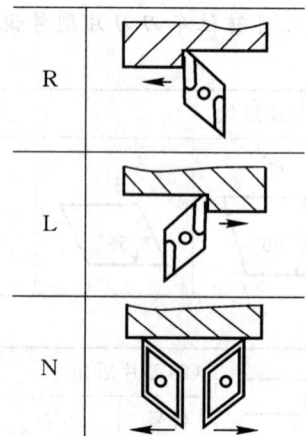

R

L

N

（10）非国家或 ISO 标准，一般表明刀片的断屑槽，下图为国产刀片范例

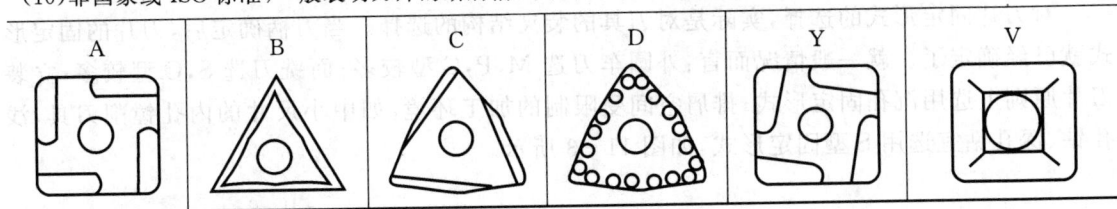

A	B	C	D	Y	V

六、数控可转位机夹刀片的选择

1. 刀片形状的选择

被加工零件形状是选择刀片形状的第一依据。刀片安装在刀柄上，刀具主、副切削刃不得与工件的已加工表面或待加工表面发生干涉。

刀具形状与切削区的刀尖角的大小直接关系，因此刀片形状直接影响刀尖强度，刀尖角越大刀尖强度越高。按刀尖角大小顺序排为：R，O，H，P，S，L，M，A，B，W，C，E，T，K，D，V。另外刀尖角越大，车削中对工件的径向分力越大，越易引起切削振动，故精加工时宜采用较小的刀尖角型号。如图 11-2 所示。

刀片形状与切削刃数的关系。在保证刀具强度、工件精度的前提下，可选用切削刃较多的 W 型、T 型刀片。

此外，某些刀片形状的使用范围有其专用性。如：D 型、V 型车削刀片一般只在仿形车削才用。R 型刀片在仿形、车盘类零件（车轮）、曲面加工时采用。

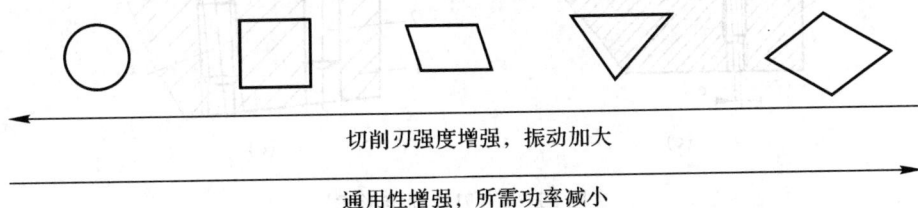

切削刃强度增强，振动加大

通用性增强，所需功率减小

图 11-2　刀片形状性能

2. 刀片主切削刃后角的选择

当刀片后角选 N 型 0°时，刀片可正反使用，降低刀片成本。此时刀柄上的刀片安装面不是水平的，当刀片与刀体组合后，刀具形成正的后角，只是刃倾角为负，由于数控机夹刀片一般都有断屑槽，故前角也为正值。因此 N 型刀片被较多选用，选用时注意考虑槽形。另外由于该型刀具的刃倾角为负，在进行曲面加工时，刀具上切削点位置不同，且不在同一中心高上，故在进行较大的精密曲面加工时会造成误差。

3. 刀片精度的选择

（1）选用 G 级精度刀片的主要原因是为了获得精磨的锋利刃口，为了减轻振动而降低切削力；非铁金属材料的精加工、半精加工宜选用 G 级精度刀片。

（2）精加工至重负荷粗加工，除上述两特例外都可选用 M 级刀片。

4.可转位刀片的固定形式的选择

对刀片固定形式的选择,实际是对刀具的装夹结构的选择。当刀柄确定后,刀片的固定形式就已经确定了。就一般情况而言:外圆车刀选 M,P,C 型较多;面铣刀选 S,C 型较多;立装刀片原则上选用沉孔固定形式;排屑空间受限制的加工环境,如中小尺寸的内孔镗削刀具、浅孔钻、深孔钻宜选用 S 型固定形式,如图 11-3 所示。

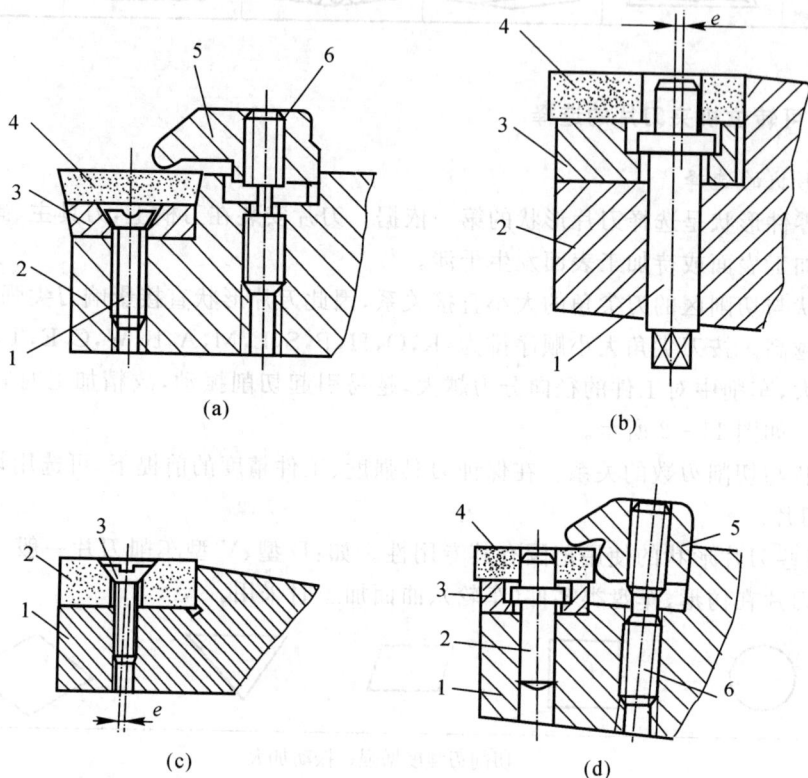

图 11-3　刀片固定形式

(a)上压式 C；　(b)销钉式 P；　(c)螺钉式 S；　(d)上压销钉式 M

5.刀片切削刃长

平装可转位刀片的切削刃有效长度不应超过切削刃长度的 2/3。

6.刀片厚度的说明

刀片厚度在前面的代码选定后,即已确定,没有选择的自由。

7.刀尖圆弧半径及修光刃代码

(1)半径选用的关键因素:粗加工时的强度,精加工时的表面质量。

(2)刀尖半径选择原则:选择尽可能大的刀尖圆弧,以获得坚固的切削刃,大刀尖半径允许使用高进给;如果有振动倾向,选择小的刀尖半径;孔加工时为减小振动倾向,刀尖圆弧应选择小一点。

(3)刀尖半径与进给速度:通常 f 不超过 $r/2$。

(4)刀尖半径与最小切削深度:对于钢,铸铁,铝合金的加工,通常 a_p 不小于 $r/3$。

(5)刀尖半径与断屑可靠性:从断屑可靠性考虑,通常对于小余量、小进给的车削加工,刀片宜采用较小的刀尖圆弧半径,反之采用较大的刀尖圆弧半径。

（6）刀尖圆弧半径对零件加工表面粗糙度的影响:刀尖圆弧半径、进给速度是影响表面粗糙度的两个因素,其三者之间的关系见表 11－7。

表 11－7　刀尖圆弧半径、进给速度与表面粗糙度的关系

表面粗糙度 $Ra/\mu m$	刀尖圆弧半径/mm				
	0.4	0.8	1.2	1.6	2.4
	进给量 $f/(mm/r)$				
0.8	0.07	0.10	0.12	0.14	0.17
1.6	0.11	0.15	0.19	0.22	0.26
3.2	0.17	0.24	0.29	0.34	0.42
6.3	0.22	0.30	0.37	0.43	0.53

8.刀片切削刃截面形状代码

有色金属、非金属材料大多采用 F 型刃口刀具,小余量精加工尤其是小尺寸内孔精镗也采用 F 型刃口刀具;涂层刀片基本是 E 型;陶瓷刀片通常采用 T 型刃口,可转位铣刀片,凡平装刀片多采用 T 型刃口;涂层铣刀片通常采用 S 型刃口。

从以上知识可以知道,可转位刀片的选择受很多因素的影响,我们必须从实际出发来选用合适的刀具。从加工方向上说,外圆车刀有右向车刀、左向车刀和中间切入车刀 3 种,如图 11－4 所示。

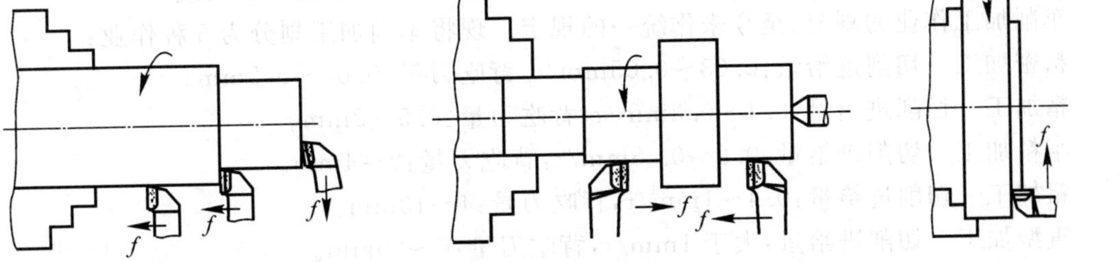

图 11－4　左右车削

右向车刀是车刀从车床尾架向主轴箱方向进给的车刀,一般用来车削工件的外圆、端面和右向台阶。

左向车刀是车刀从车床主轴箱向尾座方向进给的车刀,一般用来车削左向阶台、工件的外圆和端面。

中间切入车刀是车刀可以向左右两个方向进给,一般用来车削带圆锥的中间沟槽轮廓。

根据被加工零件的结构需要来选择合适的外圆车刀,生产中常见的外圆车刀如图 11－5 所示。

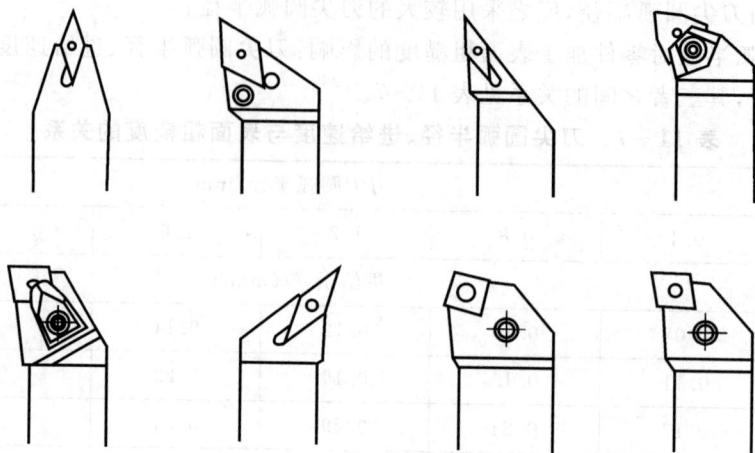

图 11-5 常见外圆车刀

✓ 拓展提高

一、数控加工工序划分和装夹方法的确定

1. 工序的划分

对于数控车削加工来说以下两种原则使用较多：

(1)按所用刀具划分工序。采用这种方式可提高车削加工的生产效率。

(2)按粗、精加工划分工序。采用这种方式可保持数控车削加工的精度。

车削加工作业的划分，至今未作统一的规定。现将车削加工划分为 5 种作业：

精密加工 切削进给量：0.03～0.05mm/r，背吃刀量：0.05～0.5mm。

精加工 切削进给量：0.1～0.3mm/r，背吃刀量：0.5～2mm。

半精加工 切削进给量：0.2～0.5mm/r，背吃刀量：2～4mm。

粗加工 切削进给量：0.4～1mm/r，背吃刀量：4～10mm。

重型加工 切削进给量：大于 1mm/r，背吃刀量：6～20mm。

2. 确定零件装夹方法和夹具选择

数控车床上零件安装方法与普通车床一样，要尽量选用已有的通用夹具装夹，且应注意减少装夹次数，尽量做到在一次装夹中能把零件上所有要加工表面都加工出来。零件定位基准应尽量与设计基准重合，以减少定位误差对尺寸精度的影响。

工件的装夹就是将工件在机床上或夹具中定位、夹紧的过程。由于工件的形状、大小和加工数量不同，因此可采用以下几种装夹方法。

(1)在四爪卡盘上装夹工件。四爪卡盘夹紧力大，但找正比较费时。适用于装夹大型或形状不规则的工件。

(2)在三爪卡盘上装夹工件。三爪卡盘能自动定心，不需花很多时间找正工件，安装效率比四爪卡盘高，但夹紧力没有四爪卡盘大。适用于装夹大批量的中小规格的零件。

(3)在两顶尖间装夹工件。对于较长的或必须经多次装夹才能加工好的工件(如长轴、长丝杠或车削后还要铣、磨的工件)，可用两顶尖来装夹。两顶尖装夹工件方便，不需找正，装夹精度高。

用两顶尖装夹工件，必须先在工件端面钻出中心孔。中心孔有 A,B,C 型。A 型不带护锥,B 型带护锥,C 型带螺孔(详见国家标准 GB 145—85)。精度要求一般的零件采用 A 型;精度要求较高、工序较多的零件用 B 型;当需要将其他零件轴向固定在工件上时用 C 型。

中心孔是精加工的定位基准,对工件质量影响很大。如果两端中心孔连线与工件外圆轴线不同轴,工件外圆可能加工不出来;如果中心孔圆度差,加工出的工件圆度误差也大;如果中心孔锥面粗糙,加工出的工件表面质量也差。因此加工中心孔时,应保证上述要求,对于要求较高的中心孔,还需精车修整或研磨。

另外两顶尖装夹工件时应注意,前后顶尖连线应与车床主轴轴线同轴;尾座套筒在不影响车刀切削的前提下,尽量伸出短些;装夹前注意清除中心孔中的异物;如果后顶尖用死顶尖,中心孔中注意加入工业润滑脂;两顶尖与中心孔的配合必须松紧适当,如果顶得过紧,细长工件会弯曲变形。

(4)一夹一顶装夹工件。两顶尖装夹工件虽然精度高,但刚性较差,因此,加工一般轴类零件,尤其是较重的零件。采用一端夹住(用三爪或四爪卡盘),另一端用后顶尖顶住的装夹方式,并且在卡盘内装一限位支承,或利用工件台阶作限位。这种装夹方法比较安全,能承受较大的轴向切削力,因此应用很广泛。

后顶尖有死顶尖和活顶尖两种。死顶尖刚性好,定心准确,但与工件中心孔之间产生滑动摩擦而发热多,故只适用于低速加工精度要求较高的工件。活顶尖能在很高的转速下正常工作,因此应用很广泛,但装配误差较大或磨损后,会使顶尖产生径向圆跳动。

(5)软爪的应用。有时卡盘用的卡爪(三爪或四爪),不是淬硬卡爪,而是硬度较低的卡爪,加工前,先按工件的大小车一刀(卡爪外圈套一圆圈,并反向夹紧),这种方法适用于精度要求较高的小批量零件的加工。

(6)自动卡爪。自动程度较高的机床,其工件装夹往往采用气动卡盘或液压卡盘。就工件夹紧而言,与三爪卡盘相同。

(7)弹簧夹头。装夹方便快速,适用于大批量,中小型零件的加工。

(8)中心架的应用。中心架一般用于:车削长轴零件,以提高长轴的刚性;车削大而长工件的端面或钻中心孔时,将工件只夹在卡盘上不稳当;车削较长套类工件内孔或螺纹时,单靠卡盘夹紧也是不够牢靠。

(9)跟刀架的应用。跟刀架主要用于不允许接刀的细长工件的加工,以提高工件刚性。

二、加工顺序的确定

在数控机床加工过程中,由于加工对象复杂多样,特别是轮廓曲线的形状及位置千变万化,加上材料不同、批量不同等多方面因素的影响,在对具体零件制定加工顺序时,应该进行具体分析和区别对待,灵活处理。只有这样,才能使所制定的加工顺序合理,从而达到质量优、效率高和成本低的目的。

数控车削的加工顺序一般按照前述中总体原则确定,下面针对数控车削的特点对这些原则进行详细的叙述。

1.先粗后精

为了提高生产效率并保证零件的精加工质量,在切削加工时,应先安排粗加工工序,在较短的时间内,将精加工前大量的加工余量去掉,同时尽量满足精加工的余量均匀性要求。

当粗加工工序安排完后,应接着安排换刀后进行的半精加工和精加工。其中,安排半精加工的目的是,当粗加工后所留余量的均匀性满足不了精加工要求时,则可安排半精加工作为过渡性工序,以便使精加工余量小而均匀。

在安排可以一刀或多刀进行的精加工工序时,其零件的最终轮廓应由最后一刀连续加工而成。这时,加工刀具的进退刀位置要考虑妥当,尽量不要在连续的轮廓中安排切入和切出或换刀及停顿,以免因切削力突然变化而造成弹性变形,致使光滑连接轮廓上产生表面划伤、形状突变或滞留刀痕等疵病。

2.先近后远加工,减少空行程时间

这里所说的远与近,是按加工部位相对于对刀点的距离大小而言的。在一般情况下,特别是在粗加工时,通常安排离对刀点近的部位先加工,离对刀点远的部位后加工,以便缩短刀具移动距离,减少空行程时间。对于车削加工,先近后远有利于保持毛坯件或半成品件的刚性,改善其切削条件。

3.内外交叉

对既有内表面(内型腔),又有外表面需加工的零件,安排加工顺序时,应先进行内外表面粗加工,后进行内外表面精加工。切不可将零件上一部分表面(外表面或内表面)加工完毕后,再加工其他表面(内表面或外表面)。

4.基面先行原则

用作精基准的表面应优先加工出来,因为定位基准的表面越精确,装夹误差就越小。例如轴类零件加工时,总是先加工中心孔,再以中心孔为精基准加工外圆表面和端面。

另外,加工配合件时,由于凸件外径尺寸便于测量,一般先加工出凸件,可方便地得到准确尺寸,再以此作为标准件,配做凹件。

上述原则不是一成不变的,对于某些特殊情况,则需要采取灵活可变的方案。

课内练习

1.解释可转位外圆车刀型号 SLCAR2020K12 的含义。
2.解释可转位刀片型号 CNMG120404SR 的含义。
3.加工顺序安排的基本原则有哪几个?

子任务二　卸料套的编程与操作加工

一、铝件材料特性

7075 系铝合金主要含有锌元素,属于铝镁锌铜合金,是可热处理合金,属于超硬铝合金,有良好的耐磨性,也有良好的焊接性,但耐腐蚀性较差,经热处理,能达到非常高的强度特性,远胜于软钢。此合金具有良好的机械性能及阳极反应。主要用于航空航天,模具加工,机械设备,工装夹具,特别用于飞机制造结构及其他要求强度高、抗腐蚀性能强的高应力结构体。

二、卸料套的编程与操作加工

(一)图样分析(零件结构及技术要求)

该零件由外圆锥面、圆弧、内孔、内沟槽等组成,其几何形状为套类零件,零件尺寸精度要求为:径向尺寸公差为 0.029,轴向为自由公差,表面粗糙度为 $Ra=1.6\mu m$,需采用粗、精加工。工件毛坯为 $\phi60\times62$ 的 7075 铝合金棒料,材料切削性能较好,但易产生积屑瘤和粘刀,表面粗糙度难以控制,必须注意切削速度的选择。

(二)相关数值计算

如图 11-6 所示,以工件右端面中心建立工件坐标系,各基点坐标计算如下:

A 点:X27.975,Z0　　　　　　　E 点:X53.975,Z-47.975

B 点:X29.975,Z-40.0　　　　　F 点:X55.975,Z-48.975

C 点:X29.975,Z-46.0　　　　　G 点:X55.975,Z-60.0

D 点:X33.975,Z-47.975

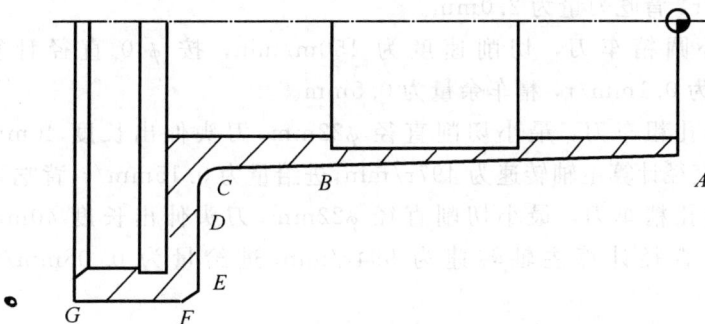

图 11-6　基点计算

如图 11-7 所示,以工件右端面中心建立工件坐标系,各基点坐标计算如下:

1 点:X52.0,Z0　　　　　　　　7 点:X24.015,Z-20.0

2 点:X50,Z-1.0　　　　　　　　8 点:X26.0,Z-20.0

3 点:X50.0,Z-6.0　　　　　　　9 点:X26.0,Z-42.0

4 点:X51.0,Z-6.0　　　　　　　10 点:X24.015,Z-42.0

5 点:X51.0,Z-9.0　　　　　　　11 点:X24.015,Z-60.0

6 点:X24.015,Z-9.0

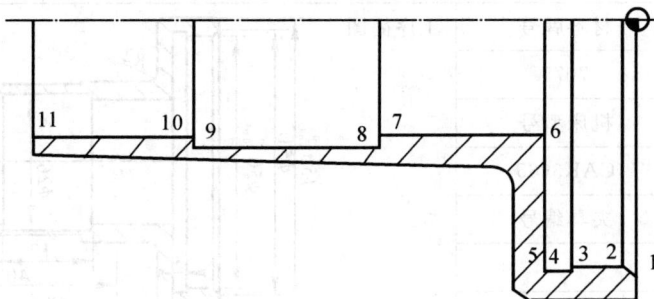

图 11-7　基点计算

(三)数控加工工艺分析

1.使用设备

CAK3665 数控车床(华中世纪星 HNC-21T 数控系统,后置 82 位转塔刀架)。

2. 加工所用的刀具、量具

外圆车刀、切断刀、内孔车刀、游标卡尺、外径千分尺、内径千分尺。

3. 工件装夹方案

工件毛坯为铝件，属于薄壁零件，工件加工长度为 60mm，采用三爪卡盘直接二次装夹即可完成所有内孔表面的加工，调头使用心轴装夹 $\phi24$ 内孔定位，车外圆控制尺寸精度。

4. 加工路线及刀具切削用量安排

因零件加工数量为 5000 件，属于中等批量生产，粗车、精车分开才能既满足质量要求又提高效率和降低成本。

(1) T01：35°外圆粗车刀，切削速度为 100m/min，按 $\phi40$ 直径计算主轴转速为 994r/min，进给量为 0.25mm/r，背吃刀量为 2.0mm。

(2) T02：35°外圆精车刀，切削速度为 150m/min，按 $\phi40$ 直径计算主轴转速为 1492r/min，进给量为 0.1mm/r，精车余量为 0.5mm。

(3) T03：93°内孔粗车刀，最小切削直径 $\phi22$mm，刀头伸出长度 40mm，切削速度为 50m/min，按 $\phi34$ 直径计算主轴转速为 497r/min，进给量为 0.15mm/r，背吃刀量为 1.5mm。

(4) T04：93°内孔精车刀，最小切削直径 $\phi22$mm，刀头伸出长度 40mm，切削速度为 100m/min，按 $\phi34$ 直径计算主轴转速为 994r/min，进给量为 0.08mm/r，精车余量为 0.5mm。

(5) T05：A3 中心钻，切削速度为 50m/min，主轴转速为 980r/min。

(6) T06：$\phi22$ 麻花钻，切削速度为 30m/min，按 $\phi22$ 直径计算主轴转速为 597r/min。

(7) T07：内沟槽刀，刀头宽 5mm，切削速度为 40m/min，按 $\phi26$ 直径计算主轴转速为 397r/min，进给量为 0.08mm/r。

5. 工序

根据表 11-8 工序卡详细填写工步、刀具、切削用量、每工步加工余量等内容。

表 11-8　数控加工工序卡片

数控加工工序卡片		工序名称		工序号
		数车加工		1101
材料名称	材料牌号	工序简图		
铝合金	7075			
机床名称	机床型号			
数控车床	CAK3665			
夹具名称	夹具编号			
三爪卡盘				
备注				

续 表

工步	工作内容	刀号及刀具规格	主轴转速 r/min	进给量 mm/r	背吃刀量 mm
1	车端面	T01:35°外圆粗车刀	994	0.15	
2	粗车右端外圆	T01:35°外圆粗车刀	994	0.25	
3	调头装夹控制总长 车平端面	T01:35°外圆粗车刀	994	0.15	
4	钻中心孔	T05:A3 中心钻	980	手动	
5	钻孔	T06:φ22 麻花钻	597	手动	
6	粗车内孔	T03:93°内孔粗车刀	497	0.15	1.5
7	精车内孔	T04:93°内孔精车刀	994	0.08	0.5
8	车内沟槽	T07:内沟槽槽刀	397	0.08	
9	调头,上夹具				
10	外圆半精车	T01:35°外圆粗车刀	994	0.15	
11	外圆精车	T02:95°外圆精车刀	1492	0.1	0.25

更改标记	数量	文件号	签字	日期

6.加工过程

加工过程及程序编制见表 11-9。

表 11-9 工步与程序对照表

序号	工步	工步图	程序
1	选择刀具,建立工件坐标系,车端面		O1101 T0101 M03 S994 G00 X62.0 Z2.0 G00 Z0 G01 X-1.0 F0.15
2	粗车右端外圆		G00 X62.0 Z2.0 G80 X56.0 Z-48.0 F0.2 X52.0 X48.0 X44.0 X42.0 X38.0 X34.0

续表

序号	工　步	工　步　图	程　序
3	调头装夹控制总长车平端面		手动控制总长 60mm
4	钻中心孔		手动用 A3 中心钻钻孔
5	钻孔		手动钻直径为 φ22 的通孔
6	粗车内孔		T0303 M03 S497 G00 X21.0 Z2.0 G71 U1.5 R1.0 P40 Q50 X-0.5 Z0.2 F0.15 G00 Z00.0 X100.0
7	精车内孔		T0404 M03 S997 G00 X21.0 Z2.0 N40 G00 X53.0 G01 Z0.5 F0.1 X50.025 Z-1.0 Z-9.0 X24.015 Z-61.0 N50 X21.0 G01 Z2.0 F0.3 G00 X100.0 Z100.0

续 表

序号	工 步	工 步 图	程 序
8	车内沟槽		T0707 M03 S397 G00 X22.0 Z2.0 G01 Z-9.0 F0.3 X51.0 F0.08 X22.0 F0.2 Z-42.0 X26.0 F0.08 X23.0 F0.2 Z-40.0 X26.0 F0.08 X23.0 F0.2 Z-38.0 X26.0 F0.08 X23.0 F0.2 Z-36.0 X26.0 F0.08 X23.0 F0.2 Z-34.0 X26.0 F0.08 X23.0 F0.2 Z-32.0 X26.0 F0.08 X23.0 F0.2 Z-30.0 X26.0 F0.08 X23.0 F0.2 Z-28.0 X26.0 F0.08 X23.0 F0.2 Z2.0 F0.5 G00 X100.0 Z100.0
9	调头，上夹具		手动装夹夹具

续 表

序号	工 步	工 步 图	程 序
10	外圆半精车	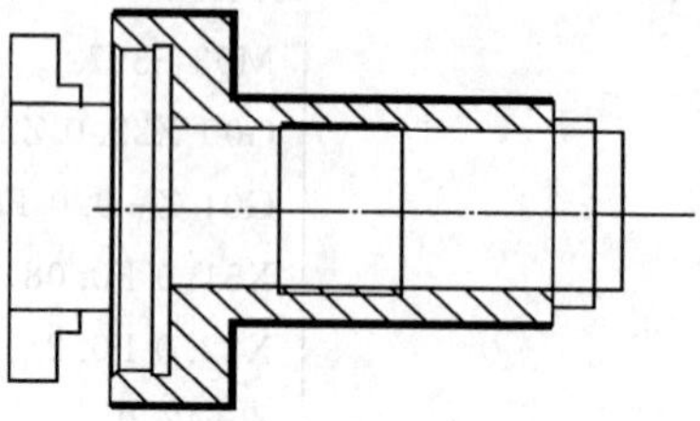	T0101 M03 S997 G00 X62.0 Z2.0 G80 X58.5 Z-61.0 F0.25 X30.5 Z-47.9 X30.5 Z-40.0 I-0.95 G00 X100.0 Z100.0
11	外圆精车	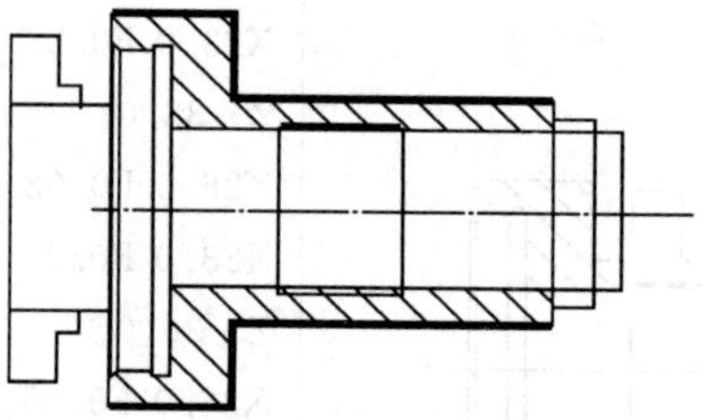	T0202 M03 S1492 G00 X62.0 Z2.0 G01 X27.885 F0.1 X29.985 Z-40.0 Z-46.0 G02 X34.0 Z-48.0 R2.0 G01 X53.985 X56.985 Z-49.5 G01 X62.0 G00 X100.0 Z100.0 M05 M30

课内练习

根据图 11-8 零件，分析其装夹方案、刀具选择、工艺流程等，然后编制程序，填写加工工序卡。

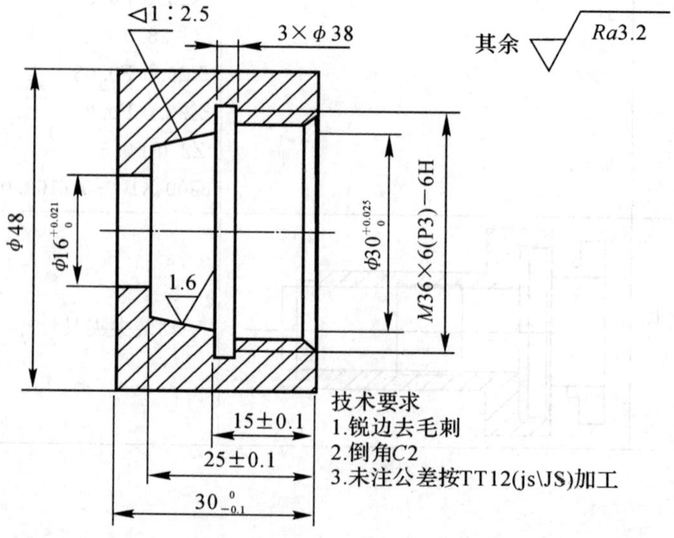
◁1∶2.5
3×φ38
其余 Ra3.2
φ48
φ16$^{+0.021}_{0}$
1.6
φ30$^{+0.025}_{0}$
M36×6(P3)−6H
15±0.1
25±0.1
30$^{0}_{-0.1}$
技术要求
1.锐边去毛刺
2.倒角C2
3.未注公差按TT12(js\JS)加工

图 11-8

任务十二　导向套的加工

任务介绍

　　该零件为某机械加工企业准备生产的导向套,订单数量为 1000 件,毛坯尺寸为 $\phi40\times56$ 的 45# 圆钢。

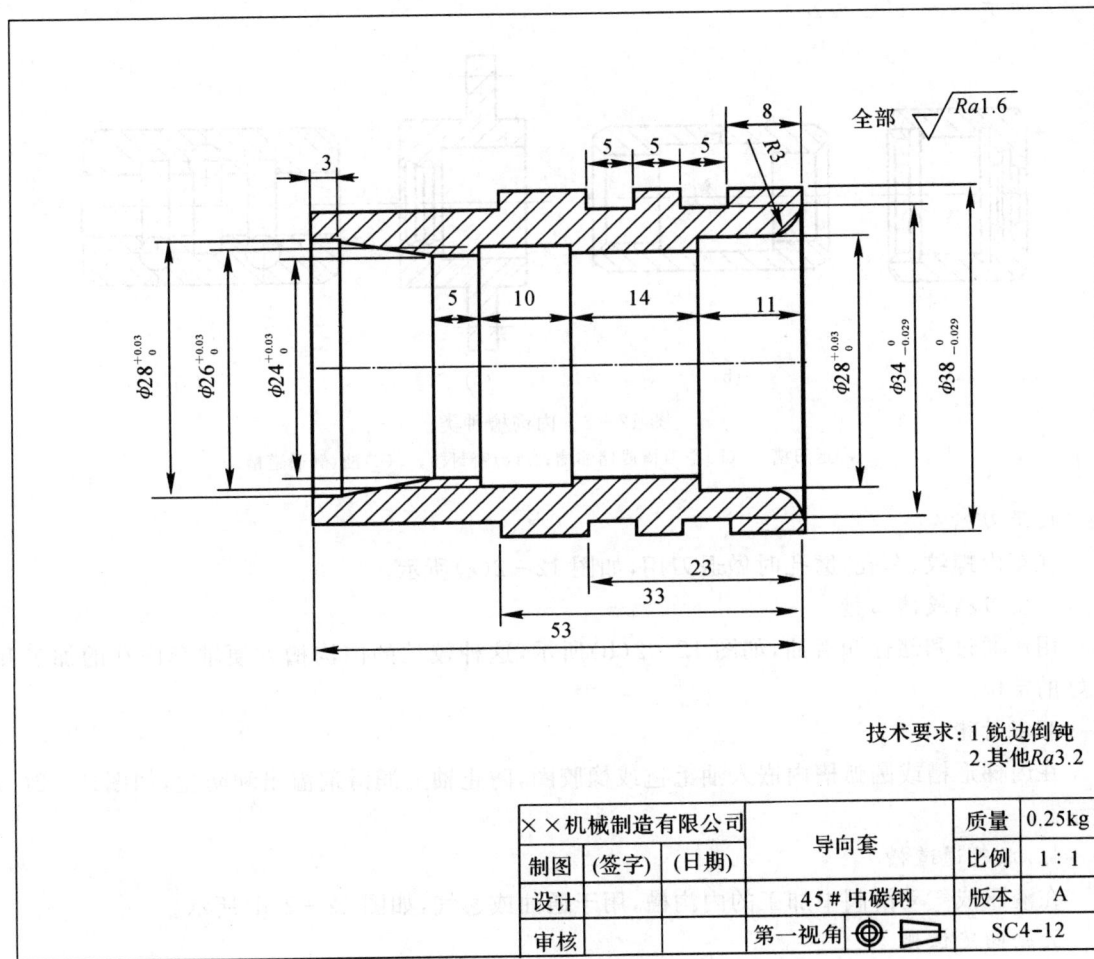

技术要求:1.锐边倒钝
　　　　　2.其他 Ra3.2

××机械制造有限公司		导向套	质量	0.25kg
制图	(签字)　(日期)		比例	1:1
设计		45# 中碳钢	版本	A
审核		第一视角 ⊕ ▷	SC4-12	

图 12-1　导向套零件图

学习目标

　　(1)能够读懂导向套图纸,了解加工工艺;

　　(2)能正确编写导向套的加工程序;

　　(3)能够在 MDI 模式和手动模式下,正确对刀及设置相应参数;

（4）能够按照安全操作流程在单段和自动模式下完成导向套加工；

（5）能正确使用游标卡尺、内径百分表测量导向套；

（6）对机床进行日常维护保养，并填写设备使用相关表格。

子任务一　内沟槽车刀的几何形状、刃磨与装夹

一、内沟槽的种类和作用

机器零件由于工作情况和结构工艺性的需要，有各种断面形状的内沟槽，常见的如图 12-2 所示。

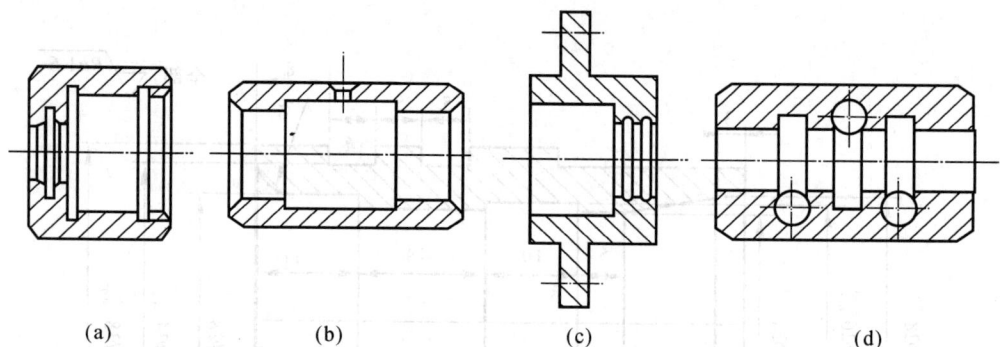

图 12-2　内沟槽种类

(a)退刀槽；　(b)空刀槽或储油槽；　(c)密封槽；　(d)油、气通道槽

1. 退刀槽

在车内螺纹、车孔、磨孔时做退刀用，如图 12-2(a)所示。

2. 空刀槽或储油槽

用作通过和储存润滑油，如图 12-2(b)所示，这种较长的内沟槽方便轴套内孔的加工和良好的定位。

3. 密封槽

在内梯形槽或圆弧槽内嵌入油毛毡或橡胶圈，防止轴上润滑剂溢出和防尘，如图12-2(c)所示。

4. 油、气通道槽

在液压或气动滑阀中加工的内沟槽，用于通油或通气，如图12-2(d)所示。

5. 轴向定位槽

在内孔中适当位置的内沟槽中嵌入弹性挡圈，实现相关零件的轴向定位。

二、内沟槽车刀几何形状

内沟槽车刀与切断刀的几何形状相似，但装夹方向相反，且在内孔中切槽。加工小孔中的内沟槽车刀做成整体式，而在大直径内孔中车内沟槽的车刀常为机械夹固式的，如图 12-3 所示。

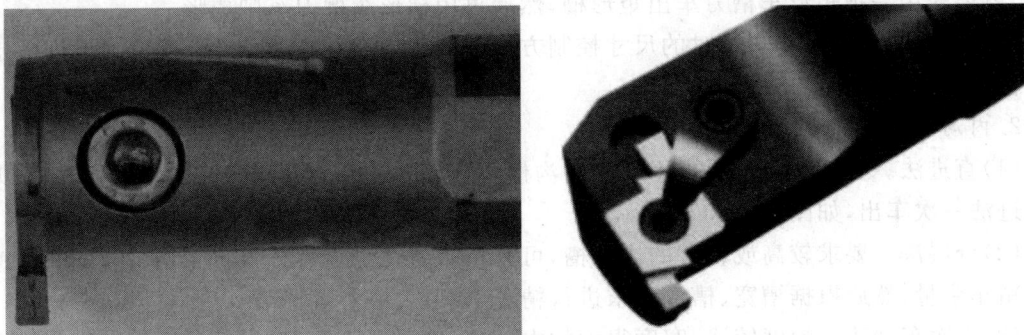

图 12 - 3　内沟槽车刀几何形状

三、内沟槽车刀的刃磨与装夹

1. 内沟槽车刀的刃磨步骤

(1)粗磨前刀面和主、副后面,使刀头基本成形。

(2)精磨前刀面和主、副后面。

(3)修磨刀尖小圆弧。

(4)装夹内沟槽车刀时,应使主切削刃与内孔中心等高或略高,两侧副偏角必须对称。其刀头部分的形状和内沟槽一样,两侧副刀刃与主刀刃应对称,这样才有利于切削时车刀的装夹,其刃磨方法基本上和刃磨内孔车刀相同,只是角度不同。

2. 内沟槽车刀的安装

由于内沟槽通常与孔轴线垂直,因此要求内沟槽车刀的刀体与刀柄轴线垂直。安装内沟槽车刀和安装内孔车刀相似,刀尖高度应该等于或略高于工件中心,两侧副偏角必须对称。

🖋 课内练习

1.内沟槽的种类和作用有哪些?

2.内沟槽的刃磨步骤是什么? 其安装要求是什么?

子任务二　导向套的编程与操作加工

一、内沟槽的车削方法

1. 内沟槽车削和内孔车削的区别

内沟槽的车削方法和车内孔相同,只是车内沟槽时的工作条件比车削内孔时更困难。表现在以下方面:

(1)刀杆直径或刀体直径尺寸比车削内孔时所用的尺寸更小,刚性更差,切削刃更长,因此车削时更容易产生振动。

(2)排屑更困难,车内沟槽的切削用量要比车内孔时所用的低一些。车矩形或圆弧形内沟槽时,只需用一把和内沟槽截面形状相同的内沟槽车刀直接车出就可以了。但是,车梯形内沟槽时,就要先用一把矩形车槽刀车出矩形槽,然后再用梯形车槽刀车削成形。

(3)尺寸的控制,车内沟槽时的尺寸控制方法与车外沟槽时相同,主要是控制槽的宽度和轴向位置。

2. 内沟槽的车削方法

(1)直进法。宽度较小和要求不高的内沟槽,可用主切削刃宽度等于槽宽的内沟槽车刀采用直进法一次车出,如图 12-4(a)所示。

(2)分层法。要求较高或较宽的内沟槽,可采用直进法分几次车出。粗车时,槽壁和槽底应留精车余量,然后根据槽宽、槽深要求进行精车,如图 12-4(b)所示。

(3)二次车削法。深度较浅,宽度很大的内沟槽,可用内孔车刀先车凹槽,再用内沟槽车刀车沟槽两端的垂直面,如图 12-4(c)所示。

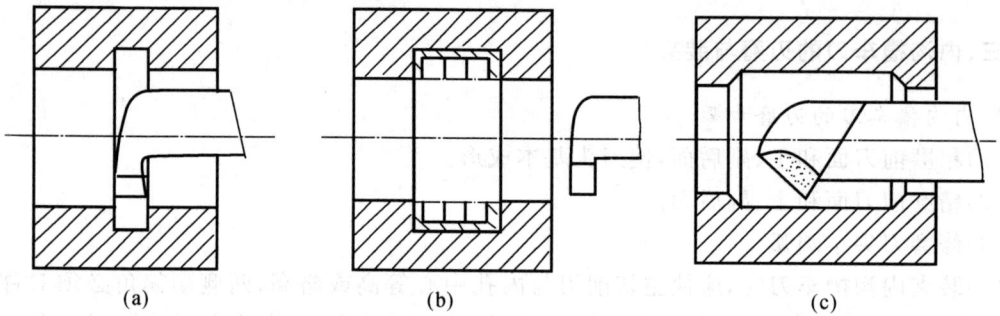

图 12-4　内沟槽的车削方法
(a)直进法;　(b)分层法;　(c)二次车削法

二、内沟槽的测量

1. 直径的测量

内沟槽直径一般用弹簧内卡钳配合游标卡尺或千分尺测量,如图 12-5(a)所示。测量时先将弹簧内卡钳收缩并放入内沟槽,然后调节卡钳螺母,使卡脚与槽底径表面接触,松紧适合,将内卡钳收缩取出,恢复到原来尺寸,最后用游标卡尺或外径千分尺测出内卡钳张开的距离。

直径较大的内沟槽,可用弯脚的游标卡尺测量,如图 12-5(b)所示。

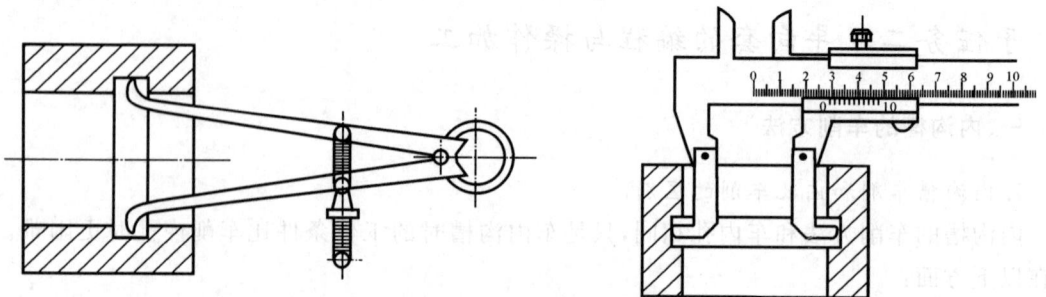

图 12-5　内沟槽直径的测量
(a)弹簧内卡钳测量;　(b)弯脚游标卡尺

2.轴向尺寸的测量

内沟槽的轴向位置尺寸可用钩形深度游标卡尺测量,如图 12-6(a)所示。

3.宽度的测量

内沟槽宽度可用样板检测,如图 12-6(b)所示。当孔径较大时可用游标卡尺测量。

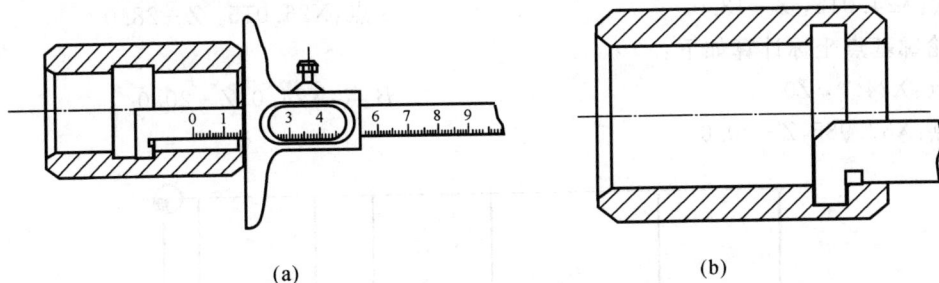

(a)　　　　(b)

图 12-6　内沟槽轴向尺寸与宽度的测量

(a)钩形深度游标卡尺测量；　(b)样板测量

三、导向套的编程与操作加工

(一)图样分析(零件结构及技术要求)

该零件由外圆柱面、沟槽、螺纹组成,其几何形状为圆柱形的螺纹轴类零件,零件尺寸精度要求为:径向尺寸公差为0.029,轴向没有要求(自由公差),表面粗糙度为 $Ra=1.6\mu m$,需采用粗、精加工。工件毛坯为 $\phi40\times56$ 的 45♯中碳钢棒料,材料切削性能好,易加工。

(二)相关数值计算

如图 12-7 所示,以工件右端面中心建立工件坐标系,内轮廓基点坐标计算如下:

1 点:X34.015,Z0

2 点:X28.015 ,Z-3.0

3 点:X28.015,Z-11.0

4 点:X24.015,Z-11.0

5 点:X24.015,Z-25.0

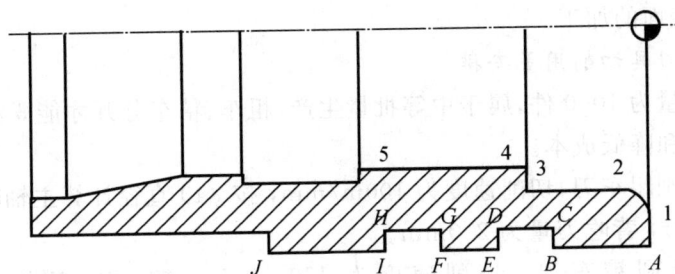

图 12-7　右端基点计算

外轮廓基点坐标计算如下:

A 点:X37.985,Z0

B 点:X37.985,Z-8.0

C 点:X33.985,Z-8.0

D 点:X33.985,Z-13.0

F 点:X37.985,Z-18.0

G 点:X33.985,Z-18.0

H 点:X33.985,Z-23.0

I 点:X37.985,Z-23.0

E 点：X37.985，Z－13.0 　　　　　　J 点：X37.985，Z－33.0

如图 12－8 所示，以工件左端面中心建立工件坐标系，内轮廓基点坐标计算如下：

1 点：X28.015，Z0 　　　　　　　　　4 点：X24.015，Z－18.0

2 点：X28.015，Z－3.0 　　　　　　　5 点：X26.015，Z－18.0

3 点：X24.015，Z－13.0 　　　　　　　6 点：X26.015，Z－28.0

外轮廓基点坐标计算如下：

A 点：X34.0，Z0

C 点：X37.985，Z－20.0 　　　　　　B 点：X24.0，Z－20.0

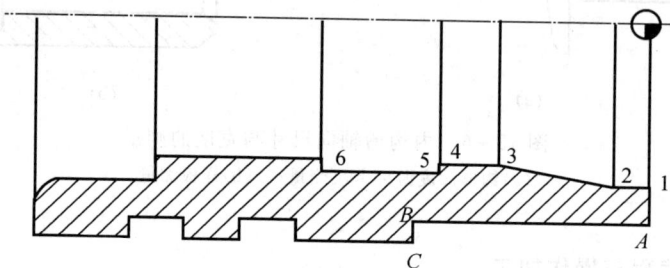

图 12－8　左端基点计算

(三)数控加工工艺分析

1.使用设备

CAK3665 数控车床(华中世纪星 HNC－21T 数控系统,后置 82 位转塔刀架。

2.加工所用的刀具、量具

外圆车刀、切断刀、内孔车刀、内沟槽刀、游标卡尺、外径千分尺、内径千分尺。

3.工件装夹方案

工件毛坯为中碳钢棒料,工件加工长度 53mm,采用三爪卡盘,需二次装夹,先夹棒料左端,伸出长度 37mm,车削外圆、沟槽、内孔,再调头装夹 $\phi38$ 处,控制总长 53mm,车削外圆、内孔,即可完成所有表面的加工。

4.加工路线及刀具切削用量安排

因零件加工数量为 1000 件,属于中等批量生产,粗车、精车分开才能既满足加工质量加工要求又能提高效率和降低成本。

(1)T01:95°外圆粗车刀,切削速度为 100m/min,按 $\phi40$ 直径计算主轴转速为 994r/min,进给量为 0.25mm/r,背吃刀量为 2.0mm。

(2)T02:93°外圆精车刀, 切削速度为 150m/min, 按 $\phi40$ 直径计算主轴转速为 1492r/min,进给量为 0.1mm/r,精车余量为 0.5mm。

(3)T03:切槽刀,刀头宽 5mm,切削速度为 50m/min,按 $\phi40$ 直径计算主轴转速为 497r/min,进给量为 0.1mm/r。

(4)T04:93°内孔粗车刀,刀头伸出长度 40mm,切削速度为 70m/min,按 $\phi34$ 直径计算主轴转速为 655r/min,进给量为 0.15mm/r,背吃刀量为 1.5mm。

(5)T05:93°内孔精车刀,刀头伸出长度 40mm,切削速度为 100m/min,按 $\phi34$ 直径计算主轴转速为 994r/min,进给量为 0.08mm/r,精车余量为 0.5mm。

(6)T06：内沟槽刀，刀头宽 3mm，切削速度为 70m/min，按 $\phi26$ 直径计算主轴转速为 857r/min，进给量为 0.08mm/r。

(7)T07：A3 中心钻，切削速度为 40m/min，按 $\phi12$ 直径计算主轴转速为 1060r/min。

(8)T08：$\phi22$ 麻花钻，切削速度为 30m/min，按 $\phi22$ 直径计算主轴转速为 597r/min。

5. 工序

根据表 12－1 工序卡说明工步、刀具、切削用量、加工余量等内容。

表 12－1 数控加工工序卡片

数控加工工序卡片		工序名称		工序号
		导向套数车加工		1201

材料名称	材料牌号	工序简图		
45 钢棒料	45＃			
机床名称	机床型号			
数控车床	CAK3665			
夹具名称	夹具编号			
三爪卡盘				
备注				

工步	工作内容	刀号及刀具规格	主轴转速 r/min	进给量 mm/r	背吃刀量 mm
1	车端面	T01：95°外圆粗车刀	994	0.15	
2	钻中心孔	T07：A3 中心钻	1060		
3	钻孔	T08：$\phi22$ 麻花钻	592		
4	粗车右端外圆	T01：95°外圆粗车刀	994	0.25	2
5	精车右端外圆	T02：93°外圆精车刀	1492	0.1	0.25
6	车右端外径沟槽	T03：切槽刀	497	0.1	
7	粗车右端内孔	T04：93°外圆粗车刀	655	0.15	1.5
8	精车右端内孔	T05：93°外圆精车刀	994	0.08	0.5
9	掉头车平端面控制总长	T01：95°外圆粗车刀	994		
10	粗车左端内孔	T04：93°外圆粗车刀	655	0.15	1.5
11	精车左端内孔	T05：93°外圆精车刀	994	0.08	0.5
12	车左端内沟槽	T06：内沟槽槽刀	857	0.08	
13	粗车左端外圆	T01：95°外圆粗车刀	994	0.25	2
14	精车左端外圆	T02：93°外圆精车刀	1492	0.1	0.25

更改标记	数量	文件号	签字	日期

6.加工过程

加工过程及程序编制见表 12-2。

表 12-2 工序简图与程序对照表

序号	工 步	工 步 图	程 序
1	选择刀具,建立工件坐标系,车端面		O1201 T0101 M03 S994 G00 X42.0 Z2.0 G81 X-1.0 Z0 F0.15
2	钻中心孔		手动用 A3 中心钻钻孔
3	钻孔		手动钻直径为 $\phi 22$ 的通孔
4	粗车右端外圆		T0101 M03 S994 G00 X42.0 Z2.0 G80 X38.5 Z-34.0 F0.25 G00 X100.0 Z100.0
5	精车右端外圆		T0202 M03 S1492 G00 X42.0 Z2.0 G80X37.985 Z-34.0 F0.1 G00 X100.0 Z100.0
6	切右端外径沟槽		T0303 M03 S497 G00 X40.0 Z-13.0 G01 X34.0 F0.1 G04 P100 G00X40.0 G00 Z-23.0 G01 X34.0 F0.1 G04 P100 G00 X40.0 G00 X100.0 Z100.0

续 表

序号	工　步	工　步　图	程　序
7	粗车右端内孔		T0404 M03 S655 G0O X21.0 Z2.0 G71 U1.5 R1.0 P10 Q20 X-0.5 Z0 F0.2 G00 X100.0 Z100.0
8	精车右端内孔		T0505 M03 S994 N10 G0 X36.0 G41 G01 Z0 F0.08 X34.015 G02 X28.015 Z-3.0 R3.0 G01 Z-11.0 X24.015 Z-27.0 N20 X21.0 G01 Z2.0 F0.3 G00 X100.0 Z100.0
9	调头装夹平端面控制总长		手动控制总长53mm
10	粗车左端内孔		T0404 M03 S655 G00 X21.0 Z2.0 G71 U1.5 R1 P100 Q200 X-0.5 Z0 F0.2 G00 Z100.0 X100.0
11	精车左端内孔		T0505 M03 S994 G00 X21.0 Z2.0 N100 G00 X28.015 G41 G01 Z-3.0 F0.08 X24.015 Z-13.0 Z-20.0 N200 X21.0 G40 G01 Z2.0 F0.3 G00 Z100.0 X100.0

续　表

序号	工　步	工　步　图	程　序
12	粗精车左端内沟槽		T0606 M03 S857 G00 X23.0 Z2.0 G01 Z－27.5 F0.15 　　X25.9 F0.08 G01 X23.0 F0.3 　　Z－24.0 　　X25.9 F0.08 G01 X23.0 F0.3 　　Z－21.0 G01 X26.0 F0.08 　　Z－28.0 　　X23.0 G00Z2.0 G00 Z100.0 X100.0
13	粗车左端外圆		T0101 M03 S994 G00 X42.0 Z2.0 G80 X36.0 Z－20.0 F0.25 　　X24.5 G00 X100.0 Z100.0
14	精车左端外圆		T0202 M03 S1492 G00 X42.0 Z2.0 G80X23.985 Z－20.0 F0.1 G00 X100.0 Z100.0 M05 M30

模块练习

根据图 12-9 零件,分析其装夹方案、刀具选择、工艺流程等,然后编制程序,填写加工工序卡。

其余 $\sqrt{Ra1.6}$

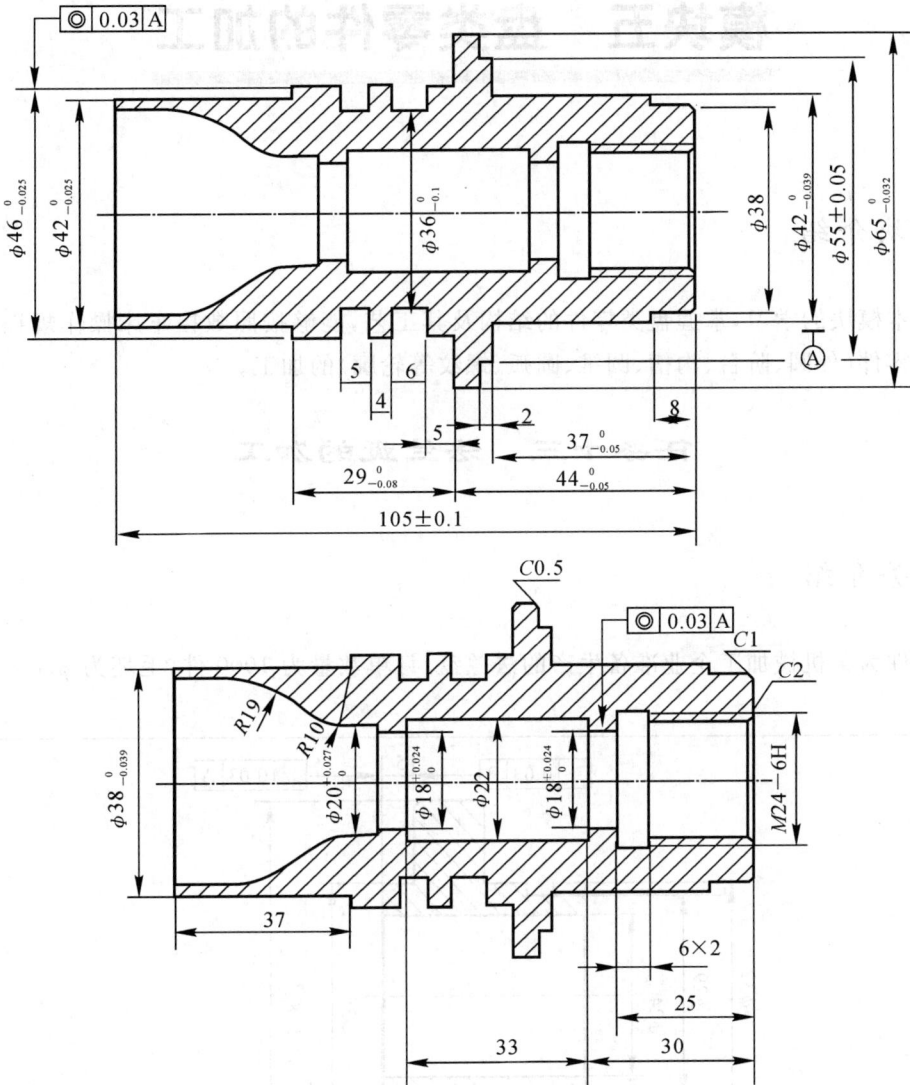

图　12－9

模块五　盘类零件的加工

🏛 **模块介绍**

通过本模块的学习,掌握盘类零件的结构及其工艺,能够按照数控车床操作规程的要求,完成盘类零件(外圆、阶台、沟槽、圆锥、圆弧、螺纹等轮廓)的加工。

任务十三　法兰盘的加工

👥 **任务介绍**

该零件为某机械加工企业准备生产的法兰盘,订单数量为 1000 件,毛坯为 $\phi70 \times 35$ 的 45 #中碳钢。

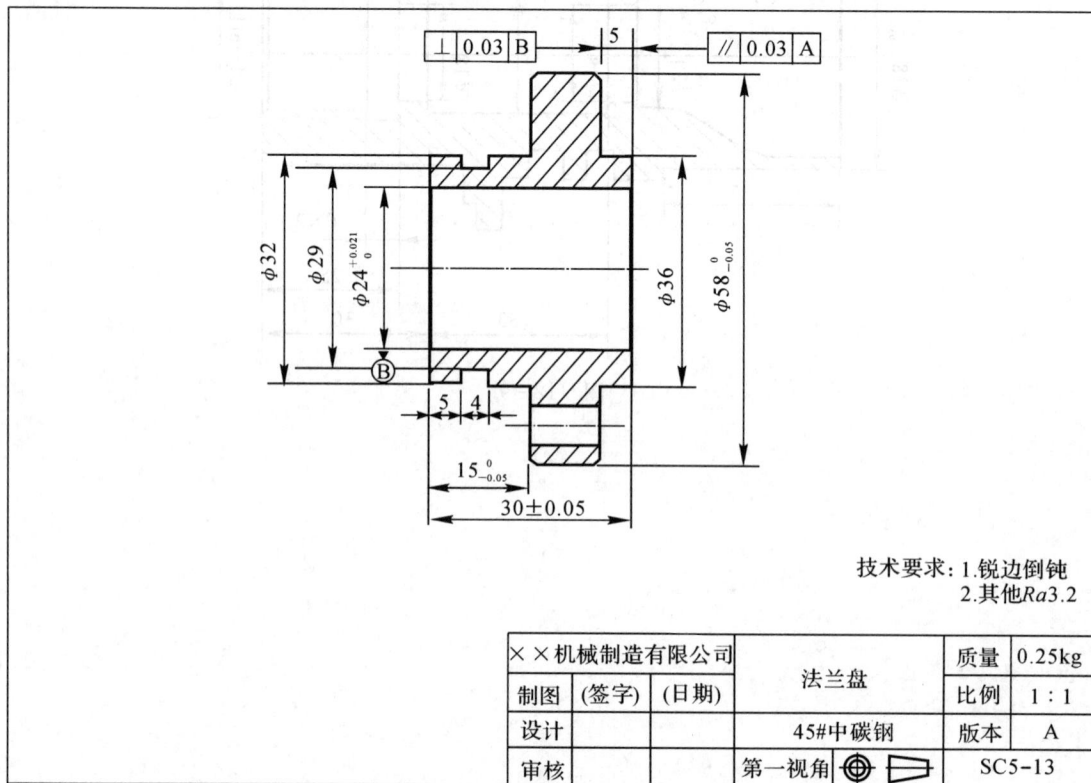

技术要求:1.锐边倒钝
　　　　　2.其他 $Ra3.2$

××机械制造有限公司			法兰盘	质量	0.25kg
制图	(签字)	(日期)		比例	1:1
设计			45#中碳钢	版本	A
审核			第一视角 ⊕ ⊲	SC5-13	

图 13-1　法兰盘零件图

学习目标

(1)掌握盘类零件加工的相关工艺知识;

(2)熟悉盘类零件的工艺分析实例,掌握盘类零件的加工路线和操作要领;

(3)能独立进行盘类零件的加工工艺分析;

(4)掌握数控编程指令 G72 的格式,能独立按照编程规则编制盘类零件的程序,自动运行加工并保证质量。

子任务一　盘类零件的加工工艺

盘类零件的轴向尺寸一般远小于径向尺寸,且最大外圆直径 D 与最小内圆直径 d 相差较大,并以端面面积大为主要特征。这类零件有:圆盘、台阶盘以及齿轮、带轮和法兰盘等。在这类零件中,较多部分是作为动力部件,配合轴杆类零件传递运动和转矩。盘类零件的主要表面为内圆面、外圆面、端面及沟槽等,其加工方法与其毛坯材料、加工余量有关,分别简介如下。

一、工艺分析

1.选材与选毛坯

盘类零件一般需承受交变载荷,工作时处于复杂应力状态。其材料应具有良好的综合力学性能,因此常用 45 钢或 40Cr 钢先做锻件,并进行调质处理,较少直接用圆钢做毛坯,但对于承受载荷较小圆盘类零件或主要用来传递运动的齿轮,也可以直接用铸件或采用圆钢、有色金属件和非金属件毛坯。

2.确定工序间的加工余量

盘类零件的毛坯加工余量在选毛坯时就已确定,但每一个工序的加工,须为下一工序留下加工余量。

3.定位基准与装夹方法

盘类零件内孔、端面的尺寸精度、形位精度、表面粗糙度,是盘类零件加工的主要技术要求和主要解决的主要问题。

盘类零件加工时通常以内孔、端面定位或外圆、端面定位、使用专用心轴或卡盘装夹工件。

二、工艺过程特点

一般来说,车削加工通常以内孔、端面定位、插入心轴装夹工件,这符合基准重合、基准统一原则。

车内孔时,车削步骤的选择原则除了与车外圆有共同点之外,还有下列几点:

(1)为保证内外圆同轴,最好采用"一次装夹"的方法,即粗车端面、粗车外圆、钻孔、粗镗孔、精镗孔、精车端面、精车外圆、倒角、切断、调头车另一端面和倒角。

如果零件尺寸较大,棒料不能插入主轴锥孔中,可以将棒料比要求尺寸放长 10mm 左右切断。在镗孔时不要镗穿,以增加刚性,车到需要尺寸以后再切断。

(2)对于精度要求较高的内孔,可按下列步骤进行车削,即钻孔、粗铰孔、精铰孔、精车端面、磨孔。但必须注意,在粗铰孔时应留铰削或磨削余量。

（3）内沟槽的车削，应在半精车以后、精车之前切削，但必须注意余量。

（4）车平底孔时，应先用钻头钻孔，再用平底钻把孔底钻平，最后用平底孔车刀精车一遍。

（5）如果工件以内孔定心车外圆，那么在精车内孔以后，对端面也精车一刀，以达到端面与内孔垂直。

三、盘类零件的工艺实例

1. 齿轮坯的加工工艺分析

齿坯零件是典型的盘类零件，一般采用通用设备和通用工装加工完成，该类零件的加工代表了一般盘类零件加工的基本工艺过程，现以该零件的加工为例介绍盘类零件的加工过程。现以表 13-1 所示的齿轮坯车削加工过程为例说明盘形零件的加工。其他盘类零件的加工过程与此类似，但生产批量不同、零件的技术要求不同，加工方法也略有所不同，加工时可进行相应调整。

表 13-1　齿轮坯的加工工艺

机械加工工艺过程卡		产品名称	零件名称	零件图号

模数	2
齿数	29
分度圆直径	58
齿形角	20°
精度等级	8
跨齿数	4
公法线长度	21.42

技术要求：1. 其他 Ra3.2

　　　　　　2. 齿部高频淬火 HRC48

材料名称及牌号	45 圆钢		毛坯规格	$\phi65\times28$	总工时	
工序	工序简要内容		设备名称	夹具	量具	工时
1. 车	1. 夹 $\phi65$ 毛坯外圆找正，粗车 $\phi35$ 外圆至 $\phi37\times10$ 2. 调头装夹 $\phi37$ 外圆，钻孔至 $\phi18$ 通，车端面、外圆、孔及倒角 3. 上心轴，精车 $\phi35$ 外圆、车端面取正长度 15、25 至尺寸，倒角		数控车床	专用芯轴		
2. 滚齿	按 8 级精度滚齿		滚齿机	滚齿轴		
3. 热处理	齿部高频淬火 HRC48					
4. 研磨	对变形孔予以修正					
5. 插	插键槽		插床			

（1）齿坯加工，齿轮的内孔和端面是装配和加工的基准，因此，车齿轮坯的基本要求就是孔与基准面一次车出以保持垂直。齿轮的外圆与内孔的同轴度要求误差小于 0.05mm 即可，成批加工时常采用外圆定位。

（2）齿形加工，齿形加工的基本方法，圆柱齿轮主要是滚齿和插齿，滚齿的生产效率比插齿高，但加工精度低于插齿，一般适用于精度等级较低的齿形加工（8 级或低于 8 级）。

（3）齿部的表面高频淬火是为了提高齿部齿面的硬度与耐磨性。

（4）研磨，齿部经高频淬火后，内孔会引起热变形，所有要用研磨的方法予以修正。

（5）插键槽，插键槽放在最后，可避免因齿部淬火而引起键槽的变形。

2．主要技术要求与工艺问题

齿轮内孔、端面的尺寸精度、形位精度、表面粗糙度及齿形精度等，是齿轮加工的主要技术要求和要解决的工艺问题。

3．定位基准与装夹方法的选择

齿轮加工时通常以内孔、端面定位或以外圆、端面定位，使用心轴（装夹带孔工件的夹具）或卡盘装夹工件。

4．工艺特点

一般来说，齿轮加工分为齿坯加工和齿形加工两个阶段。通常以内孔、端面定位，采用心轴装夹工件，符合基准重合、基准统一原则。齿坯加工过程代表了一按盘类零件加工的基本工艺过程，采用通用设备和通用工装；齿形加工多采用专用设备和专用工装。

课内练习

根据表 13-2 齿轮坯的加工内容与步骤编写加工程序。

表　13-2

序号	加工内容	加工简图	加工程序
1	三爪自定心卡盘装夹毛坯外圆，目测找正外圆和端面，夹紧粗车 $\phi35$ 外圆至 $\phi37 \times 10$		O1301
2	调头装夹 $\phi37$ 外圆，钻通孔 $\phi18$，车端面、粗精车外圆 $\phi62_{-0.10}^{0}$ 至尺寸、孔 $\phi20H8$ 及 $\phi30 \times 5$ 阶台孔倒角		

续 表

序号	加工内容	加工简图	加工程序
3	将涨力心轴插入主轴孔内,百分表找正无误后,将工件装上心轴,头部螺钉压紧,心轴涨开,工件紧固,试切后检测形位精度无误后再正式加工		

子任务二　法兰盘的编程与操作加工

一、端面车削固定循环 G72 的指令格式及编程方法

如图 13-2 所示,除了进给路线平行于 X 轴以外,本循环与 G71 相同。该指令适用于用圆柱盘类粗车外圆或内孔需切除较多余量时的情况。

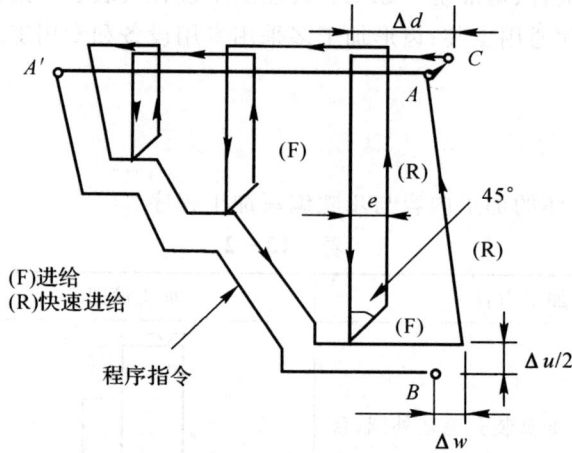

图 13-2　G72 循环加工过程

指令格式见表 13-3。

表　13-3

FANUC 0i Mate TC 数控系统	华中世纪星 HNC-21/22T 数控系统
G72　WΔd　Re G72　Pns　Qnf　UΔu　WΔw　Ff	G72　WΔd　Re Pns　Qnf　XΔx　ZΔz　Ff
Δd:每次切深量 e:每次退刀量 ns:精加工形状的程序段组的第一个程序段的顺序号	Δd:每次切深量 e:每次退刀量 ns:精加工形状的程序段组的第一个程序段的顺序号

续 表

FANUC 0i Mate TC 数控系统	华中世纪星 HNC - 21/22T 数控系统
nf:精加工形状的程序段组的最后程序段的顺序号	nf:精加工形状的程序段组的最后程序段的顺序号
Δu:X 方向精加工余量的距离及方向	Δx:X 方向精加工余量的距离及方向
Δw:Z 方向精加工余量的距离及方向	Δz:Z 方向精加工余量的距离及方向

注意:

1)由循环起点 C 到 A 的只能用 G00 或 G01 指令,且不可有 X 轴方向移动指令。

2)当使用 G72 指令中顺序号 ns 到 nf 之间的程序段中,不应包含子程序。

3)在粗车循环 G71～G73 中,刀尖半径补偿功能无效,但在 G70 中有效。

4)粗加工 G72 指令中的 F,S,T 起作用,精加工时 ns 到 nf 循环段之间的 F,S,T 起作用。

例 13 - 1　以数控车床车削如图 13 - 3 所示工件。粗车刀 1 号,精车刀 2 号,精车余量 X 轴为 0.2mm,Z 轴为 0.05 mm。粗车的切削速度 150m/min,精车为 180m/min。粗车进给量为 0.2mm/r,精车为 0.07mm/r。粗车时背吃刀量为 3 mm。

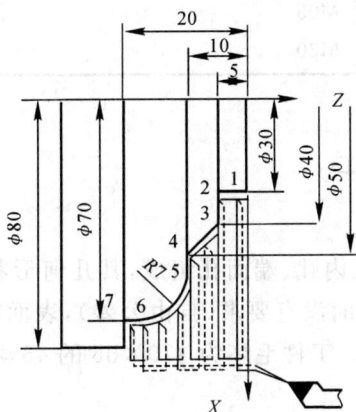

图 13 - 3　G72 车削工件

解　以工件右端面中心为编程坐标原点,计算相关基点坐标后,程序见表 13 - 4。

表　13 - 4

FANUC 0i Mate TC 数控系统	华中世纪星 HNC - 21T 数控系统	注　释
O2011;	O2011;	程序名
T0101;	T0101;	选择刀具
M03 S600;	M03 S600	主轴正转
G00 X84.0 Z3.0 M08;	G00 X84 Z3 M08	定位,开切削液
G72 W2.0 R1;	G72 W2 R1 P10 Q20 X0.2 Z0.1　F0.2	粗车循环
G72 P10 Q20 U0.2 W0.1　F0.2;		
	G00 X120 Z100	快速退至安全点
	T0202	换 2 号精车刀

续 表

FANUC 0i Mate TC 数控系统	华中世纪星 HNC-21T 数控系统	注 释
	G00 X84 Z3	快速定位至循环起点
N10 G00 Z-20.0;	N10 G00 Z-20	精车循环,由7至1
G01 X70.0 F0.07 S1000;	G01 X70.0 F0.07 S1000	设定精车进给量和切削
Z-17.0;	Z-17	速度
G02 X56.0 Z-10. R7.;	G02 X56 Z-10 R7	
G01 X50.0;	G01 X50.0	
X40 Z-5.0;	X40 Z-5	
X20;	X20	
N20Z3.0;	N20Z3	完成精车程序段
G00 X120.0 Z100.0;		(快速退至安全点
T0202;		换2号精车刀
G00 X84.0 Z3.0;		快速定位
G70 P10 Q20;		精车循环)
G00 X120.0 Z100.0 M09;	G00 X120 Z100 M09	快速退刀、关切削液
M05;	M05	主轴停止
M30;	M30	程序结束返回开始

二、法兰盘的编程与操作加工

(一)图样分析

该零件由外圆柱面、外沟槽、内孔、端面孔组成,其几何形状为盘类零件,零件尺寸精度要求为:径向尺寸公差为 0.021,轴向没有要求(自由公差),表面粗糙度 $Ra=1.6\mu m$,需采用粗、精加工,后续还需要加工端面孔。工件毛坯为 $\phi 70 \times 35$ 的 45♯中碳钢棒料,材料切削性能好,比较容易加工。

(二)相关数值计算

如图 13-4(a)所示,以工件右端面中心建立工件坐标系,各基点坐标计算如下:

1 点:X16.0, Z0
2 点:X16.0,Z-8.0

A 点:X14.0, Z0	F 点:X16.0,Z-14.975
B 点:X16.0,Z-1.0	G 点:X31.0,Z-14.975
C 点:X16.0,Z-10.0	H 点:X32.5,Z-16.5
D 点:X12.0,Z-10.0	I 点:X32.5,Z-23.5
E 点:X16.0,Z-10.0	

如图 13-4(b)所示,以工件右端面中心建立工件坐标系,各基点坐标计算如下:

A 点:X14.0, Z0	B 点:X16.0,Z-1.0
C 点:X16.0,Z-10.0	D 点:X12.0,Z-10.0

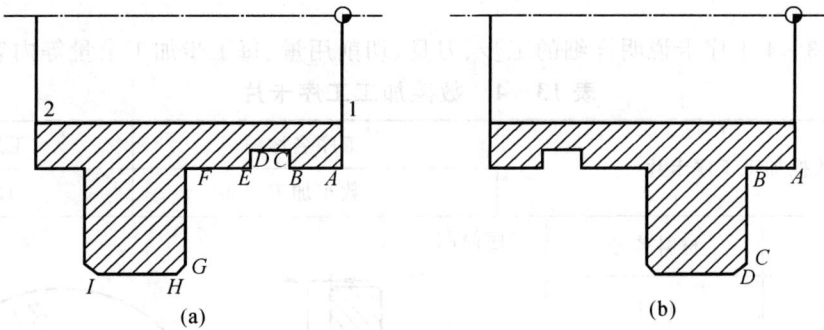

图 13-4　基点计算

(三)数控加工工艺分析

1.使用设备

CAK6136 数控车床(华中世纪星 HNC-21T 数控系统,前置四方电动刀架)。

2.加工所用的刀具、量具

外圆车刀、切槽刀、内孔车刀、麻花钻、游标卡尺、外径千分尺。

3.工件装夹方案

工件毛坯为 $\phi70\times35$ 45♯中碳钢材料,工件加工长度 30mm,采用三爪卡盘,需二次装夹,先夹棒料右端,伸出长度 23mm,车削外圆、沟槽,内孔,调头装夹 $\phi32$ 处,控制总长 30mm,车外圆、端面、阶台即可完成所有表面的加工。

4.加工路线及刀具切削用量安排

因零件加工数量为 1000 件,属于中等批量生产,粗车、精车分开才能既满足加工质量要求又提高效率和降低成本。

(1)T01:95°外圆粗车刀,切削速度为 100m/min,按 $\phi60$ 直径计算主轴转速为 994r/min,进给量为 0.25mm/r,背吃刀量为 2.0mm。

(2)T02:93°外圆精车刀,切削速度为 150m/min,按 $\phi60$ 直径计算主轴转速为 1492r/min,进给量为 0.1mm/r,精车余量为 0.5mm。

(3)T03:切槽刀,刀头宽 4mm,切削速度为 70m/min,按 $\phi35$ 直径计算主轴转速为 637r/min,进给量为 0.1mm/r。

(4)T04:93°内孔粗车刀,最小切削直径 $\phi22$mm,刀头伸出长度 40mm,切削速度为 50m/min,按 $\phi34$ 直径计算主轴转速为 497r/min,进给量为 0.15mm/r,背吃刀量为 1.5mm。

(5)T05:93°内孔精车刀,最小切削直径 $\phi22$mm,刀头伸出长度 40mm,切削速度为 100m/min,按 $\phi34$ 直径计算主轴转速为 994r/min,进给量为 0.08mm/r,精车余量为 0.5mm。

(6)T06:A3 中心钻,切削速度为 40m/min,按 $\phi12$ 直径计算主轴转速为 1060r/min。

(7)T07:$\phi22$ 麻花钻,切削速度为 30m/min,按 $\phi22$ 直径计算主轴转速为 597r/min。

5.工件装夹方案

工件毛坯为低碳钢棒料,工件加工长度 30mm,采用三爪卡盘,需二次装夹,先夹加工左端,装夹长度 15mm,再装夹 $\phi34$ 处,即可完成所有表面的加工。

6.工序

根据表 13-4 工序卡说明详细的工步、刀具、切削用量、每工步加工余量等内容。

表 13-4 数控加工工序卡片

数控加工工序卡片		工序名称	工序号
		数车加工	1307

材料名称	材料牌号	工序简图
45 钢棒料	45#	
机床名称	机床型号	
数控车床	CK6136	
夹具名称	夹具编号	
三爪卡盘		
备注		

工步	工作内容	刀号及刀具规格	主轴转速 r/min	进给量 mm/r	背吃刀量 mm
1	车端面	T01:95°外圆粗车刀	994	0.15	
2	钻中心孔	T06:A3 中心钻	1060	手动	
3	钻孔	T07:φ22 麻花钻	597	手动	
4	粗车左端外圆	T01:95°外圆粗车刀	994	0.25	2
5	精车左端外圆	T02:93°外圆精车刀	1492	0.1	0.25
6	车左端外径沟槽	T03:切槽刀	637	0.1	
7	粗车内孔	T04:93°外圆粗车刀	497	0.15	1.5
8	精车内孔	T05:93°外圆精车刀	994	0.08	0.25
9	调头装夹车平端面控制总长	T01:95°外圆粗车刀	994	0.1	
10	粗车右端外圆	T01:95°外圆粗车刀	994	0.25	2
11	精车右端外圆	T02:95°外圆精车刀	1492	0.1	0.25

更改标记	数量	文件号	签字	日期

6.加工过程

加工过程及程序编制见表 13-5。

表 13 - 5　工序程序对照表

序号	工　步	工　步　图	程　序
1	选择刀具,建立工件坐标系,车端面		O1302 T0101 M03 S994 G00 X62.0 Z2.0 G00 Z0 G01 X - 1.0 F0.15 G00 X100.0 Z100.0
2	钻中心孔		手动用 A3 中心钻钻孔
3	钻孔		手动钻直径为 $\phi22$ 的通孔
4	粗车左端外圆		T0101 M03 S994 G00 X62.0 Z2.0 G80 X54.0 Z - 15.0 F0.25 X50.0 X46.0 X42.0 X38.0 X34.5 G00 X100.0 Z100.0
5	精车左端外圆		T0202 M03 S1492 G00 X62.0 Z2.0 G01 X34.0 F0.1 Z - 15.0 X56.0 X58.0 Z - 16.0 Z - 36.0 X62.0 G00 X100.0 Z100.0

续表

序号	工　步	工　步　图	程　序
6	车左端外径沟槽		T0303 G00 X36.0 Z2.0 Z-9.0 G01 X30.0 F0.1 X6.0 F0.3 G00 X100.0 Z100.0
7	粗车内孔		T0404 M03 S497 G00 X21.0 Z2.0 G80 X23.5 Z-31.0 F0.15 G00 X100.0 Z100.0
8	精车内孔		T0505 M03 S994 G00 X21.0 Z2.0 G01 X24.0 F0.1 Z-31.0 X21.0 Z2.0 F0.5 G00 X100. Z100.
9	调头装夹车平端面控制总长		T0101 M03 S994 G00 X62.0 Z2.0 G00 Z0 G01 X-1.0 F0.15
10	粗车右端外圆		G80 X56.0 Z-5.0 F0.25 X52.0 X48.0 X44.0 X40.0 X36.0 X34.5 G00 X100.0 Z100.0

续　表

序号	工　步	工　步　图	程　序
11	精车右端外圆		T0202 G00 X62.0 Z2.0 G01 X34.0 F0.1 Z－5.0 X56.0 X60.0 Z－7.0 G00 X100.0 Z100.0 M05 M30

模块练习

1. 分析表 13－6 中零件的加工工艺,并填写其加工工艺过程卡。

表　13－6

机械加工工艺过程卡	产品名称	零件名称	零件图号

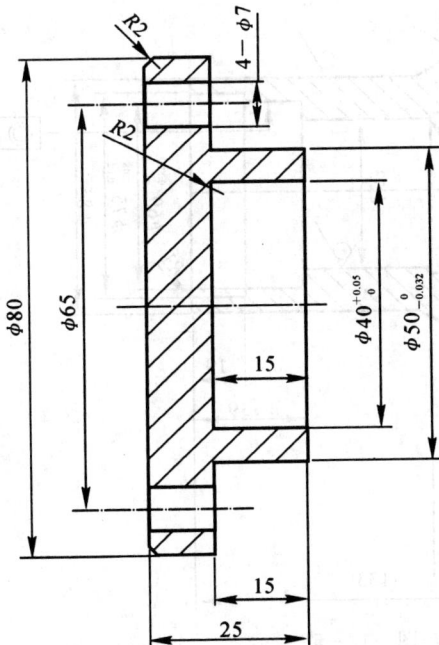

技术要求:1. 全部 Ra3.2

2. 锐角倒钝

续 表

材料名称及牌号	45 圆钢	毛坯规格	$\phi 85 \times 30$	总工时	
工序	工序简要内容		设备名称	夹具	量具	工时

2. 根据图 13-5 零件,分析其装夹方案、刀具选择、工艺流程等,然后编制程序,填写加工工序卡。

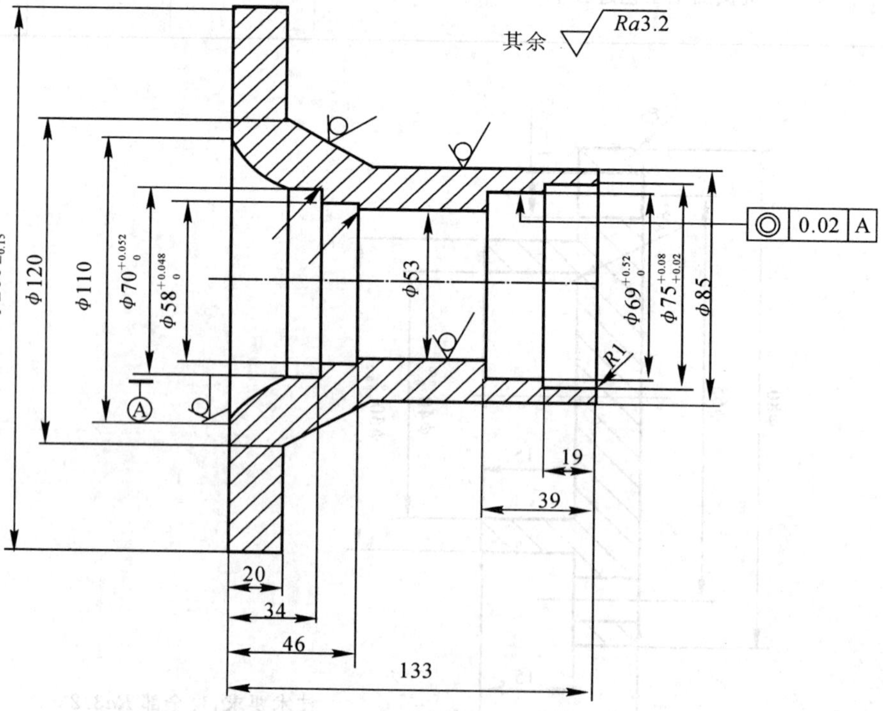

图 13-5

附　　录

附录一　FANUC 0i Mate TC 车床数控系统准备功能指令一览表

G 代码			分组	意　义	格　式
A	B	C			
G00	G00	G00	01	快速进给、定位	G00X＿Z＿
G01	G01	G01		直线插补	G01X＿Z＿
G02	G02	G02		圆弧插补 CW(顺时针)	$\left\{\begin{matrix}G02\\G03\end{matrix}\right\}X\_Z\_\left\{\begin{matrix}R—\\I—K—\end{matrix}\right\}$
G03	G03	G03		圆弧插补 CCW(逆时针)	
G04	G04	G04	00	暂停	G04X＿(P＿) X 单位:s(带小数点) P 单位:ms(整数)
G10	G10	G10		可编程数据输入	
G11	G11	G11		可编程数据输入取消	
G18	G18	G18	16	ZX 坐标平面选择	
G20	G20	G70	06	英制输入	
G21	G21	G71		米制输入	
G22	G22	G22	09	存储行程检测功能有效	
G23	G23	G23		存储行程检测功能无效	
G27	G27	G27	00	返回参考点检测	
G28	G28	G28		返回参考点	G28X— Z—
G30	G30	G30		返回第 2,3,4 参考点	
G31	G31	G31		跳转功能	
G32	G33	G33	01	螺纹切削(由参数指定绝对和增量)	Gxx X|U…Z|W… F|E… F 指定单位为 0.01mm/r 的螺距 E 指定单位为 0.0001mm/r 的螺距
G40	G40	G40	07	刀具补偿取消	G40
G41	G41	G41		左半径补偿	$\left\{\begin{matrix}G41\\G42\end{matrix}\right\}$ Dnn
G42	G42	G42		右半径补偿	

续 表

G 代码			分组	意 义	格 式
A	B	C			
G50	G92	G92	00	坐标系设定或最大主轴转速钳制	设定工件坐标系:G50 X— Z— 偏移工件坐标系:G50 U— W— 设定最大转速:G50 S—
G52	G52	G52		局部坐标系设定	
G53	G53	G53		机床坐标系选择	G53 X— Z—
G54	G54	G54	14	选择工作坐标系 1	Gxx
G55	G55	G55		选择工作坐标系 2	
G56	G56	G56		选择工作坐标系 3	
G57	G57	G57		选择工作坐标系 4	
G58	G58	G58		选择工作坐标系 5	
G59	G59	G59		选择工作坐标系 6	
G65	G65	G65	00	宏程序调用	
G66	G66	G66	12	宏程序模态调用	
G67	G67	G67		宏程序模态调用取消	
G70	G70	G72	00	精加工循环	G70 Pns Qnf
G71	G71	G73		外圆粗车循环	G71 U△d Re G71 Pns Qnf U△u W△w Ff △d:切深量 e:退刀量 ns:精加工形状的程序段组的第一个程序段的顺序号 nf:精加工形状的程序段组的最后程序段的顺序号 △u:X 方向精加工余量的距离及方向 △w:Z 方向精加工余量的距离及方向
G72	G72	G74		端面粗切削循环	G72 W△d Re G72 Pns Qnf U△u W△w Ff △d:切深量 e:退刀量 ns:精加工形状的程序段组的第一个程序段的顺序号 nf:精加工形状的程序段组的最后程序段的顺序号 △u:X 方向精加工余量的距离及方向 △w:Z 方向精加工余量的距离及方向

续 表

G 代码			分组	意 义	格 式
A	B	C			
G73	G73	G75		轮廓切削循环	G73 U△i　W△k　Rd G73 Pns　Qnf　U△u　W△w　Ff △i:X 方向退刀量的距离和方向 △k:Z 方向退刀量的距离和方向 d:粗加工走刀次数 ns:精加工形状的程序段组的第一个程序段的顺序号 nf:精加工形状的程序段组的最后程序段的顺序号 △u:X 方向精加工余量的距离及方向 △w:Z 方向精加工余量的距离及方向
G74	G74	G76		端面（钻孔）切削循环	G74 Re G74 X(U)_Z(W)_ P△i Q△k　R△d　Ff e:返回量 △i:X 方向的移动量 △k:Z 方向的切深量 △d:孔底的退刀量,可忽略
G75	G75	G77		内径/外径（钻孔)切槽循环	G75　Re G75 X(U)_Z(W)_ P△i　Q△k　R△d　Ff e:返回量 △i:X 方向的移动量 △k:Z 方向的切深量 △d:孔底的退刀量,可忽略
G76	G76	G78		复合螺纹切削循环	G76 Pm r aQ△dmin　Rd G76 X(u)_Z(W)_Ri　PkQ△d　FL m:最终精加工重复次数为 1～99 r:螺纹的精加工倒角量 a:刀尖的角度（螺牙的角度)可选 80,60,55,30,29,0 六个种类 m,r,a:同用地址 P 一次指定 △dmin:最小切削深度 d:精加工余量 i:螺纹部分起点终点的半径差 k:螺牙的高度 △d:第一次的切深量 L:螺纹导程

续 表

G 代码			分组	意 义	格 式
A	B	C			
G80	*G80*	*G80*		固定钻循环取消	
G83	G83	G83		平面钻孔循环	
G84	G84	G84		平面攻丝循环	
G85	G85	G85	10	正面镗循环	
G87	G87	G87		侧钻循环	
G88	G88	G88		侧攻丝循环	
G89	G89	G89		侧镗循环	
G90	G77	G20		外径 / 内径直线车削循环加工	G90 X(U)— Z(W)— F— G90 X(U)— Z(W)— R— F— R:切削起点重点的半径差
G92	G78	G21	01	螺纹车削循环	G92 X(U)— Z(W)— F— G92 X(U)— Z(W)— R— F— R:切削起点重点的半径差
G94	G79	G24		端面车削循环	G94 X(U)— Z(W)— F— G94 X(U)— Z(W)— R— F— R:切削起点重点的半径差
G96	G96	G96	02	恒线速度控制	G96 Sxxx S:单位为 m/min
G97	*G97*	*G97*		取消恒线速度	
G98	G94	G94	05	每分钟进给速度	
G99	*G95*	*G95*		每转进给量	
—	G90	G90	03	绝对值编程	
—	G91	G91		增量值编程	
—	G98	G98	11	返回到参考点	
—	G99	G99		返回到 R 点	

说明:

(1)G 代码分为以下两类:

非模态 G 代码——G 代码只在指令它的程序段中有效。

模态 G 代码——在指令同组其他 G 代码前该 G 代码一直有效。

(2)开机默认模态 G 代码在表中用斜体字指示。

(3)除了 G10,G11 外,00 组的 G 代码都是非模态 G 代码。其他组均为模态代码。

(4)不同组的 G 代码能够在同一程序段中指定。如果同一程序段中指定了同一组的 G 代码,则最后指定的 G 代码有效。

(5)如果在固定循环中指定了 01 组的 G 代码,就像指定了 G80 指令一样取消固定循环。指令固定循环的 G 代码不影响 01 组的 G 代码。

(6)本系统有 3 组代码,当 G 代码系统 A 用于固定循环时,返回点只有初始平面。

(7)G 代码按组号显示。

附录二　常用辅助功能 M 代码一览表
（FANUC 与华中 HNC 两系统相同）

功能	含　义	用　途
M00	程序暂停	当执行有 M00 指令的程序段时,主轴的转动、进给、切削液都将停止。它与单程序段停止相同,模态信息全部被保存,以便进行某一手动操作,如换刀、测量工件的尺寸等。重新启动程序后,继续知心后面的程序
M01	程序选择停止	与 M00 的功能基本相似,只有在按下"选择停止"键后,M01 才有效,否则机床继续执行后面的程序段,按"启动"键,继续执行后面的程序
M02	程序结束	编在程序的最后,便是执行完程序内所有指令后,主轴停止、进给停止、切削液关闭,机床处于复位状态
M03	主轴正转	用于主轴顺时针方向旋转
M04	主轴反转	用于主轴逆时针方向旋转
M05	主轴停止	用于主轴停止旋转
M07	开冷却液	用于开启切削液(喷水),可根据加工的需要随时编入程序当中
M08	开冷却液	用于开启切削液(喷雾状),可根据加工的需要随时编入程序当中
M09	关闭冷却液	用于关闭切削液
M30	程序结束并返回开始	除表示执行 M02 的内容之外,还返回到程序的第一行程序段,准备下一个工件的加工
M98	调用子程序	(1)M98 P xxxxnnnn　　　程序号为 Onnnn 的子程序 xxxx 次。 (2) M98 P xxxx　Lnnnn
M99	返回主程序	用于子程序结束并返回主程序

说明:

(1)通常,一个程序段中只能指令一个 M 代码(CNC 允许最多 3 个 M 代码在一个程序段中指定)。由于受机械操作限制,某些 M 代码不能同时指定,具体见机床说明书。

(2)M00,M01,M02,M30,M98,M99 不能与其他 M 代码在同一程序段。

附录三　华中世纪星车床数控系统(HNC－21/22T) 准备功能一览表

G代码	分组	意　义	格　式
G00	01	快速进给、定位	G00 X— Z—
G01		直线插补	G01 X— Z— F—
G02		圆弧插补CW(顺时针)	G02/G03　X— Z— R— (I—K—) F—
G03		圆弧插补CCW(逆时针)	
G04	00	暂停	G04　X—　(或G04 P—)
G20	08	英制输入	
G21		米制输入	
G28	00	返回参考点	G28 X— Z—
G29		由参考点返回	G29 X— Z—
G32	01	螺纹切削	G32　X— Z— F—
G36	17	直径编程	
G37		半径编程	
G40	09	刀具补偿取消	
G41		左半径补偿	
G42		右半径补偿	
G54	11	选择工作坐标系1	
G55		选择工作坐标系2	
G56		选择工作坐标系3	
G57		选择工作坐标系4	
G58		选择工作坐标系5	
G59		选择工作坐标系6	
G71	06	内、外圆粗车循环	G71 U— R— P— Q— X— Z— F— (无凹槽) G71 U— R— P— Q— E— F— (有凹槽)
G72		端面粗切削循环	G72 W— R— P— Q— X— Z— F—
G73		闭环轮廓切削循环	G73 U— W— R— P— Q— X— Z— F—
G76		复合螺纹切削循环	G76 C— R— E— A— X— Z— I— K— U— V— Q— P— F—
G80		单一车削循环加工	G80 X— Z— I— F—
G81		单一端面车削循环	G81 X— Z—K— F—
G82		螺纹车削循环	G82 X— Z— I— R— E— C— P— F—
G74		深孔钻车削循环	G74　Z—R—Q—F—
G75		内外径车削循环	G75　X— R— Q— F—

续表

G 代码	分组	意　义	格　式
G90	13	绝对编程	
G91		相对编程	
G92	00	工件坐标系设定	G92 X— Z—
G94	14	每分钟进给速度	
G95		每转进给量	
G96	16	恒线速度控制	G96 S—
G97		取消恒线速度	G97 S—

说明：

(1)00 组的 G 代码为非模态，其他组的 G 代码为模态。

(2)开机默认模态 G 代码在表中用靠左对齐的斜体字指示。

附录四　数控加工工序卡片

数控加工工序卡片		工序名称		工序号	
材料名称	材料牌号	工序简图			
机床名称	机床型号				
夹具名称	夹具编号				
备注					
工步	工作内容		刀号及刀具规格	主轴转速 r/min	进给量 mm/r	背吃刀量 mm
1						
2						
3						
4						
5						
6						
7						
更改标记	数量		文件号	签字	日期

附录五　数控加工程序单

零件图号		零件名称		工序名称		工序号	
程序						注释	